21 世纪高等院校计算机辅助设计规划教材

ANSYS 18.0 有限元分析基础与实例教程

王正军　孙立明　等编著

机 械 工 业 出 版 社

本书以 ANSYS 18.0 为依托，对 ANSYS 分析的基本思路、操作步骤、应用技巧进行了详细介绍，并结合典型工程应用实例详细讲述了 ANSYS 的具体工程应用方法。

本书第 1～6 章为操作基础，详细介绍了 ANSYS 分析全流程的基本步骤和方法，主要内容包括 ANSYS 概述，几何建模，划分网格，施加载荷，求解，后处理；第 7～14 章为专题实例，按不同的分析专题讲解了各种分析专题的参数设置方法与技巧，主要包括静力分析，模态分析，瞬态动力学分析，谐响应分析，结构屈曲分析，谱分析，接触问题分析，非线性分析。

本书可作为理工科院校相关专业的高年级本科生、研究生的 ANSYS 分析课程的教学教材，也可作为从事结构分析相关行业的工程技术人员的参考用书。

本书配有电子教案、操作视频和素材文件，需要的教师可登录 www.cmpedu.com 免费注册，审核通过后下载，或联系编辑索取（QQ：2966938356，电话：010-88379739）。

图书在版编目（CIP）数据

ANSYS 18.0 有限元分析基础与实例教程 / 王正军等编著．—北京：机械工业出版社，2018.9（2025.1 重印）
21 世纪高等院校计算机辅助设计规划教材
ISBN 978-7-111-60854-7

Ⅰ．①A…　Ⅱ．①王…　Ⅲ．①有限元分析－应用软件－高等学校－教材
Ⅳ．①O241.82-39

中国版本图书馆 CIP 数据核字（2018）第 208035 号

机械工业出版社（北京市百万庄大街 22 号　邮政编码 100037）
策划编辑：和庆娣　　责任编辑：和庆娣
责任校对：张艳霞　　责任印制：邰　敏

北京富资园科技发展有限公司印刷

2025 年 1 月第 1 版·第 8 次印刷
184mm×260mm·18.5 印张·456 千字
标准书号：ISBN 978-7-111-60854-7
定价：55.00 元

前　　言

有限元法作为数值计算方法中在工程分析领域应用较为广泛的一种计算方法，自 20 世纪中叶以来，以其独有的计算优势得到了广泛的应用，也出现了不同的有限元算法，并由此产生了一批非常成熟的通用和专业有限元商业软件。随着计算机技术的飞速发展，各种工程软件也得以广泛应用。ANSYS 软件以多物理场耦合分析功能而成为 CAE 软件的应用主流，在工程分析中得到了较为广泛的应用。

ANSYS 软件是美国 ANSYS 公司研制的大型通用有限元分析（FEA）软件，它是世界范围内增长最快的 CAE 软件，能够进行包括结构、热、声、流体以及电磁场等学科的研究，在核工业、铁道、石油化工、航空航天、机械制造、能源、汽车交通、国防军工、电子、土木工程、造船、生物医药、轻工、地矿、水利、家电等领域有着广泛的应用。ANSYS 的功能强大，操作简单方便，已成为国际最流行的有限元分析软件，在历年 FEA 评比中均名列前茅。目前，中国大多数科研院校均采用 ANSYS 软件进行有限元分析或者作为标准教学软件。

本书以 ANSYS 的新版本 ANSYS 18.0 为依托，对 ANSYS 分析的基本思路、操作步骤、应用技巧进行了详细介绍，并结合典型工程应用实例详细讲述了 ANSYS 具体工程应用方法。书中避开了烦琐的理论描述，从实际应用出发，结合作者的使用经验，在实例部分采用 GUI 方式详细讲解了操作过程和步骤。为了帮助用户熟悉 ANSYS 的相关操作命令，在每个实例后面列出了分析过程的命令流文件。

本书共 14 章，分为两部分，前 6 章为操作基础，详细介绍了 ANSYS 分析全流程的基本步骤和方法：第 1 章 ANSYS 概述，第 2 章几何建模，第 3 章划分网格，第 4 章施加载荷，第 5 章求解，第 6 章后处理。后 8 章为专题实例，按不同的分析专题讲解了各种分析专题的参数设置方法与技巧：第 7 章静力分析，第 8 章模态分析，第 9 章瞬态动力学分析，第 10 章谐响应分析，第 11 章结构屈曲分析，第 12 章谱分析，第 13 章接触问题分析，第 14 章非线性分析。

本书由三维书屋工作室策划，特种勤务研究所的王正军和陆军工程大学孙立明主编，其中王正军编写了第 1~9 章，孙立明编写了 10~13 章。其他章节由胡仁喜、康士廷、卢园、解江坤、韩校粉、王艳、王国军、李亚莉、井晓翠、卢思梦、王敏、杨雪静、王玮、王艳池、刘昌丽、张亭、闫聪聪、刘冬芳、张红松编写。

由于时间仓促，加之作者的水平有限，疏漏之处在所难免，恳请专家和广大读者不吝赐教。

编　者

目　　录

第1章　ANSYS 概述

本章导读

　　本章简要介绍有限元法的常用术语、分析过程，ANSYS 18.0 的配置、用户界面，以及 ANSYS 分析的基本过程。

1.1　有限元法的常用术语

1．单元

　　对于任何连续体，可以利用网格生成技术离散成若干个小区域，其中的每一个小区域称为一个单元。常见的单元类型有线单元、三角形单元、四边形单元、四面体单元和六面体单元五种。由于单元是组成有限元模型的基础，因此单元的类型对于有限元分析是至关重要的。工程中常用的单元有杆（Link）单元、梁（Beam）单元、块（Block）单元、平面（Plane）单元、集中质量（Mass）单元、管（Pipe）单元、壳（Shell）单元和流体（Fluid）单元等。

2．节点

　　单元和单元之间连接的点称为节点，它在将实际连续体离散成为单元群的过程中起到桥梁作用，ANSYS 程序正是通过节点信息来组成刚度矩阵进行计算。同一种单元类型根据节点个数的不同分成不同的种类，例如平面单元中，PLANE2 单元是 6 个节点，而 PLANE42 是 4 个节点。

3．节点力和节点载荷

　　节点力指的是相邻单元的节点间的相互作用力。而作用在节点上的外载荷称为节点载荷。外载荷包括集中力和分布力等。在不同的学科中，载荷的含义也不尽相同。在电磁场分析中，载荷指结构受到的电场和磁场作用。在温度场分析中，所受载荷则指的是温度。

4．边界条件

　　边界条件指的是结构边界上所受到的外加约束。在有限元分析中，边界条件的确定是非常重要的。错误的边界条件选择往往使有限元中的刚度矩阵发生奇异，使程序无法正常运行。因此，施加正确的边界条件是获得正确的分析结果和较高的分析精度的重要条件。

5．位移函数

　　位移函数指用来表征单元内的位移或位移场的近似函数。正确选择位移函数直接关系到其对应单元的计算精度和能力。位移函数要满足以下几个条件。

　　1）在单元内部必须是连续的。

　　2）必须含有单元的刚体位移。

　　3）相邻单元在交界处的位移是连续的。

有限元法的基本思想是将连续的结构离散成有限个单元，并在每一个单元中设定有限个节点，将连续体看作是只在节点处相连接的一组单元的集合体；同时选定场函数的节点值作为基本未知量，并在每一个单元中假设一近似插值函数以表示单元场中场函数的分布规律；进而利用力学中的某些变分原理建立用以求解节点未知量的有限元方程，从而将一个连续域中的无限自由度问题转化为离散域中的自由度问题。一经求解就可以利用解得的节点值和设定的插值函数确定单元上以至整个集合体上的场函数。有限元法的分析过程可以分为如下 5 个步骤。

（1）结构离散化

离散化就是指将所分析问题的结构分割成有限个单元体，并在单元体的指定点设置节点，使相邻单元的有关参数具有一定的连续性，形成有限元网格，即将原来的连续体离散为在节点处相连接的有限单元组合体，用它来代替原来的结构。结构离散化时，划分单元的大小和数目应当根据计算精度和计算机的容量等因素来确定。

（2）选择位移插值函数

为了能用节点位移表示单元体的位移、应变和应力，在分析连续体问题时，必须对单元中位移的分布做出一定的假设，即假定位移是坐标的某种简单函数（插值函数或位移模式），通常采用多项式作为位移函数。选择适当的位移函数是有限元法分析中的关键，应当注意以下几个方面。

1）多项式项数应等于单元的自由度数。

2）多项式阶次应包含常数项和线性项。

3）单元自由度应等于单元节点独立位移的个数。

位移矩阵：

$$\{f\} = [N]\{\delta\}^e \tag{1-1}$$

式中，$\{f\}$ 为单元内任意一点的位移，$\{\delta\}$ 为单元节点的位移，$[N]$ 为行函数。

（3）分析单元的力学特性

1）利用几何方程推导出用节点位移表示的单元应变：

$$\{\varepsilon\} = [B]\{\delta\}^e \tag{1-2}$$

式中，$\{\varepsilon\}$ 为单元应变，$[B]$ 为单元应变矩阵。

2）由本构方程可导出用节点位移表示的单元应力：

$$\{\sigma\} = [D][B]\{\delta\}^e \tag{1-3}$$

式中，$[D]$ 为单元材料有关的弹性矩阵。

3）由变分原理可得到单元上节点力与节点位移间的关系式（即平衡方程）：

$$\{F\}^e = [k]^e\{\delta\}^e \tag{1-4}$$

式中，$[k]^e$ 为单元刚度矩阵：

$$[k]^e = \iiint [B]^T[D][B]\mathrm{d}x\mathrm{d}y\mathrm{d}z \tag{1-5}$$

（4）集合所有单元的平衡方程，建立整体结构的平衡方程

即先将各个单元的刚度矩阵合成整体刚度矩阵，然后将各单元的等效节点力列阵集合成总的载荷阵列——称为总刚矩阵[K]：

$$[K] = \sum [k]^e \qquad (1-6)$$

由总刚矩阵形成整个结构的平衡方程：

$$[K]\{\delta\} = [F] \qquad (1-7)$$

（5）由平衡方程求解未知节点位移和计算单元应力

有限元求解程序的内部过程如图 1-1 所示。因为单元可以设计成不同的几何形状，所以可以灵活地模拟和逼近复杂的求解区域。很显然，只要插值函数满足一定的要求，随着单元数目的增加，解的精度也会不断提高而最终收敛于问题的精确解。虽然从理论上来讲，不断增加单元数目可以使数值分析解最终收敛于问题的精确解，但是却大大增加了计算机的运行时间。而在实际工程应用中，只要所得的解能够满足工程的实际需要就可以。因此，有限元法的基本策略就是在分析精度和分析时间上找到一个最佳平衡点。

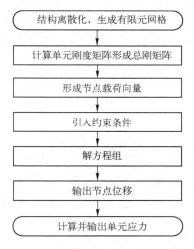

图 1-1　有限元求解程序的内部过程

1.3　ANSYS 18.0 的配置

📖 1.3.1　设置运行参数

在使用 ANSYS 18.0 软件进行设计之前，可以根据用户的需求设计环境。

依次单击"开始>程序>ANSYS 18.0>Mechanical APDL Product Launcher"命令，得到如图 1-2 所示的 ANSYS 18.0 对话框，主要设置内容有模块选择、文件管理、用户管理/个人设置和程序初始化等。

1．模块选择

在 Simulation Environment 下拉列表中列出了以下 3 种界面：

1）ANSYS：典型 ANSYS 用户界面。

2）ANSYS Batch：ANSYS 命令流界面。

3）LS-DYNA Solver：线性动力求解界面。

用户根据自己实际需要选择一种界面。

在 License 下拉列表中列出了各界面下相应的模块，用户可根据自己要求选择，如图 1-3 所示。

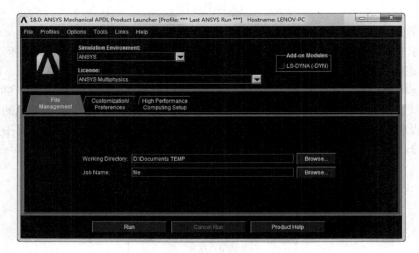

图 1-2　ANSYS 18.0 对话框

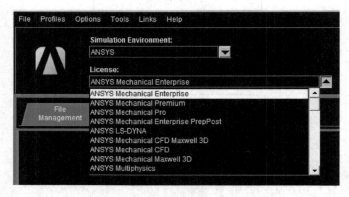

图 1-3　Launch 选项卡中 License 下拉列表

2. 文件管理

单击 File Management，然后在 Working Directory 文本框设置工作目录，再在 Job Name 设置文件名，默认文件名为 File。

注意　ANSYS 默认的工作目录是在系统硬盘的根目录下，如果一直采用这一设置，会影响 ANSYS 18.0 的工作性能，建议将工作目录设在非系统硬盘中，且要有足够大的硬盘容量。

注意 初次运行 ANSYS 时默认文件名为 File，重新运行时工作文件名默认为上一次定义的工作名。为防止对之前工作内容的覆盖，建议每次启动 ANSYS 时更改文件名，以便备份。

3. 用户管理/个人设置

单击 Customization/Preferences 标签，就可以得到如图 1-4 所示的 Customization/Preferences 界面。

用户管理中可设定数据库的大小和内存管理，个人设置中可设置自己喜欢的用户环境：在 ANSYS Language 中选择语言；在 Graphics Device Name 中对显示模式进行设置（Win32 提供 9 种颜色等值线，Win32c 提供 108 种颜色等值线；3D 针对 3D 显卡，适宜显示三维图形）；在 Read START file at start-up 中设定是否读入启动文件。

4. 运行 ANSYS

完成以上设置后，单击 Run 按钮就可以运行 ANSYS 18.0 程序了。

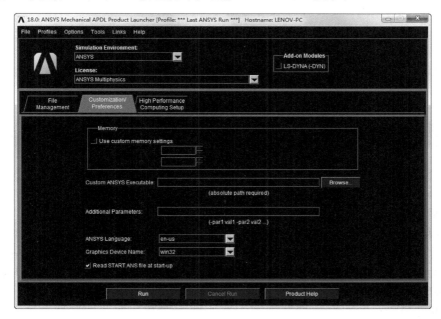

图 1-4　Customization/Preferences 界面

1.3.2　启动与退出

1. 启动 ANSYS 18.0

1）快速启动：在 Windows 系统中执行"开始>程序>ANSYS 18.0>Mechanical APDL (ANSYS)"命令，就可以快速启动 ANSYS 18.0，采用的用户环境默认为上一次运行的环境配置。

2）交互式启动：在 Windows 系统中执行"开始>程序>ANSYS 18.0>Mechanical APDL Product Launcher"命令，就是以交互式启动 ANSYS 18.0。

注意 建议用户选用交互式启动，这样可防止上一次运行的结果文件被覆盖，并且还可以重新选择工作目录和工作文件名，便于用户管理。

2. 退出 ANSYS 18.0

1）命令方式：/EXIT。

2）GUI 路径：在界面中单击 ANSYS Toolbar（工具栏）中的 QUIT 按钮，或选择 Utility Menu>File>EXIT 命令，出现 Exit 对话框，如图 1-5 所示。

3）在 ANSYS 18.0 输出窗口单击"关闭"按钮 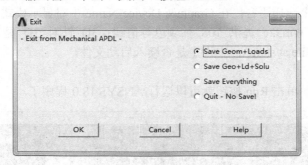 。

图 1-5　Exit 对话框

1.4　ANSYS 18.0 的用户界面

启动 ANSYS 18.0 并设定工作目录和工作文件名之后，将进入如图 1-6 所示 ANSYS 18.0 的 GUI（Graphical User Interface）图形用户界面，主要包括以下几部分。

1. 实用菜单

实用菜单（Utility Menu）包括 File（文件操作）、Select（选择功能）、List（数据列表）、Plot（图形显示）、PlotCtrls（视图环境控制）、WorkPlane（工作平面）、Parameters（参数）、Macro（宏命令）、MenuCtrls（菜单控制）和 Help（帮助）共 10 个菜单，囊括了 ANSYS 的绝大部分系统环境配置功能。在 ANSYS 运行的任何时候均可以访问这些菜单。

2. 快捷工具栏

对于常用的新建、打开、保存数据文件、视图旋转、抓图软件、报告生成器和帮助操作，提供了方便的快捷方式。

3. 输入窗口

ANSYS 提供了 4 种输入方式：常用的 GUI（图形用户界面）输入、命令流输入、使用工具条和调用批处理文件。在这个窗口可以输入 ANSYS 的各种命令，在输入命令过程中，ANSYS 自动匹配待选命令的输入格式。

4. 显示隐藏的对话框

在对 ANSYS 进行操作的过程中，会弹出很多对话框，重叠的对话框会隐藏，单击输入栏右侧第一个按钮，可以迅速显示隐藏的对话框。

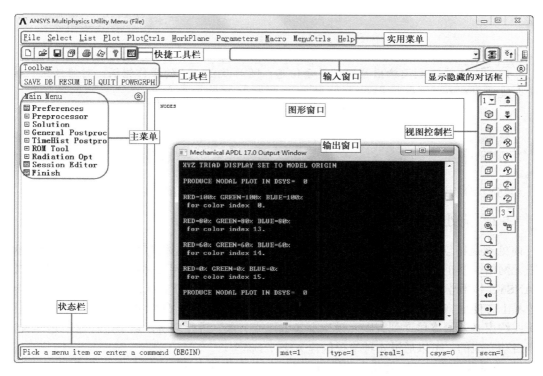

图 1-6　ANSYS 18.0 图形用户界面

5．工具栏

包括一些常用的 ANSYS 命令和函数，是执行命令的快捷方式。用户可以根据需要对其中的快捷命令进行编辑、修改和删除等操作，最多可设置 100 个命令按钮。

6．主菜单

主菜单（Main Menu）几乎涵盖了 ANSYS 分析过程的全部菜单命令，按照 ANSYS 分析过程进行排列，依次是 Preferences（个性设置）、Preprocessor（前处理）、Solution（求解器）、General Postproc（通用后处理器）、TimeHist Postproc（时间历程后处理）、ROM Tool（ROM 工具）、Radiation Opt（辐射选项）、Session Editor（进程编辑）和 Finish（完成）。

7．图形窗口

显示 ANSYS 的分析模型、网格、求解收敛过程、计算结果云图、等值线和动画等图形信息。

8．输出窗口

如图 1-6 所示，该窗口的主要功能在于同步显示 ANSYS 对已进行的菜单操作或已输入命令的反馈信息，以及用户输入命令或菜单操作的出错信息和警告信息等，关闭此窗口，将强行退出 ANSYS。

9．视图控制栏

用户可以利用这些快捷方式方便地进行视图操作，如显示前视、后视、俯视，将视图旋转任意角度、放大或缩小、移动图形等，调整到用户合适的观察角度。

10．状态栏

显示 ANSYS 的一些当前信息，如当前所在的模块、材料属性、单元实常数及系统坐

7

标等。

注意 用户可利用输出窗口的提示信息，随时改正自己的操作错误，对修改用户编写的命令流特别有用。

1.5 ANSYS 分析的基本过程

ANSYS 分析过程包含 3 个主要的步骤：前处理、加载并求解、后处理。

📖 1.5.1 前处理

前处理是指创建实体模型以及有限元模型。它包括创建实体模型、定义单元属性、划分有限元网格、修正模型等几项内容。大部分的有限元模型都是用实体模型建模，类似于 CAD 和 ANSYS 以数学的方式表达结构的几何形状，然后在里面划分节点和单元，还可以在几何模型边界上方便地施加载荷，但是实体模型并不参与有限元分析，所以施加在几何实体边界上的载荷或约束必须最终传递到有限元模型上（单元或节点）进行求解，这个过程通常是 ANSYS 程序自动完成的。可以通过 4 种途径创建 ANSYS 模型。

1）在 ANSYS 环境中创建实体模型，然后划分有限元网格。

2）在其他软件（比如 AutoCAD）中创建实体模型，然后读入到 ANSYS 环境，经过修正后划分有限元网格。

3）在 ANSYS 环境中直接创建节点和单元。

4）在其他软件中创建有限元模型，然后将节点和单元数据读入 ANSYS。

单元属性是指划分网格以前必须指定所分析对象的特征，这些特征包括：材料属性、单元类型、实常数等。需要强调的是，除了磁场分析以外，用户不需要告诉 ANSYS 使用的是什么单位制，只需要自己决定使用何种单位制，然后确保所有输入值的单位统一。单位制影响输入的实体模型尺寸、材料属性、实常数及载荷等。

📖 1.5.2 加载并求解

（1）载荷的种类

ANSYS 中进行加载的载荷可分为以下几类。

1）自由度 DOF：定义节点的自由度（DOF）值（例如结构分析的位移、热分析的温度、电磁分析的磁势等）。

2）面载荷（包括线载荷）：作用在表面的分布载荷（例如结构分析的压力、热分析的热对流、电磁分析的麦克斯韦尔表面等）。

3）体积载荷：作用在体积上或场域内（例如热分析的体积膨胀和内生成热、电磁分析的磁流密度等）。

4）惯性载荷：结构质量或惯性引起的载荷（例如重力、加速度等）。

（2）数据检查

在求解之前应进行分析数据检查，包括以下内容。

1）单元类型和选项，材料性质参数，实常数以及统一的单位制。

2）单元实常数和材料类型的设置，实体模型的质量特性。

3）确保模型中没有不应存在的缝隙（特别是从 AutoCAD 中输入的模型）。

4）壳单元的法向，节点坐标系。

5）集中载荷和体积载荷，面载荷的方向。

6）温度场的分布和范围，热膨胀分析的参考温度。

📖 1.5.3　后处理

ANSYS 提供了两个后处理器。

1）通用后处理（POST1）：用来观看整个模型在某一时刻的结果。

2）时间历程后处理（POST26）：用来观看模型在不同时间段或载荷步上的结果，常用于处理瞬态分析和动力分析的结果。

第2章 几何建模

本章导读

有限元分析是针对特定的模型而进行的，因此，用户必须建立一个有物理原型的准确的数学模型。通过几何建模，可以描述模型的几何边界，为之后的网格划分和施加载荷建立模型基础，因此它是整个有限元分析的基础。

2.1 几何建模概论

有限元分析的最终目的是还原一个实际工程系统的数学行为特征，换句话说，分析必须是针对一个有物理原型的准确的数学模型。由节点和单元构成的有限元模型与结构系统的几何外形是基本一致的，广义上讲，模型包括所有的节点、单元、材料属性、实常数、边界条件，以及用来表现这个物理系统的特征，所有这些特征都反映在有限元网格及其设定面上。在ANSYS 中，有限元模型的创建分为直接法和间接法，直接法是直接根据结构的几何外形建立节点和单元而得到有限元模型，它一般只适用于简单的结构系统。间接法是利用点、线、面和体等基本图元，先建立几何外形，再对该模型进行实体网格划分，以完成有限元模型的建立，因此它适用于节点及单元数目较多的复杂几何外形的结构系统。下面对间接法创建几何模型进行简单的介绍。

2.1.1 自底向上创建几何模型

自底向上，顾名思义就是由建立模型的最低单元的点到最高单元的体来构造实体模型。即首先定义关键点（Keypoints），然后利用这些关键点定义较高级的实体图元，如线（Lines）、面（Areas）和体（Volume），这就是所谓的自底向上的建模方法，如图 2-1 所示。一定要牢记自底向上创建的有限元模型是在当前激活的坐标系内定义的。

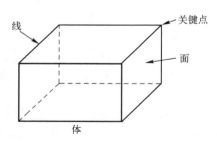

图 2-1　自底向上创建几何模型

2.1.2 自顶向下创建几何模型

ANSYS 软件允许通过汇集线、面、体等几何体素的方法构造模型。当生成一种体素时，ANSYS 程序会自动生成所有从属于该体素的较低级图元，这种一开始就从较高级的实体图元构造模型的方法就是所谓的自顶向下的建模方法，如图 2-2 所示。可以根据需要自由地组合自底向上和自顶向下的建模技术。注意几何体素是在工作平面内建立的，而自底向上的建模技术是在激活的坐标系内定义的。如果混合使用这两种技术，那么应该考虑使用"CSYS，WP"

或"CSYS，4"命令强迫坐标系跟随工作平面变化。另外，建议不要在环坐标系中进行实体建模操作，因为会生成其他不需要的面或体。

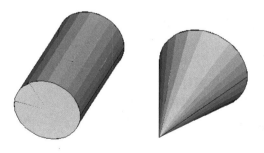

图 2-2　自顶向下创建几何模型（几何体素）

📖 2.1.3　布尔运算操作

可以使用求交、相减或其他布尔操作来雕刻实体模型。通过布尔操作，可以直接用较高级的图元生成复杂的形体，如图 2-3 所示。布尔运算对于通过自底向上或自顶向下方法生成的图元均有效。

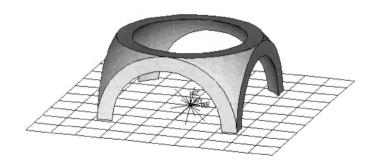

图 2-3　使用布尔运算生成的复杂形体

创建模型时要用到布尔操作，ANSYS 具有以下布尔操作功能：
- 加：把相同的几个体素（点、线、面、体）合在一起形成一个体素。
- 减：从相同的几个体素（点、线、面、体）中去掉相同的另外几个体素。
- 粘接：将两个图元连接到一起，并保留各自边界，如图 2-4 所示。由于网格划分器划分几个小部件比划分一个大部件更加方便，因此粘接常常比加操作更加适合。

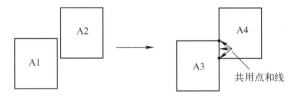

图 2-4　粘接操作

- 叠分：操作与粘接功能基本相同，不同的是叠分操作输入的图元具有重叠的区域。

- 分解：将一个图元分解为两个图元，但两者之间保持连接。可用于将一个复杂体通过剖切工具将其修剪为多个规则体，为网格划分带来方便。分解操作的"剖切工具"可以是工作平面、面或线。
- 相交：把重叠的图元形成一个新的图元。

2.1.4 拖拉和旋转

布尔运算尽管很方便，但一般需耗费较多的计算时间，所以在构造模型时，可以采用拖拉或者旋转的方法建模，如图 2-5 所示。它往往可以节省很多计算时间，提高效率。

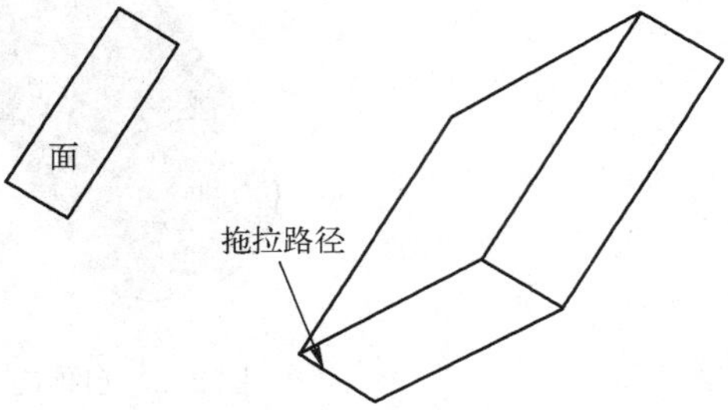

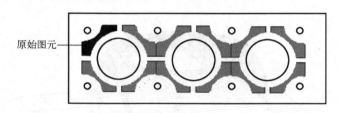

图 2-5　拖拉一个面生成一个体

2.1.5 移动和复制

一个复杂的面或体在模型中重复出现时仅需构造一次。之后可以移动、旋转或者复制到所需的位置，如图 2-6 所示。会发现在默认工作平面生成几何体素，然后再将其移动到所需之处，采用这种方式往往比改变工作平面再生成所需体素更方便。图中黑色区域表示原始图元，其余都是复制生成的。

图 2-6　复制一个面

2.1.6 修改模型（清除和删除）

在修改模型时，需要了解实体模型和有限元模型中图元的层次关系，因为不能删除依附于较高级图元上的低级图元。例如：不能删除已划分网格的体，也不能删除依附于面上的线等。若一个实体已经加了载荷，那么删除或修改该实体时，附加在该实体上的载荷也将从数据库中删除。图元中的层次关系如下。

高级图元

　　单元（包括单元载荷）

　　节点（包括节点载荷）

　　实体（包括实体载荷）

　　面（包括面载荷）

　　线（包括线载荷）

　　关键点（包括点载荷）

低级图元

在修改已划分网格的实体模型时，首先必须清楚该实体模型上所有的节点和单元，然后可以自顶而下地删除或者重新定义图元，以达到修改模型的目的，如图 2-7 所示。

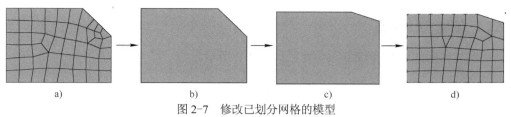

图 2-7　修改已划分网格的模型

a) 待修改网格　b) 清除网格　c) 正几何模型　d) 重新划分网格

2.1.7　从 IGES 文件几何模型导入到 ANSYS

可以在 ANSYS 中直接建立模型，也可以先在 AutoCAD 中建立实体模型，然后把模型存为 IGES 文件格式，再把这个模型输入到 ANSYS 系统中，一旦模型成功地输入，就可以像在 ANSYS 中创建的模型一样对这个模型进行修改和划分网格。

2.2　自顶向下创建几何模型（体素）

几何体素是用 ANSYS 命令创建常用实体模型（如球，正棱柱等）。因为体素是高级图元，不用先定义任何关键点而形成，所以称利用体素进行建模的方法为自顶向下建模。当生成一个体素时，ANSYS 程序会自动生成所有属于该体素必要的低级图元。

2.2.1　创建面体素

创建面体素的命令及 GUI 菜单路径如表 2-1 所示。

表 2-1　创建面体素

命　令	GUI 菜单路径	功　能
RECTNG	Main Menu>Preprocessor>Modeling>Create>Areas>Rectangle>By Dimensions	在工作平面上创建矩形面
BLC4	Main Menu>Preprocessor>Modeling>Create>Areas>Rectangle>By 2 Corners	通过角点生成矩形面
BLC5	Main Menu>Preprocessor>Modeling>Create>Areas>Rectangle>By Centr & Cornr	通过中心和角点生成矩形面
PCIRC	Main Menu>Preprocessor>Modeling>Create>Circle>By Dimensions	在工作平面上生成以其原点为圆心的环形面
CYL4	Main Menu>Preprocessor>Modeling>Create>Circle>Annulus or>Partial Annulus or>Solid Circle	在工作平面上生成环形面
CYL5	Main Menu>Preprocessor>Modeling>Create>Circle>By End Points	通过端点生成环形面
RPOLY	Main Menu>Preprocessor>Modeling>Create>Polygon>By Circumscr Rad or>By Inscribed Rad or>By Side Length	以工作平面原点为中心创建正多边形
RPR4	Main Menu>Preprocessor>Modeling>Create>Polygon>Hexagon or>Octagon or>Pentagon or>Septagon or>Square or>Triangle	在工作平面的任意位置创建正多边形
POLY	该命令没有相应 GUI 路径	基于工作平面坐标生成任意多边形

2.2.2 创建实体体素

创建实体体素的命令及 GUI 菜单路径如表 2-2 所示。

表 2-2 创建实体体素

命 令	GUI 菜单路径	功 能
BLOCK	Main Menu>Preprocessor>Modeling>Create>Volumes>Block>By Dimensions	在工作平面上创建长方体
BLC4	Main Menu>Preprocessor>Modeling>Create>Volumes>Block>By 2 Corners & Z	通过角点生成长方体
BLC5	Main Menu>Preprocessor>Modeling>Create>Volumes>Block>By Centr,Cornr,Z	通过中心和角点生成长方体
CYLIND	Main Menu>Preprocessor>Modeling>Create>Volumes>Cylinder>By Dimensions	以工作平面原点为圆心生成圆柱体
CYL4	Main Menu>Preprocessor>Modeling>Create>Volumes>Cylinder>Hollow Cylinder or>Partial Cylinder or>Solid Cylinder	在工作平面的任意位置创建圆柱体
CYL5	Main Menu>Preprocessor>Modeling>Create>Volumes>Cylinder>By End Pts & Z	通过端点创建圆柱体
RPRISM	Main Menu>Preprocessor>Modeling>Create>Volumes>Prism>By Circumscr Rad or> By Inscribed Rad or>By Side Length	以工作平面的原点为中心创建正棱柱体
RPR4	Main Menu>Preprocessor>Modeling>Create>Volumes>Prism>Hexagonal or>Octagonal or>Pentagonal or>Septagonal or>Square or>Triangular	在工作平面的任意位置创建正棱柱体
PRISM	该命令没有相应 GUI 路径	基于工作平面坐标对创建任意多棱柱体
SPHERE	Main Menu>Preprocessor>Modeling>Create>Volumes>Sphere>By Dimensions	以工作平面原点为中心创建球体
SPH4	Main Menu>Preprocessor>Modeling>Create>Volumes>Sphere>Hollow Sphere or> Solid Sphere	在工作平面的任意位置创建球体
SPH5	Main Menu>Preprocessor>Modeling>Create>Volumes>Sphere>By End Points	通过直径的端点生成球体
CONE	Main Menu>Preprocessor>Modeling>Create>Volumes>Cone>By Dimensions	以工作平面原点为中心生成圆锥体
CON4	Main Menu>Preprocessor>Modeling>Create>Volumes>Cone>By Picking	在工作平面的任意位置创建圆锥体
TORUS	Main Menu>Preprocessor>Modeling>Create>Volumes>Torus	生成环体

图 2-8 所示是环形体素和环形扇区体素示例。

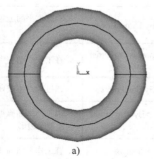 

a)   b)

图 2-8　环形体素和环形扇区体素

a) 环形体素　b) 环形扇区体素

如图 2-9 所示是空心圆球体素和圆台体素示例。

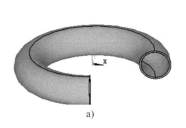 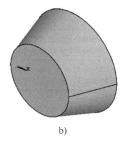

a)   b)

图 2-9 空心圆球体素和圆台体素

a) 空心圆球体素 b) 圆台体素

2.3 自底向上创建几何模型

无论是使用自底向上还是自顶向下的方法构造实体模型，均由关键点（Keypoints）、线（Lines）、面（Areas）和体（Volumes）组成，如图 2-10 所示。

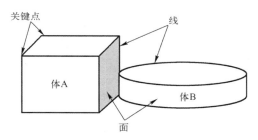

图 2-10 基本实体模型图元

顶点为关键点，边为线，表面为面，而整个物体内部为体。这些图元底层次关系是：最高级的体图元以次高级的面图元为边界，面图元又以线图元为边界，线图元则以关键点图元为端点。

2.3.1 关键点

用自底向上的方法构造模型时，首先定义最低级的图元：关键点。关键点是在当前激活的坐标系内定义的。不必总是按从低级到高级的办法定义所有的图元来生成高级图元，可以直接在它们的顶点由关键点来直接定义面和体。中间的图元需要时可自动生成。例如，定义一个长方体可用 8 个角的关键点来定义，ANSYS 程序会自动地生成该长方形中所有地面和线。可以直接定义关键点，也可以从已有的关键点生成新的关键点，定义好关键点后，可以对它进行查看、选择和删除等操作。

1. 定义关键点

定义关键点的命令及 GUI 菜单路径如表 2-3 所示。

表 2-3　定义关键点

命　令	GUI 路径	关键点位置
K	Main Menu>Preprocessor>Modeling>Create>Keypoints>In Active CS Main Menu>Preprocessor>Modeling>Create>Keypoints>On Working Plane	在当前坐标系下
KL	Main Menu>Preprocessor>Modeling>Create>Keypoints>On Line Main Menu>Preprocessor>Modeling>Create>Keypoints>On Line w/Ratio	在线上的指定位置

2. 从已有的关键点生成关键点

从已有的关键点生成关键点的命令及 GUI 菜单路径如表 2-4 所示。

表 2-4　从已有的关键点生成关键点

命　令	GUI 菜单路径	关键点位置
KEBTW	Main Menu>Preprocessor>Modeling>Create>Keypoints>KP between KPs	在两个关键点之间生成一个新的关键点
KFILL	Main Menu>Preprocessor>Modeling>Create>Keypoints>Fill between KPs	在两个关键点之间生成多个关键点
KCENTER	Main Menu>Preprocessor>Modeling>Create>Keypoints>KP at Center	在三点定义的圆弧中心生成关键点
KGEN	Main Menu>Preprocessor>Modeling>Copy>Keypoints	由一种模式的关键点生成另外的关键点
KSCALE	该命令没有相应 GUI 路径	从已给定模型的关键点生成一定比例的关键点
KSYMM	Main Menu>Preprocessor>Modeling>Reflect>Keypoints	通过映像生成关键点
KTRAN	Main Menu>Preprocessor>Modeling>Move/Modify>Transfer Coord> Keypoints	将一种模式的关键点转到另外一个坐标系中
SOURCE	该命令没有相应 GUI 路径	给未定义的关键点定义一个默认位置
KMOVE	Main Menu>Preprocessor>Modeling>Move/Modify>Keypoint>To Intersect	计算并移动一个关键点到一个交点上
KNODE	Main Menu>Preprocessor>Modeling>Create>Keypoints>On Node	在已有节点处定义一个关键点
KDIST	Main Menu>Preprocessor>Modeling>Check Geom>KP distances	计算两关键点之间的距离
KMODIF	Main Menu>Preprocessor>Modeling>Move/Modify>Keypoints>Set of KPs Main Menu>Preprocessor>Modeling>Move/Modify>Keypoints>Single KP	修改关键点的坐标系
KTRAN	Main Menu>Preprocessor>Modeling>Move/Modify>Transfer Coord> Keypoints	将一种模式的关键点转到另外一个坐标系中

3. 查看、选择和删除关键点

查看、选择和删除关键点的命令及 GUI 菜单路径如表 2-5 所示。

表 2-5　查看、选择和删除关键点

命　令	GUI 菜单路径	功　能
KLIST	Utility Menu>List>Keypoint>Coordinates +Attributes Utility Menu>List>Keypoint>Coordinates only Utility Menu>List>Keypoint>Hard Points	列表显示关键点

命　　令	GUI 菜单路径	功　　能
KSEL	Utility Menu>Select>Entities	选择关键点
KPLOT	Utility Menu>Plot>Keypoints>Keypoints Utility Menu>Plot>Specified Entities>Keypoints	屏幕显示关键点
KDELE	Main Menu>Preprocessor>Modeling>Delete>Keypoints	删除关键点

2.3.2　硬点

　　硬点实际上是一种特殊的关键点，它表示网格必须通过的点。硬点不会改变模型的几何形状和拓扑结构，大多数关键点命令如 FK、KLIST 和 KSEL 等都适用于硬点，而且它还有自己的命令集和 GUI 路径。

　　如果发出更新图元几何形状的命令，例如布尔操作或者简化命令，任何与图元相连的硬点都将自动删除；不能用复制、移动或修改关键点的命令操作硬点；当使用硬点时，不支持映射网格划分。

1．定义硬点

　　定义硬点的命令及 GUI 菜单路径如表 2-6 所示。

表 2-6　定义硬点

命　　令	GUI 菜单路径	硬 点 位 置
HPTCREATE LINE	Main Menu>Preprocessor>Modeling>Create>Keypoints>Hard PT on line>Hard PT by ratio Main Menu>Preprocessor>Modeling>Create>Keypoints>Hard PT on line>Hard PT by coordinates Main Menu>Preprocessor>Modeling>Create>Keypoints>Hard PT on line>Hard PT by picking	在线上定义硬点
HPTCREATE AREA	Main Menu>Preprocessor>Modeling>Create>Keypoints>Hard PT on area>Hard PT by coordinates Main Menu>Preprocessor>Modeling>Create>Keypoints>Hard PT on area>Hard PT by picking	在面上定义硬点

2．选择硬点

　　选择硬点的命令及 GUI 菜单路径如表 2-7 所示。

表 2-7　选择硬点

命　　令	GUI 菜单路径	硬 点 位 置
KSEL	Utility Menu>Select>Entities	硬点
LSEL	Utility Menu>Select>Entities	附在线上的硬点
ASEL	Utility Menu>Select>Entities	附在面上的硬点

3．查看和删除硬点

　　查看和删除硬点的命令及 GUI 菜单路径如表 2-8 所示。

表 2-8　查看和删除硬点

命　　令	GUI 菜单路径	功　　能
KLIST	Utility Menu>List>Keypoint>Hard Points	列表显示硬点
LLIST	该命令没有相应 GUI 路径	列表显示线及附属的硬点
ALIST	该命令没有相应 GUI 路径	列表显示面及附属的硬点
KPLOT	Utility Menu>Plot>Keypoints>Hard Points	屏幕显示硬点
HPTDELETE	Main Menu>Preprocessor>Modeling>Delete>Hard Points	删除硬点

2.3.3　线

线主要用于表示实体的边。像关键点一样，线是在当前激活的坐标系内定义的。并不总是需要明确地定义所有的线，因为 ANSYS 程序在定义面和体时，会自动生成相关的线。只有在生成线单元（例如梁）或想通过线来定义面时，才需要专门定义线。

1．定义线

定义线的命令及 GUI 菜单路径如表 2-9 所示。

表 2-9　定义线

命　　令	GUI 菜单路径	功　　能
L	Main Menu>Preprocessor>Modeling>Create>Lines>Lines>In Active Coord	在指定的关键点之间创建直线（与坐标系有关）
LARC	Main Menu>Preprocessor>Modeling>Create>Lines>Arcs>By End KPs & Rad Main Menu>Preprocessor>Modeling>Create>Lines>Arcs>Through 3 KPs	通过 3 个关键点创建弧线（或者通过两个关键点和指定半径创建弧线）
BSPLIN	Main Menu>Preprocessor>Modeling>Create>Lines>Splines>Spline thru KPs Main Menu>Preprocessor>Modeling>Create>Lines>Splines>Spline thru Locs Main Menu>Preprocessor>Modeling>Create>Lines>Splines>With Options>Spline thru KPs Main Menu>Preprocessor>Modeling>Create>Lines>Splines>With Options>Spline thru Locs	创建多义线
CIRCLE	Main Menu>Preprocessor>Modeling>Create>Lines>Arcs>By Cent & Radius Main Menu>Preprocessor>Modeling>Create>Lines>Arcs>Full Circle	创建圆弧线
SPLINE	Main Menu>Preprocessor>Modeling>Create>Lines>Splines>Segmented Spline Main Menu>Preprocessor>Modeling>Create>Lines>Splines>With Options>Segmented Spline	创建分段式多义线
LANG	Main Menu>Preprocessor>Modeling>Create>Lines>Lines>At Angle to Line Main Menu>Preprocessor>Modeling>Create>Lines>Lines>Normal to Line	创建与另一条直线成一定角度的直线
L2ANG	Main Menu>Preprocessor>Modeling>Create>Lines>Lines>Angle to 2 Lines Main Menu>Preprocessor>Modeling>Create>Lines>Lines>Norm to 2 Lines	创建与另外两条直线成一定角度的直线
LTAN	Main Menu>Preprocessor>Modeling>Create>Lines>Lines>Tan to 2 Lines	创建一条与已有线共终点且相切的线
L2TAN	Main Menu>Preprocessor>Modeling>Create>Lines>Lines>Tan to 2 Lines	生成一条与两条线相切的线
LAREA	Main Menu>Preprocessor>Modeling>Create>Lines>Lines>Overlaid on Area	生成一个面上两关键点之间最短的线
LDRAG	Main Menu>Preprocessor>Modeling>Operate>Extrude>Lines>Along Lines	通过一个关键点按一定路径延伸成线

命　令	GUI 菜单路径	功　能
LROTAT	Main Menu>Preprocessor>Modeling>Operate>Extrude>Lines>About Axis	使一个关键点按一条轴旋转生成线
LFILLT	Main Menu>Preprocessor>Modeling>Create>Lines>Line Fillet	在两相交线之间生成倒角线
LSTR	Main Menu>Preprocessor>Create>Lines>Lines>Straight Line	生成与激活坐标系无关的直线

2. 从已有线生成新线

从已有线生成线的命令及 GUI 菜单路径如表 2-10 所示。

表 2-10　生成新的线

命　令	GUI 菜单路径	功　能
LGEN	Main Menu>Preprocessor>Modeling>Copy>Lines Main Menu>Preprocessor>Modeling>Move/Modify>Lines	通过已有线生成新线
LSYMM	Main Menu>Preprocessor>Modeling>Reflect>Lines	从已有线对称映像生成新线
LTRAN	Main Menu>Preprocessor>Modeling>Move/Modify>Transfer Coord>Lines	将已有线转到另一个坐标系

3. 修改线

修改线的命令及 GUI 菜单路径如表 2-11 所示。

表 2-11　修改线

命　令	GUI 菜单路径	功　能
LDIV	Main Menu>Preprocessor>Modeling>Operate>Booleans>Divide>Line into 2 Ln's Main Menu>Preprocessor>Modeling>Operate>Booleans>Divide>Line into N Ln's Main Menu>Preprocessor>Modeling>Operate>Booleans>Divide>Lines w/ Options	将一条线分成更小的线段
LCOMB	Main Menu>Preprocessor>Modeling>Operate>Booleans>Add>Lines	将一条线与另一条线合并
LEXTND	Main Menu>Preprocessor>Modeling>Operate>Extend Line	将线的一端延长

4. 查看和删除线

查看和删除线的命令及 GUI 菜单路径如表 2-12 所示。

表 2-12　查看和删除线

命　令	GUI 菜单路径	功　能
LLIST	Utility Menu>List>Lines Utility Menu>List>Picked Entities>Lines	列表显示线
LPLOT	Utility Menu>Plot>Lines Utility Menu>Plot>Specified Entities>Lines	屏幕显示线
LSEL	Utility Menu>Select>Entities	选择线
LDELE	Main Menu>Preprocessor>Modeling>Delete>Line and Below Main Menu>Preprocessor>Modeling>Delete>Lines Only	删除线

📖 2.3.4　面

平面可以表示二维实体（例如平板和轴对称实体）。曲面和平面都可以表示三维的面，例如壳、三维实体的面等。跟线类似，只有用到面单元或者由面生成体时，才需要专门定义面。生成面的命令将自动生成依附于该面的线和关键点，同样，面也可以在定义体时自动生成。

1. 定义面

定义面的命令及 GUI 菜单路径如表 2-13 所示。

表 2-13　定义面

命　令	GUI 菜单路径	功　能
A	Main Menu>Preprocessor>Modeling>Create>Areas>Arbitrary>Through KPs	通过顶点定义一个面（即通过关键点）
AL	Main Menu>Preprocessor>Modeling>Create>Areas>Arbitrary>By Lines	通过其边界线定义一个面
ADRAG	Main Menu>Preprocessor>Modeling>Operate>Extrude>Along Lines	沿一条路径拖动一条线生成面
AROTAT	Main Menu>Preprocessor>Modeling>Operate>Extrude>About Axis	沿一轴线旋转一条线生成面
AFILLT	Main Menu>Preprocessor>Modeling>Create>Areas>Area Fillet	在两面之间生成倒角面
ASKIN	Main Menu>Preprocessor>Modeling>Create>Areas>Arbitrary>By Skinning	通过引导线生成光滑曲面
AOFFST	Main Menu>Preprocessor>Modeling>Create>Areas>Arbitrary>By Offset	通过偏移一个面生成新的面

2. 通过已有面生成新的面

通过已有面生成新的面的命令及 GUI 菜单路径如表 2-14 所示。

表 2-14　生成新的面

命　令	GUI 菜单路径	功　能
AGEN	Main Menu>Preprocessor>Modeling>Copy>Areas Main Menu>Preprocessor>Modeling>Move/Modify>Areas>Areas	通过已有面生成另外的面
ARSYM	Main Menu>Preprocessor>Modeling>Reflect>Areas	通过对称映像生成面
ATRAN	Main Menu>Preprocessor>Modeling>Move/Modify>Transfer Coord>Areas	将面转到另外的坐标系下
ASUB	Main Menu>Preprocessor>Modeling>Create>Areas>Arbitrary>Overlaid on Area	复制一个面的部分

3. 查看、选择和删除面

查看、选择和删除面的命令及 GUI 菜单路径如表 2-15 所示。

表 2-15　查看、选择和删除面

命　令	GUI 菜单路径	功　能
ALIST	Utility Menu>List>Areas Utility Menu>List>Picked Entities>Areas	列表显示面
APLOT	Utility Menu>Plot>Areas Utility Menu>Plot>Specified Entities>Areas	屏幕显示面
ASEL	Utility Menu>Select>Entities	选择面
ADELE	Main Menu>Preprocessor>Modeling>Delete>Area and Below Main Menu>Preprocessor>Modeling>Delete>Areas Only	删除面

📖 2.3.5　体

体用于描述三维实体，仅当需要用体单元时才必须建立体，生成体的命令将自动生成低级的图元。

1．定义体

定义体的命令及 GUI 菜单路径如表 2-16 所示。

表 2-16　定义体

命　令	GUI 菜单路径	功　能
V	Main Menu>Preprocessor>Modeling>Create>Volumes>Arbitrary> Through KPs	通过顶点定义体（即通过关键点）
VA	Main Menu>Preprocessor>Modeling>Create>Volumes>Arbitrary>By Areas	通过边界定义体（即用一系列的面来定义）
VDRAG	Main Menu>Preprocessor>Operate>Extrude>Along Lines	将面沿某个路径拖拉生成体
VROTAT	Main Menu>Preprocessor>Modeling>Operate>Extrude>About Axis	将面沿某根轴旋转生成体
VOFFST	Main Menu>Preprocessor>Modeling>Operate>Extrude>Areas>Along Normal	将面沿其法向偏移生成体
VEXT	Main Menu>Preprocessor>Modeling>Operate>Extrude>Areas>By XYZ Offset	在当前坐标系下对面进行拖拉和缩放生成体

其中，VOFFST 和 VEXT 操作示意如图 2-11 所示。

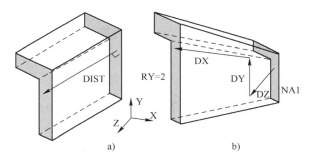

图 2-11　VOFFST 和 VEXT 操作示意

a) VOFFST 操作　b) VEXT 操作

2．通过已有的体生成新的体

通过已有的体生成新的体的命令及 GUI 菜单路径如表 2-17 所示。

表 2-17　生成新的体

命　令	GUI 菜单路径	功　能
VGEN	Main Menu>Preprocessor>Modeling>Copy>Volumes Main Menu>Preprocessor>Modeling>Move/Modify>Volumes	由一种模式的体生成另外的体
VSYMM	Main Menu>Preprocessor>Modeling>Reflect>Volumes	通过对称映像生成体
VTRAN	Main Menu>Preprocessor>Modeling>Move/Modify>Transfer Coord>Volumes	将体转到另外的坐标系

3．查看、选择和删除体

查看、选择和删除体的命令及 GUI 菜单路径如表 2-18 所示。

表 2-18 查看、选择和删除体

命　令	GUI 菜单路径	功　能
VLIST	Utility Menu>List>Picked Entities>Volumes Utility Menu>List>Volumes	列表显示体
VPLOT	Utility Menu>Plot>Specified Entities>Volumes Utility Menu>Plot>Volumes	屏幕显示体
VSEL	Utility Menu>Select>Entities	选择体
VDELE	Main Menu>Preprocessor>Modeling>Delete>Volume and Below Main Menu>Preprocessor>Modeling>Delete>Volumes Only	删除体

2.4 工作平面的使用

尽管光标在屏幕上只表现为一个点，但它实际上代表的是空间中垂直于屏幕的一条线。为了能用光标拾取一个点，首先必须定义一个假想的平面，当该平面与光标所代表的垂线相交时，能唯一地确定空间中的一个点，这个假想的平面就是工作平面。从另一种角度想象光标与工作平面的关系，可以描述为光标就像一个点在工作平面上来回游荡，工作平面因此就如同在上面写字的平板一样，工作平面可以不平行于显示屏，如图 2-12 所示。

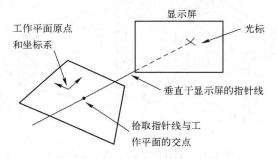

图 2-12 显示屏、光标、工作平面及拾取点之间的关系

工作平面是一个无限平面，有原点、二维坐标系、捕捉增量和显示栅格。在同一时刻只能定义一个工作平面（当定义一个新的工作平面时就会删除已有的工作平面）。工作平面是与坐标系独立使用的。例如，工作平面与激活的坐标系可以有不同的原点和旋转方向。

进入 ANSYS 程序时，有一个默认的工作平面，即总体笛卡儿坐标系的 X-Y 平面。工作平面的 X、Y 轴分别取为总体笛卡儿坐标系的 X 轴和 Y 轴。

2.4.1 定义一个新的工作平面

可以用下列方法定义一个新的工作平面。

（1）由 3 个点定义一个工作平面

命令：WPLANE。

GUI：Utility Menu>WorkPlane>Align WP with>XYZ Locations。

（2）由 3 个节点定义一个工作平面

命令：NWPLAN。

GUI：Utility Menu>WorkPlane>Align WP with>Nodes。

（3）由 3 个关键点定义一个工作平面

命令：KWPLAN。

GUI：Utility Menu>WorkPlane>Align WP with>Keypoints。

（4）将通过一指定线上的点并垂直于该直线的平面定义为工作平面

命令：LWPLAN。

GUI：Utility Menu>WorkPlane>Align WP with>Plane Normal to Line。

（5）通过现有坐标系的 X–Y（或 R–θ）平面定义工作平面

命令：WPCSYS。

GUI：Utility Menu>WorkPlane>Align WP with>Active Coord Sys。

Utility Menu>WorkPlane>Align WP with>Global Cartesian。

Utility Menu>WorkPlane>Align WP with>Specified Coord Sys。

2.4.2 控制工作平面的显示和样式

为获得工作平面的状态（即位置、方向、增量）可用下面的方法。

命令：WPSTYL,STAT。

GUI：Utility Menu>List>Status>Working Plane。

将工作平面重置为默认状态下的位置和样式，利用命令 WPSTYL, DEFA。

2.4.3 移动工作平面

可以将工作平面移动到与原位置平行的新位置，方法如下。

（1）将工作平面的原点移动到关键点

命令：KWPAVE。

GUI：Utility Menu>WorkPlane>Offset WP to>Keypoints。

（2）将工作平面的原点移动到节点

命令：NWPAVE。

GUI：Utility Menu>WorkPlane>Offset WP to>Nodes。

（3）将工作平面的原点移动到指定点

命令：WPAVE。

GUI：Utility Menu>WorkPlane>Offset WP to>Global Origin。

Utility Menu>WorkPlane>Offset WP to>Origin of Active CS。

Utility Menu>WorkPlane>Offset WP to>XYZ Locations。

（4）偏移工作平面

命令：WPOFFS。

GUI：Utility Menu>WorkPlane>Offset WP by Increments。

2.4.4 旋转工作平面

可以将工作平面旋转到一个新的方向，可以在工作平面内旋转 X 轴或 Y 轴，也可以使整个工作平面都旋转到一个新的位置。如果不清楚旋转角度，利用前面的方法可以很容易地在正确的方向上创建一个新的工作平面。旋转工作平面的方法如下。

命令：WPROTA。

GUI：Utility Menu>WorkPlane>Offset WP by Increments。

2.4.5 还原一个已定义的工作平面

尽管实际上不能存储一个工作平面，但可以在工作平面的原点创建一个局部坐标系，然后利用这个局部坐标系还原一个已定义的工作平面。

在工作平面的原点创建局部坐标系的方法如下。

命令：CSWPLA。

GUI：Utility Menu>WorkPlane>Local Coordinate Systems>Create Local CS>At WP Origin。

利用局部坐标系还原一个已定义的工作平面的方法如下。

命令：WPCSYS。

GUI：Utility Menu>WorkPlane>Align WP with>Active Coord Sys。

Utility Menu>WorkPlane>Align WP with>Global Cartesian。

Utility Menu>WorkPlane>Align WP with>Specified Coord Sys。

2.5 坐标系简介

ANSYS 中有多种坐标系供选择。

1）总体和局部坐标系：确定几何形状参数（节点、关键点等）和空间位置。

2）显示坐标系：显示总体笛卡儿坐标系下的几何形状参数。

3）节点坐标系：定义每个节点的自由度和节点结果数据的方向。

4）单元坐标系：确定材料特性主轴和单元结果数据的方向。

5）结果坐标系：用于列表、显示或在通用后处理操作中，通常要把结果数据转换到激活的结果坐标系中显示。默认为总体笛卡儿坐标系。

2.5.1 总体和局部坐标系

总体坐标系和局部坐标系用来定位几何体。默认地，当定义一个节点或关键点时，其坐标系为总体笛卡儿坐标系。可是对有些模型，定义为不是总体笛卡儿坐标系的其他坐标系可能更方便。ANSYS 程序允许使用任意预定义的 3 种（总体）坐标系的任意一种来输入几何数据，或者在任何其他定义的（局部）坐标系中进行此项工作。

1．总体坐标系

总体坐标系被认为是一个绝对的参考系。ANSYS 中有 3 种总体坐标系：笛卡儿坐标系、柱坐标系和球坐标系，这 3 种坐标系都是右手系，而且有共同的原点。

图 2-13a 表示笛卡儿坐标系；图 2-13b 表示一类圆柱坐标系（其 Z 轴同笛卡儿坐标系的 Z 轴一致），坐标系统标号是 1；图 2-13c 表示球坐标系，坐标系统标号是 2；图 2-13d 表示两类圆柱坐标系（Z 轴与笛卡儿坐标系的 Y 轴一致），坐标系统标号是 3。

2．局部坐标系

在许多情况下，用户必须建立自己的坐标系，称为局部坐标系，其原点与总体坐标系的原点偏移一定距离，或其方位不同于先前定义的总体坐标系。图 2-14 所示是一个局部坐标系的示例，它是通过用于局部坐标系、节点坐标系或工作平面坐标系旋转的欧拉旋转角来定义的。可以按以下方式定义局部坐标系。

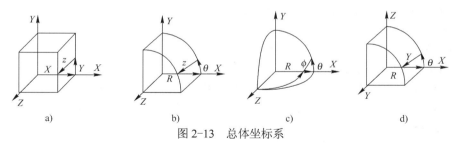

图 2-13 总体坐标系

a) 笛卡儿坐标系 b) 一类圆柱坐标系 c) 球坐标系 d) 两类圆柱坐标系

（1）按总体笛卡儿坐标定义局部坐标系

命令：LOCAL。

GUI：Utility Menu>WorkPlane>Local Coordinate Systems>Create Local CS>At Specified Loc +。

（2）通过已有节点定义局部坐标系

命令：CS。

GUI：Utility Menu>WorkPlane>Local Coordinate Systems>Create Local CS>By 3 Nodes +。

（3）通过已有关键点定义局部坐标系

命令：CSKP。

GUI：Utility Menu>WorkPlane>Local Coordinate Systems>Create Local CS>By 3 Keypoints +。

（4）在当前定义的工作平面的原点为中心定义局部坐标系

命令：CSWPLA。

GUI：Utility Menu>WorkPlane>Local Coordinate Systems>Create Local CS>At WP Origin。

图 2-14 中，X，Y，Z 表示总体坐标系，然后通过旋转该总体坐标系来建立局部坐标系。图 2-14a 表示将总体坐标系绕 Z 轴旋转一定角度得到 X_1，Y_1，$Z(Z_1)$；图 2-14b 表示将 X_1，Y_1，$Z(Z_1)$ 绕 X_1 轴旋转一定角度得到 $X_1(X_2)$，Y_2，Z_2。

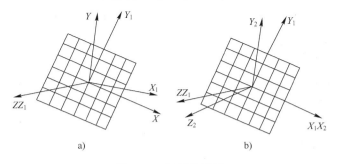

图 2-14 局部坐标系

a) 绕 Z 轴旋转 b) 绕 X_1 轴旋转

当定义了一个局部坐标系后，它就会被激活。当创建了局部坐标系后，分配给它一个坐标系号（必须是 11 或更大），可以在 ANSYS 程序中的任何阶段建立或删除局部坐标系。若要删除一个局部坐标系，可以利用下面的方法。

命令：CSDELE。

GUI：Utility Menu>WorkPlane>Local Coordinate Systems>Delete Local CS。

若要查看所有的总体和局部坐标系，可以使用下面的方法。

命令：CSLIST。

GUI：Utility Menu>List>Other>Local Coord Sys。

与 3 个预定义的总体坐标系类似，局部坐标系可以是笛卡儿坐标系、柱坐标系或球坐标系。局部坐标系可以是圆的，也可以是椭圆的，另外，还可以建立环形局部坐标系。局部坐标系类型如图 2-15 所示。

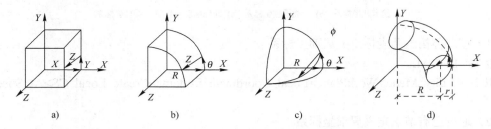

图 2-15　局部坐标系类型

a) 局部笛卡儿坐标系　b) 局部圆柱坐标系　c) 局部球坐标系　d) 局部环坐标系

3．坐标系的激活

可以定义多个坐标系，但某一时刻只能有一个坐标系被激活。激活坐标系的方法如下：首先自动激活总体笛卡儿坐标系，当定义一个新的局部坐标系，这个新的坐标系就会自动被激活，如果要激活一个与总体坐标系或以前定义的坐标系，可用下列方法。

命令：CSYS。

GUI：Utility Menu>WorkPlane>Change Active CS to>Global Cartesian。

　　　Utility Menu>WorkPlane>Change Active CS to>Global Cylindrical。

　　　Utility Menu>WorkPlane>Change Active CS to>Global Spherical。

　　　Utility Menu>WorkPlane>Change Active CS to>Specified Coord Sys。

　　　Utility Menu>WorkPlane>Change Active CS to>Working Plane。

在 ANSYS 程序运行的任何阶段都可以激活某个坐标系，若没有明确地改变激活的坐标系，则当前激活的坐标系将一直保持不变。

在定义节点或关键点时，不管哪个坐标系是激活的，程序都将坐标标为 X、Y 和 Z，如果激活的不是笛卡儿坐标系，应将 X、Y 和 Z 理解为柱坐标中的 R、θ、Z 或球坐标系中的 R、θ、ϕ。

2.5.2　显示坐标系

在默认情况下，即使是在坐标系中定义的节点和关键点，其列表中显示的是它们的总体笛卡儿坐标值，可以用下列方法改变显示坐标系。

命令：DSYS。

GUI：Utility Menu>WorkPlane>Change Display CS to>Global Cartesian。

        Utility Menu>WorkPlane>Change Display CS to>Global Cylindrical。

        Utility Menu>WorkPlane>Change Display CS to>Global Spherical。

        Utility Menu>WorkPlane>Change Display CS to>Specified Coord Sys。

改变显示坐标系也会影响图形显示。除非有特殊的需要，一般在用诸如"NPLOT，EPLOT"命令显示图形时，应将显示坐标系重置为总体笛卡儿坐标系。DSYS 命令对 LPLOT，APLOT 和 VPLOT 命令无影响。

📖 2.5.3 节点坐标系

总体和局部坐标系用于几何体的定位，而节点坐标系则用于定义节点自由度的方向。每个节点都有自己的节点坐标系，默认情况下，它总是平行于总体笛卡儿坐标系（与定义节点的激活坐标系无关）。可用下列方法将任意节点坐标系旋转到所需方向，如图 2-16 所示。

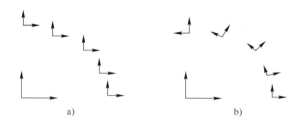

图 2-16 节点坐标系

a) 原始节点坐标系　b) 旋转到圆柱坐标系

（1）将节点坐标系旋转到激活坐标系的方向

即节点坐标系的 X 轴转成平行于激活坐标系的 X 轴或 R 轴，节点坐标系的 Y 轴旋转到平行于激活坐标系的 Y 或 θ 轴，节点坐标系的 Z 轴转成平行于激活坐标系的 Z 或 ϕ 轴。

命令：NROTAT。

GUI：Main Menu>Preprocessor>Modeling>Create>Nodes>Rotate Node CS>To Active CS。

        Main Menu>Preprocessor>Modeling>Move/Modify>Rotate Node CS>To Active CS。

（2）按给定的旋转角旋转节点坐标系

因为通常不易得到旋转角，因此 NROTAT 命令可能更有用。在生成节点时可以定义旋转角，或对已有节点指定旋转角（NMODIF 命令）。

命令：N。

GUI：Main Menu>Preprocessor>Modeling>Create>Nodes>In Active CS。

命令：NMODIF。

GUI：Main Menu>Preprocessor>Modeling>Create>Nodes>Rotate Node CS>By Angles。

        Main Menu>Preprocessor>Modeling>Move/Modify>Rotate Node CS>By Angles。

可以用下列方法列出节点坐标系相对于总体笛卡儿坐标系旋转的角度。

命令：NANG。

GUI：Main Menu>Preprocessor>Modeling>Create>Nodes>Rotate Node CS>By Vectors。

        Main Menu>Preprocessor>Modeling>Move/Modify>Rotate Node CS>By Vectors。

命令：NLIST。

GUI：Utility Menu>List>Nodes。

       Utility Menu>List>Picked Entities>Nodes。

📖 2.5.4　单元坐标系

每个单元都有自己的坐标系，单元坐标系用于规定正交材料特性的方向，施加压力和显示结果（如应力应变）的输出方向。所有的单元坐标系都是正交右手系。

大多数单元坐标系的默认方向遵循以下规则：

1）线单元的 X 轴通常从该单元的 I 节点指向 J 节点。

2）壳单元的 X 轴通常也取 I 节点到 J 节点的方向，Z 轴过 I 点且与壳面垂直，其正方向由单元的 I、J 和 K 节点按右手法则确定，Y 轴垂直于 X 轴和 Z 轴。

3）对二维和三维实体单元的单元坐标系总是平行于总体笛卡儿坐标系。

并非所有的单元坐标系都符合上述规则，对于特定单元坐标系的默认方向可参考 ANSYS 帮助文档单元说明部分。许多单元类型都有选项（KEYOPTS，在 DT 或 KETOPT 命令中输入），这些选项用于修改单元坐标系的默认方向。对面单元和体单元而言，可用下列命令将单元坐标的方向调整到已定义的局部坐标系上。

命令：ESYS。

GUI：Main Menu>Preprocessor>Meshing>Mesh Attributes>Default Attribs。

      Main Menu>Preprocessor>Modeling>Create>Elements>Elem Attributes。

如果既用了 KEYOPT 命令又用了 ESYS 命令，则 KEYOPT 命令的定义有效。对某些单元而言，通过输入角度可相对先前的方向作进一步旋转，例如 SHELL63 单元中的实常数 THETA。

📖 2.5.5　结果坐标系

在求解过程中，计算的结果数据有位移（UX，UY，ROTS 等），梯度（TGX，TGY 等），应力（SX，SY，SZ 等），应变（EPPLX，EPPLXY 等）等，这些数据存储在数据库和结果文件中，要么是在节点坐标系（初始或节点数据），要么是在单元坐标系（导出或单元数据）。但是，结果数据通常是旋转到激活的坐标系（默认为总体坐标系）中来进行云图显示、列表显示和单元数据存储（ETABLE 命令）等操作。

可以将活动的结果坐标系转到另一个坐标系（如总体坐标系或一个局部坐标系），或转到在求解时所用的坐标系下（例如，节点和单元坐标系）。如果列表、显示或操作这些结果数据，则它们将首先被旋转到结果坐标系下。利用下列方法可改变结果坐标系。

命令：RSYS。

GUI：Main Menu>General Postproc>Options for Output。

      Utility Menu>List>Results>Options。

2.6　使用布尔操作来修正几何模型

在布尔运算中，对一组数据可用诸如交、并、减等逻辑运算处理，ANSYS 程序也允许对实体模型进行同样的操作，这样修改实体模型就更加容易。

无论是自顶向下还是自底向上构造的实体模型，都可以对它进行布尔运算操作。需注意的是，布尔运算对通过连接生成的图元无效，对退化的图元也不能进行某些布尔运算。通常，完成布尔运算之后，紧接着就是实体模型的加载和单元属性的定义，如果用布尔运算修改了已有的模型，需要重新进行单元属性和加载的定义。

📖 2.6.1　布尔运算的设置

对两个或多个图元进行布尔运算时，可以通过以下的方式确定是否保留原始图元，如图 2-17 所示。

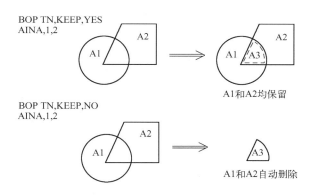

图 2-17　布尔运算的保留操作示例

命令：BOPTN。

GUI：Main Menu>Preprocessor>Modeling>Operate>Booleans>Settings。

一般来说，对依附于高级图元的低级图元进行布尔运算是允许的，但不能对已划分网格的图元进行布尔操作，必须在执行布尔操作之前将网格清除。

📖 2.6.2　布尔运算之后的图元编号

ANSYS 的编号程序会对布尔运算输出的图元依据其拓扑结构和几何形状进行编号。例如：面的拓扑信息包括定义的边数，组成面的线数（即三边形面或四边形面），面中的任何原始线（在布尔操作之前存在的线）的线号，任意原始关键点的关键点号等。面的几何信息包括形心的坐标、端点和其他相对于一些任意的参考坐标系的控制点。控制点是由 NURBS 定义的描述模型的参数。

编号程序首先给输出图元分配按其拓扑结构唯一识别的编号（以下一个有效数字开始），任何剩余图元按几何编号。但需注意的是，按几何编号的图元顺序可能会与优化设计的顺序不一致，特别是在多重循环中几何位置发生改变的情况下。

📖 2.6.3　交运算

布尔交运算的命令及 GUI 菜单路径如表 2-19 所示。

表 2-19　交运算

命　令	GUI 菜单路径	功　能
LINL	Main Menu>Preprocessor>Modeling>Operate>Booleans>Intersect>Common>Lines	线相交
AINA	Main Menu>Preprocessor>Modeling>Operate>Booleans>Intersect>Common>Areas	面相交
VINV	Main Menu>Preprocessor>Modeling>Operate>Booleans>Intersect>Common>Volumes	体相交
LINA	Main Menu>Preprocessor>Modeling>Operate>Booleans>Intersect>Line with Area	线和面相交
AINV	Main Menu>Preprocessor>Modeling>Operate>Booleans>Intersect>Area with Volume	面和体相交
LINV	Main Menu>Preprocessor>Modeling>Operate>Booleans>Intersect>Line with Volume	线和体相交

图 2-18～图 2-22 所示为一些图元相交的实例。

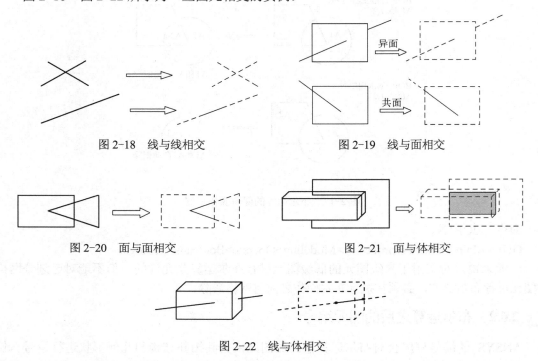

图 2-18　线与线相交　　　　　　　　　　图 2-19　线与面相交

图 2-20　面与面相交　　　　　　　　　　图 2-21　面与体相交

图 2-22　线与体相交

2.6.4　两两相交

　　两两相交时由图元集叠加而形成的一个新的图元集。就是说，两两相交表示至少任意两个原图元的相交区域。比如，线集的两两相交可能是一个关键点（或关键点的集合），或是一条线（或线的集合）。

　　布尔两两相交运算的命令及 GUI 菜单路径如表 2-20 所示。

表 2-20　两两相交

命　　令	GUI 菜单路径	功　能
LINP	Main Menu>Preprocessor>Modeling>Operate>Booleans>Intersect>Pairwise>Lines	线两两相交

命　令	GUI 菜单路径	功　能
AINP	Main Menu>Preprocessor>Modeling>Operate>Booleans>Intersect>Pairwise>Areas	面两两相交
VINP	Main Menu>Preprocessor>Modeling>Operate>Booleans>Intersect>Pairwise>Volumes	体两两相交

图 2-23 和图 2-24 所示为一些两两相交的实例。

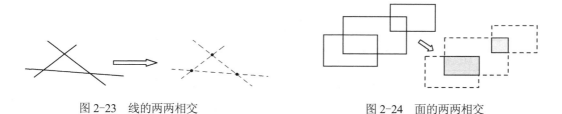

图 2-23　线的两两相交　　　　　　图 2-24　面的两两相交

📖 2.6.5　相加

加运算的结果是得到一个包含各个原始图元所有部分的新图元，这样形成的新图元是一个单一的整体，没有接缝。在 ANSYS 程序中，只能对三维实体或二维共面的面进行加操作，面相加可以包含有面内的孔即内环。

加运算形成的图元在网格划分时通常不如搭接形成的图元。

布尔相加运算的命令及 GUI 菜单路径如表 2-21 所示。

表 2-21　相加运算

命　令	GUI 菜单路径	功　能
AADD	Main Menu>Preprocessor>Modeling>Operate>Booleans>Add>Areas	面相加
VADD	Main Menu>Preprocessor>Modeling>Operate>Booleans>Add>Volumes	体相加

📖 2.6.6　相减

如果从某个图元（E1）减去另一个图元（E2），其结果可能有两种情况：一种情况是生成一个新图元 E3（E1-E2=E3），E3 和 E1 有同样的维数，且与 E2 无搭接部分；另一种情况是 E1 与 E2 的搭接部分是个低维的实体，其结果是将 E1 分成两个或多个新的实体（E1-E2=E3，E4）。布尔相减运算的命令及 GUI 菜单路径如表 2-22 所示。

表 2-22　相减运算

命　令	GUI 菜单路径	功　能
LSBL	Main Menu>Preprocessor>Modeling>Operate>Booleans>Subtract>Lines Main Menu>Preprocessor>Modeling>Operate>Booleans>Subtract>With Options>Lines Main Menu>Preprocessor>Modeling>Operate>Booleans>Divide>Line by Line Main Menu>Preprocessor>Modeling>Operate>Booleans>Divide>With Options>Line by Line	线减去线
ASBA	Main Menu>Preprocessor>Modeling>Operate>Booleans>Subtract>Areas Main Menu>Preprocessor>Modeling>Operate>Booleans>Subtract>With Options>Areas Main Menu>Preprocessor>Modeling>Operate>Booleans>Divide>Area by Area Main Menu>Preprocessor>Modeling>Operate>Booleans>Divide>With Options>Area by Area	面减去面

命　令	GUI 菜单路径	功　能
VSBV	Main Menu>Preprocessor>Modeling>Operate>Booleans>Subtract>Volumes	体减去体
VSBV	Main Menu>Preprocessor>Modeling>Operate>Booleans>Subtract>With Options>Volumes	体减去体
LSBA	Main Menu>Preprocessor>Modeling>Operate>Booleans>Divide>Line by Area Main Menu>Preprocessor>Modeling>Operate>Booleans>Divide>With Options>Line by Area	线减去面
LSBV	Main Menu>Preprocessor>Modeling>Operate>Booleans>Divide>Line by Volume Main Menu>Preprocessor>Modeling>Operate>Booleans>Divide>With Options>Line by Volume	线减去体
ASBV	Main Menu>Preprocessor>Modeling>Operate>Booleans>Divide>Area by Volume Main Menu>Preprocessor>Modeling>Operate>Booleans>Divide>With Options>Area by Volume	体减去面
ASBL[1]	Main Menu>Preprocessor>Modeling>Operate>Booleans>Divide>Area by Line Main Menu>Preprocessor>Modeling>Operate>Booleans>Divide>With Options>Area by Line	面减去线
VSBA	Main Menu>Preprocessor>Modeling>Operate>Booleans>Divide>Volume by Area Main Menu>Preprocessor>Modeling>Operate>Booleans>Divide>With Options>Volume by Area	体减去面
LSBA	Main Menu>Preprocessor>Modeling>Operate>Booleans>Divide>Line by Area Main Menu>Preprocessor>Modeling>Operate>Booleans>Divide>With Options>Line by Area	线减去面
LSBV	Main Menu>Preprocessor>Modeling>Operate>Booleans>Divide>Line by Volume Main Menu>Preprocessor>Modeling>Operate>Booleans>Divide>With Options>Line by Volume	线减去体
ASBV	Main Menu>Preprocessor>Modeling>Operate>Booleans>Divide>Area by Volume Main Menu>Preprocessor>Modeling>Operate>Booleans>Divide>With Options>Area by Volume	体减去面

图 2-25 和图 2-26 所示为一些相减的实例。

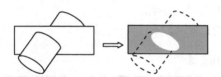

图 2-25　ASBV 面减去体

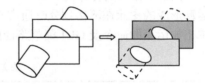

图 2-26　ASBV 多个面减去一个体

2.6.7　利用工作平面做减运算

　　工作平面可以用来做减运算，将一个图元分成两个或多个图元。可以将线、面或体利用命令或相应的 GUI 路径用工作平面去减。对于以下的每个减命令，"SEPO"用来确定生成的图元有公共边界或者独立但恰好重合的边界，"KEEP"用来确定保留或者删除图元，而不管"BOPTN"命令（GUI：Main Menu>Preprocessor>Modeling>Operate>Booleans>Settings）的设置。

　　利用工作平面做减运算的命令及 GUI 菜单路径如表 2-23 所示。

表 2-23　利用工作平面做减运算

命　令	GUI 菜单路径	功　能
LSBW	Main Menu>Preprocessor>Modeling>Operate>Booleans>Divide>Line by WrkPlane Main Menu>Preprocessor>Modeling>Operate>Booleans>Divide>With Options>Line by WrkPlane	利用工作平面减去线
ASBW	Main Menu>Preprocessor>Operate>Divide>Area by WrkPlane Main Menu>Preprocessor>Modeling>Operate>Booleans>Divide>With Options>Area by WrkPlane	利用工作平面减去面
VSBW	Main Menu>Preprocessor>Modeling>Operate>Divide>Volu by WrkPlane Main Menu>Preprocessor>Modeling>Operate>Booleans>Divide>With Options>Volu by WrkPlane	利用工作平面减去体

2.6.8　搭接

搭接命令用于连接两个或多个图元，以生成 3 个或更多新图元的集合。搭接命令除了在搭接域周围生成了多个边界外，与加运算非常类似。也就是说，搭接操作生成的是多个相对简单的区域，加运算生成一个相对复杂的区域。因而，搭接生成的图元比加运算生成的图元更容易划分网格。

搭接区域必须与原始图元有相同的维数。

布尔搭接运算的命令及 GUI 菜单路径如表 2-24 所示。

表 2-24　搭接运算

命　令	GUI 菜单路径	功　能
LOVLAP	Main Menu>Preprocessor>Modeling>Operate>Booleans>Overlap>Lines	线的搭接
AOVLAP	Main Menu>Preprocessor>Modeling>Operate>Booleans>Overlap>Areas	面的搭接
VOVLAP	Main Menu>Preprocessor>Modeling>Operate>Booleans>Overlap>Volumes	体的搭接

2.6.9　分割

分割命令用于分割两个或多个图元，以生成 3 个或更多的新图元。如果分割区域与原始图元有相同的维数，那么分割结果与搭接结果相同。但是分割操作与搭接操作不同的是，没有参加分割命令的图元将不被删除。

布尔分割运算的命令及 GUI 菜单路径如表 2-25 所示。

表 2-25　分割运算

命　令	GUI 菜单路径	功　能
LPTN	Main Menu>Preprocessor>Modeling>Operate>Booleans>Partition>Lines	线分割
APTN	Main Menu>Preprocessor>Modeling>Operate>Booleans>Partition>Areas	面分割
VPTN	Main Menu>Preprocessor>Modeling>Operate>Booleans>Partition>Volumes	体分割

2.6.10　粘接（或合并）

粘接命令与搭接命令类似，只是图元之间仅在公共边界处相关，且公共边界的维数低于原始图元的维数。这些图元之间在执行粘接操作后仍然相互独立，只是在边界上连接。

布尔粘接运算的命令及 GUI 菜单路径如表 2-26 所示。

表 2-26　粘接运算

命　令	GUI 菜单路径	功　能
LGLUE	Main Menu>Preprocessor>Modeling>Operate>Booleans>Glue>Lines	线的粘接
AGLUE	Main Menu>Preprocessor>Modeling>Operate>Booleans>Glue>Areas	面的粘接
VGLUE	Main Menu>Preprocessor>Modeling>Operate>Booleans>Glue>Volumes	体的粘接

2.7 实例——轴承座的实体建模

如图 2-27 所示为轴承座示意图，有 4 个安装孔，两个肋板，各部分尺寸是：底座长度、宽度、厚度分别为 6、3、1；安装孔直径为 0.75，孔中心距两边距离均为 0.75。支撑部分：下部分长、厚、高分别为 3、0.75、1.75；上部分半径为 1.5，厚度为 0.75。轴承孔中心位于支撑部分的上下部分的连接处，两个沉孔尺寸分别为：大孔直径为 2，深度为 0.1875；小孔直径为 1.7，深度为 0.5625；肋板厚度为 0.15。整个结构整体上具有对称性。

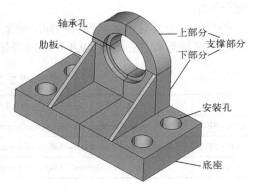

图 2-27 轴承座示意图

轴承孔大沉孔承受轴瓦推力作用，大小为 1000Pa，大沉孔承受轴承重力作用，大小为 5000Pa，轴承座材料弹性模量为 1.7×10^{11}Pa，泊松比为 0.3。分析轴承座的应力分布。

本例将按照建立几何模型，划分网格、加载、求解以及后处理查看结果的顺序在本章和以后的几章中依次介绍，以使读者对 ANSYS 的分析过程有一个初步的认识和了解，本章只介绍建立几何模型部分。

注意 本例作为参考例子，没有给出尺寸单位，读者在自己建立模型时，务必要选择好尺寸单位。

2.7.1 GUI 方式

1. 定义工作文件名和工作标题

1）定义工作文件名。执行实用菜单中的 Utility Menu>File>Change Jobname 命令，在弹出的 Change Jobname 对话框中输入 Bearing Block 并选中 New log and error files 后面的复选框，单击 OK 按钮，如图 2-28 所示。

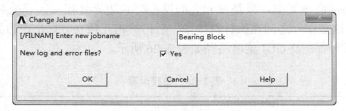

图 2-28 Change Jobname 对话框

2）定义工作标题。执行实用菜单中的 Utility Menu>File>Change Title 命令，在弹出的 Change Title 对话框中输入 The Bearing Block Model，单击 OK 按钮，如图 2-29 所示。

3）重新显示。执行实用菜单中的 Utility Menu>Plot>Replot 命令。

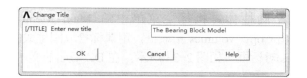

图 2-29　Change Title 对话框

2. 生成轴承座底板

1）生成矩形块。执行主菜单中的 Main Menu>Preprocessor>Modeling>Create>Volumes>Block>By Dimensions 命令，弹出 Create Block by Dimensions 对话框，按如图 2-30 所示输入数据，单击 OK 按钮。

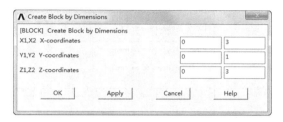

图 2-30　Create Block by Dimensions 对话框

2）打开 Pan-Zoom-Rotate 工具栏。执行实用菜单中的 Utility Menu>PlotCtrls>Pan Zoom Rotate 命令，弹出 Pan-Zoom-Rotate 工具栏，单击 Iso 按钮，生成结果如图 2-31 所示。

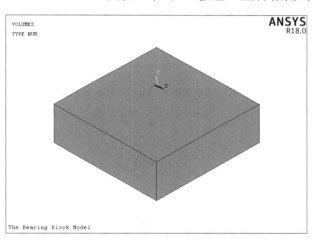

图 2-31　生成矩形块

3）显示工作平面。执行实用菜单中的 Utility Menu>WorkPlane>Display Working Plane 命令。

4）平移工作平面。执行实用菜单中的 Utility Menu>WorkPlane>Offset WP by Increments 命令，弹出 Offset WP 对话框，在 X、Y、Z Offsets 文本框中输入 2.25、1.25、0.75，单击 Apply 按钮；在 XY、YZ、ZX Angles 下面的文本框中输入 0、−90、0，单击 OK 按钮。

5）生成圆柱体。执行主菜单中的 Main Menu>Preprocessor>Create>Volumes>Cylinder>Solid Cylinder 命令，弹出 Solid Cylinder 对话框，按如图 2-32 所示输入数据，单击 OK 按钮。

6）复制生成另一个圆柱体。执行主菜单中的 Main Menu>Preprocessor>Modeling>Copy>Volumes 命令，弹出 Copy Volumes 拾取框，用鼠标拾取刚生成的圆柱体，然后单击 OK 按钮，弹出 Copy Volumes 对话框，如图 2-33 所示，在 DZ 后面的文本框中输入 1.5，单击 OK 按钮。

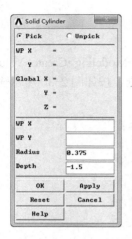

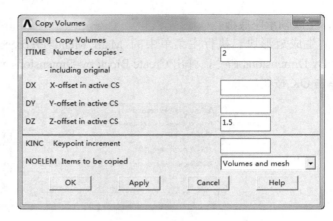

图 2-32　Solid Cylinder 对话框　　　　　　　　图 2-33　Copy Volumes 对话框

7）进行体相减操作。执行主菜单中的 Main Menu>Preprocessor>Modeling>Operate>Booleans>Subtract>Volumes 命令，弹出 Subtract Volumes 拾取框，拾取矩形块，单击 OK 按钮，然后拾取两个圆柱体，单击 OK 按钮，生成结果如图 2-34 所示。

3. 生成支撑部分

1）执行实用菜单中的 Utility Menu>WorkPlane>Align WP with>Global Cartesian 命令，使工作平面与总体笛卡儿坐标一致。

2）生成支撑板。执行主菜单中的 Main Menu>Preprocessor>Modeling>Create>Volumes>Block>By 2 Corners & Z 命令，弹出 Block by 2 Corners & Z 对话框，按如图 2-35 所示输入数据，单击 OK 按钮。

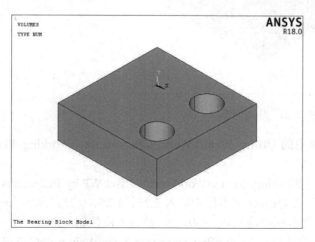

图 2-34　生成轴承座底板　　　　　　　图 2-35　Block by 2 Corners & Z 对话框

3）偏移工作平面到支撑部分的前表面。执行实用菜单中的 Utility Menu>WorkPlane>Offset WP to>Keypoints 命令，弹出 Offset WP to Keypoints 拾取框，拾取刚创建的实体块左上角的点，单击 OK 按钮。

4）生成支撑部分的上部分。执行主菜单中的 Main Menu>Preprocessor>Modeling>Create> Volumes>Cylinder>Partial Cylinder 命令，弹出 Partial Cylinder 对话框，按如图 2-36 所示输入数据，单击 OK 按钮，生成的结果如图 2-37 所示。

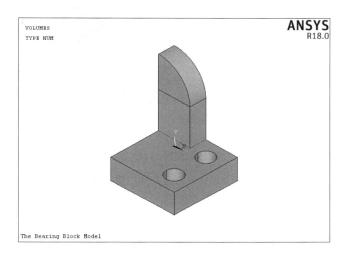

图 2-36　Partial Cylinder 对话框　　　　　图 2-37　生成支撑部分

4．在轴承孔位置建立圆柱体

执行主菜单中的 Main Menu>Preprocessor>Modeling>Create>Volume>Cylinder>Solid Cylinder 命令，弹出 Solid Cylinder 对话框，在 WP X、WP Y、Radius、Depth 文本框中依次输入 0、0、1、-0.1875，单击 Apply 按钮应用设置；再次输入 0、0、0.85、-2，单击 OK 按钮。

5．体相减操作

1）打开体编号控制器。执行实用菜单中的 Utility Menu>PlotCtrls>Numbering 命令，弹出 Plot Numbering Controls 对话框，选中 Volume numbers 后面的复选框，把 Off 改为 On，单击 OK 按钮。

2）执行主菜单中的 Main Menu>Preprocessor>Modeling>Operate>Booleans>Subtract>Volumes 命令，弹出 Subtract Volumes 拾取框，先拾取编号为 V1 和 V2 的两个体，单击 Apply 按钮，然后拾取编号为 V3 的体，单击 Apply 按钮；再拾取编号为 V6 和 V7 的两个体，单击 Apply 按钮，拾取编号为 V5 的体，单击 OK 按钮。生成的结果如图 2-38 所示。

6．合并重合的关键点

执行主菜单中的 Main Menu>Preprocessor>Numbering Ctrls>Merge Items 命令，弹出 Merge Coincident or Equivalently Defined Items 对话框，在 Label Type of item to be merge 后面的下拉列表框中选择 Keypoints 选项，如图 2-39 所示，单击 OK 按钮。

7．生成肋板

1）打开点编号控制器。执行实用菜单中的 Utility Menu>PlotCtrls>Numbering 命令，弹出

Plot Numbering Controls 对话框，选中 Keypoint numbers 后面的复选框，把 Off 改为 On，单击 OK 按钮。

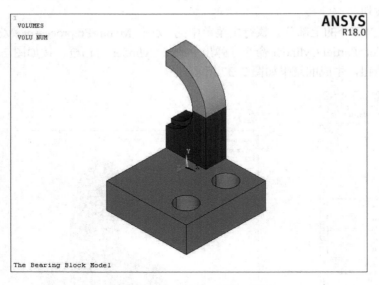

图 2-38　建立圆柱体和体相减操作

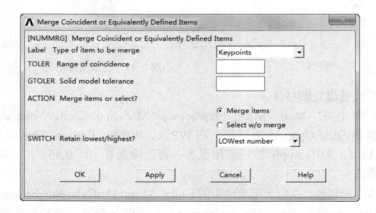

图 2-39　Merge Coincident or Equivalently Defined Items 对话框

　　2）创建一个关键点。执行主菜单中的 Main Menu>Preprocessor>Modeling>Create>Keypoints>KP between KPs 命令，弹出 KP between KPs 拾取框，用鼠标拾取编号为 7 和 8 的关键点，单击 OK 按钮，弹出如图 2-40 所示的对话框，单击 OK 按钮。

　　3）创建一个三角形面。执行主菜单中的 Main Menu>Preprocessor>Modeling>Create>Areas>Arbitrary>Through KPs 命令，弹出 Create Areas through KPs 拾取框，用鼠标拾取编号为 9、14、15 的关键点，单击 OK 按钮，生成三角形面。

　　4）生成三棱柱肋板。执行主菜单中的 Main Menu>Preprocessor>Modeling>Operate>Extrude>Areas>Along Normal 命令，弹出 Extrude Areas by..对话框，拾取刚生成的三角形面，单击 OK 按钮，弹出 Extrude Area along Normal 对话框，如图 2-41 所示，在 DIST Length of extrusion 后面的文本框中输入-0.15，单击 OK 按钮，生成的结果如图 2-42 所示。

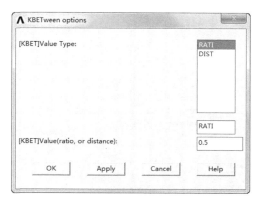

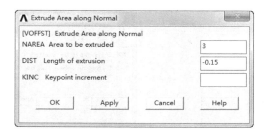

图 2-40　KBETween options 对话框　　　　　图 2-41　Extrude Area along Normal 对话框

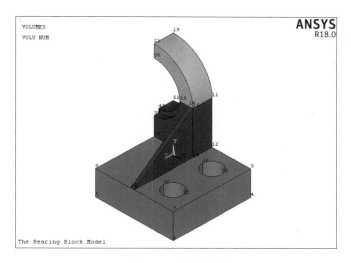

图 2-42　生成肋板

8. 关闭工作平面及体、点编号控制器

执行实用菜单中的 Utility Menu>WorkPlane>Display Working Plane 命令，关闭工作平面。执行实用菜单中的 Utility Menu>PlotCtrls>Numbering 命令，弹出 Plot Numbering Controls 对话框，选中 Volume numbers 和 Keypoint numbers 后面的复选框，把 On 改为 Off，单击 OK 按钮。

9. 镜像生成全部轴承座模型

执行主菜单中的 Main Menu>Preprocessor>Modeling>Reflect>Volumes 命令，弹出 Reflect Volumes 拾取框，单击 Pick All 按钮，出现 Reflect Volumes 对话框，如图 2-43 所示，单击 OK 按钮，生成的结果如图 2-44 所示。

10. 粘接所有体

执行主菜单中的 Main Menu>Preprocessor>Modeling>Operate>Booleans>Glue>Volumes 命令，弹出 Glue Volumes 拾取框，单击 Pick All 按钮。至此，几何模型创建完毕。

11. 保存几何模型

单击 ANSYS Toolbar 工具条中的 SAVE_DB 按钮，保存文件。

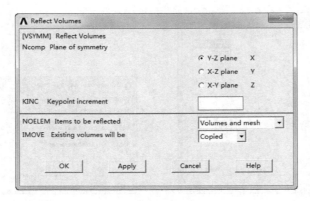

图 2-43　Reflect Volumes 对话框

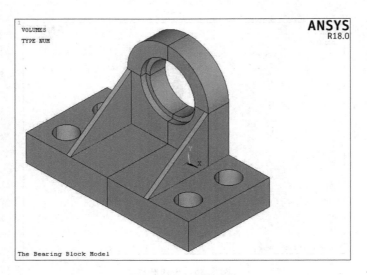

图 2-44　生成轴承座

📖 2.7.2　命令流方式

```
/FILNAME,Bearing Block
/TITLE,The Bearing Block Model
/PREP7
BLOCK,,3,,1,,3,
/VIEW, 1 ,1,1,1
WPSTYLE,,,,,,,,1
wpoff,2.25,1.25,0.75
wprot,0,-90,0
CYL4, , ,0.375, , , ,-1.5
FLST,3,1,6,ORDE,1
FITEM,3,2
VGEN,2,P51X, , , , ,1.5, ,0
FLST,3,2,6,ORDE,2
FITEM,3,2
FITEM,3,-3
```

```
VSBV,          1,P51X
WPCSYS,−1,0
BLC4,0,1,1.5,1.75,0.75
KWPAVE,        16
CYL4,0,0,0,0,1.5,90,−0.75
CYL4,0,0,1, , , ,−0.1875
CYL4,0,0,0.85, , , ,−2
FLST,2,2,6,ORDE,2
FITEM,2,1
FITEM,2,−2
VSBV,P51X,          3
FLST,2,2,6,ORDE,2
FITEM,2,6
FITEM,2,−7
VSBV,P51X,          5
NUMMRG,KP, , , ,LOW
KBETW,8,7,0,RATI,0.5,
FLST,2,3,3
FITEM,2,9
FITEM,2,14
FITEM,2,15
A,P51X
VOFFST,3,−0.15, ,
WPSTYLE,,,,,,,,0
FLST,3,4,6,ORDE,2
FITEM,3,1
FITEM,3,−4
VSYMM,X,P51X, , , ,0,0
FLST,2,8,6,ORDE,2
FITEM,2,1
FITEM,2,−8
VGLUE,P51X
SAVE
```

第3章 划分网格

本章导读

　　划分网格是进行有限元分析的基础，它要求考虑的问题较多，需要的工作量较大，所划分的网格形式对计算精度和计算规模将产生直接影响，因此需要学习正确合理的网格划分方法。

3.1　有限元网格概论

　　生成节点和单元的网格划分过程包括 3 个步骤。

　　1）定义单元属性。

　　2）定义网格生成控制（非必须，因为默认的网格生成控制对多数模型生成都是合适的。如果没有指定网格生成控制，程序会用 DSIZE 命令使用默认设置生成网格。当然，也可以手动控制生成质量更好的自由网格），ANSYS 程序提供了大量的网格生成控制，可按需要选择。

　　3）生成网格。在对模型进行网格划分之前，甚至在建立模型之前，要明确是采用自由网格还是采用映射网格来分析。自由网格对单元形状无限制，并且没有特定的准则。而映射网格则对包含的单元形状有限制，而且必须满足特定的规则。映射面网格只包含四边形或三角形单元，映射体网格只包含六面体单元。另外，映射网格具有规则的排列形状，如果想要这种网格类型，所生成的几何模型必须具有一系列相当规则的体或面。自由网格和映射网格示意如图 3-1 所示。

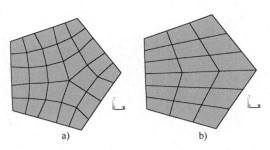

图 3-1　自由网格和映射网格示意

a) 自由网格　b) 映射网格

　　可用 MSHESKEY 命令或相应的 GUI 路径选择自由网格或映射网格。注意，所用网格控制将随自由网格或映射网格划分而不同。

3.2　设定单元属性

在生成节点和单元网格之前，必须定义合适的单元属性，包括如下几项内容。

1）单元类型（例如 BEAM3，SHELL61 等）。

2）实常数（例如厚度和横截面积）。

3）材料性质（例如杨氏模量、热传导系数等）。

4）单元坐标系。

5）截面号（只对 BEAM44，BEAM188，BEAM189 单元有效）。

📖 3.2.1　生成单元属性表

为了定义单元属性，首先必须建立一些单元属性表。典型的包括单元类型（命令 ET 或者 GUI 路径：Main Menu>Preprocessor>Element Type>Add/Edit/Delete）、实常数（命令 R 或者 GUI 路径：Main Menu>Preprocessor>Real Constants）、材料性质（命令 MP 和 TB 或者 GUI 路径：Main Menu>Preprocessor>Material Props>Material Option）。

利用 LOCAL、CLOCAL 等命令可以组成坐标系表（GUI 路径：Utility Menu>WorkPlane>Local Coordinate Systems>Create Local CS>option）。这个表用来给单元分配单元坐标系。

并非所有的单元类型都可用这种方式来分配单元坐标系。

对于用 BEAM44、BEAM188、BEAM189 单元划分的梁网格，可利用命令 SECTYPE 和 SECDATA（GUI 路径：Main Menu>Preprocessor>Sections）创建截面号表格。

方向关键点是线的属性而不是单元的属性，不能创建方向关键点表格。

可以用命令 ETLIST 来显示单元类型，命令 RLIST 来显示实常数，MPLIST 来显示材料属性，上述操作对应的 GUI 路径是：Utility Menu>List>Properties>Property Type。另外，还可以用命令 CSLIST（GUI 路径：Utility Menu>List>Other>Local Coord Sys）来显示坐标系，命令 SLIST（GUI 路径：Main Menu>Preprocessor>Sections>List Sections）来显示截面号。

📖 3.2.2　在划分网格之前分配单元属性

一旦建立了单元属性表，即可通过指向表中合适的条目对模型的不同部分分配单元属性。指针就是参考号码集，包括材料号（MAT）、实常数号（TEAL）、单元类型号（TYPE）、坐标系号（ESYS）以及使用 BEAM188 和 BEAM189 单元时的截面号（SECNUM）。可以直接给所选的实体模型图元分配单元属性，或者定义默认的属性在生成单元的网格划分中使用。

在给梁划分网格时，给线分配的方向关键点是线的属性而不是单元属性，所以必须是直接分配给所选线（而不能定义默认的方向关键点）以备后面划分网格时直接使用。

1．直接给实体模型图元分配单元属性

给实体模型分配单元属性时，允许对模型的每个区域预置单元属性，从而避免在网格划分过程中重置单元属性。清除实体模型的节点和单元不会删除直接分配给图元的属性。

利用表 3-1 中的命令和相应的 GUI 路径可直接给实体模型分配单元属性。

表 3-1　直接给实体模型图元分配单元属性

命　令	GUI 菜单路径	功　能
KATT	Main Menu>Preprocessor>Meshing>Mesh Attributes>All Keypoints（Picked KPs）	给关键点分配属性
LATT	Main Menu>Preprocessor>Meshing>Mesh Attributes>All Lines（Picked Lines）	给线分配属性
AATT	Main Menu>Preprocessor>Meshing>Mesh Attributes>All Areas（Picked Areas）	给面分配属性
VATT	Main Menu>Preprocessor>Meshing>Mesh Attributes>All Volumes（Picked Volumes）	给体分配属性

2．分配默认属性

可以通过指向属性表的不同条目来分配默认的属性，在开始划分网格时，ANSYS 会自动将默认属性分配给模型。直接分配给模型的单元属性将取代上述默认属性，而且当清除实体模型图元的节点和单元时，其默认的单元属性也将被删除。

可利用如下方式分配默认的单元属性。

命令：TYPE，REAL，MAT，ESYS，SECNUM。

GUI：Main Menu>Preprocessor>Meshing>Mesh Attributes>Default Attribs。

Main Menu>Preprocessor>Modeling>Create>Elements>Elem Attributes。

3．自动选择维数正确的单元类型

有些情况下，ANSYS 程序能对网格划分或拖拉操作选择正确的单元类型，当选择明显正确时，不必人为地转换单元类型。

特殊地，当未将单元属性（xATT）直接分配给实体模型时，或者默认的单元属性（TYPE）对于要执行的操作维数不对时，而且已定义的单元属性表中只有一个维数正确的单元，ANSYS 程序会自动的利用该种单元类型执行这个操作。

受此影响的网格划分和拖拉操作命令有：KMESH、LMESH、AMESH、VMESH、FVMESH、VOFFST、VEXT、VDRAG、VROTAT、VSWEEP。

4．在节点处定义不同的厚度

可以利用下列方式对壳单元在节点处定义不同的厚度。

命令：RTHICK。

GUI：Main Menu>Preprocessor>Real Constants>Thickness Func。

壳单元可以模拟复杂的厚度分布，以 SHELL63 为例，允许给每个单元的 4 个角点指定不同的厚度，单元内部的厚度假定是在 4 个角点厚度之间光滑变化。给一群单元指定复杂的厚度变化是有一定难度的，特别是每一个单元都需要单独指定其角点厚度的时候，在这种情况下，利用命令 RTHICH 能大大简化模型定义。

下面用一个实例来详细说明该过程，该实例的模型为 10×10 的矩形板，用 0.5×0.5 的方形 SHELL63 单元划分网格。现在 ANSYS 程序里输入如下命令流。

```
/TITLE, RTHICK Example
/PREP7
ET,1,63
RECT,,10,,10
ESHAPE,2
ESIZE,,20
AMESH,1
EPLO
```

得到初始的网格图如图 3-2 所示。

假定板厚按下述公式变化：$h = 0.5 + 0.2x + 0.02y^2$，为了模拟该厚度变化，创建一组参数给节点设定相应的厚度值。换句话说，数组里面的第 N 个数对应于第 N 个节点的厚度，命令流如下。

```
MXNODE = NDINQR(0,14)
*DIM,THICK,,MXNODE
*DO,NODE,1,MXNODE
    *IF,NSEL(NODE),EQ,1,THEN
        THICK(node) = 0.5 + 0.2*NX(NODE) + 0.02*NY(NODE)**2
    *ENDIF
*ENDDO
NODE = $MXNODE
```

最后，利用 RTHICK 函数将这组表示厚度的参数分配到单元上，结果如图 3-3 所示。

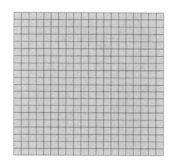

图 3-2　初始的网格图

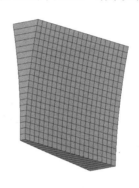

图 3-3　不同厚度的壳单元

```
RTHICK,THICK(1),1,2,3,4
/ESHAPE,1.0    $ /USER,1    $ /DIST,1,7
/VIEW,1,−0.75,−0.28,0.6    $ /ANG,1,−1
/FOC,1,5.3,5.3,0.27    $ EPLO
```

3.3　网格划分的控制

网格划分控制能建立用在实体模型划分网格的因素，例如单元形状、中间节点位置、单元大小等。此步骤是整个分析中最重要的步骤之一，因为此阶段得到的有限元网格将对分析的准确性和经济性起决定作用。

3.3.1　ANSYS 网格划分工具（MeshTool）

ANSYS 网格划分工具（GUI 路径：Main Menu>Preprocessor>Meshing>MeshTool）提供了最常用的网格划分控制和最常用的网格划分操作的便捷途径。其功能如下。

1）控制 SmartSizing 水平。

2）设置单元尺寸控制。

3）指定单元形状。

4）指定网格划分类型（自由或映射）。

5）对实体模型图元划分网格。

6）清楚网格。

7）细化网格。

1. 单元形状

ANSYS 程序允许在同一个划分区域出现多种单元形状，例如同一区域的面单元可以是四边形也可以是三角形，但建议尽量不要在同一个模型中混用六面体和四面体单元。

下面简单介绍一下单元形状的退化，如图 3-4 所示。在划分网格时，应该尽量避免使用退化单元。

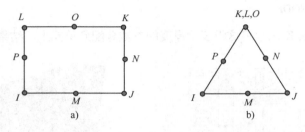

图 3-4　四边形单元形状的退化

a) 四边形网格（默认）　b) 三角形网格

可以用下列方法指定单元形状。

命令：MSHAPE, KEY, Dimension。

GUI：Main Menu>Preprocessor>Meshing>MeshTool（Mesher Opts）。

　　　Main Menu>Preprocessor>Meshing>Mesh>Volumes>Mapped>4 to 6 sided。

如果正在使用 MSHAPE 命令，维数（2D 或 3D）的值表明待划分的网格模型的维数，KEY 值（0 或 1）表示划分网格的形状。

● KEY=0，如果 Dimension=2D，ANSYS 将用四边形单元划分网格；如果 Dimension=3D，ANSYS 将用六面体单元划分网格。

● KEY=1，如果 Dimension=2D，ANSYS 将用三角形单元划分网格；如果 Dimension=3D，ANSYS 将用四面体单元划分网格。

有些情况下，MSHAPE 命令及合适的网格划分命令（AMESH、YMESH 或相应的 GUI 路径：Main Menu>Preprocessor>Meshing>Mesh>meshing option）就是对模型划分网格的全部所需。每个单元的大小由指定的默认单元大小（AMRTSIZE 或 DSIZE）确定。例如图 3-5a 所示的模型用 VMESH 命令生成图 3-5b 所示网格。

2. 选择自由或映射网格划分

除了指定单元形状之外，还需指定对模型进行网格划分的类型（自由划分或映射划分），方法如下。

命令：MSHKEY。

GUI：Main Menu>Preprocessor>Meshing>MeshTool。

　　　Main Menu>Preprocessor>Meshing>Mesher Opts。

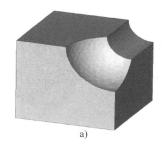
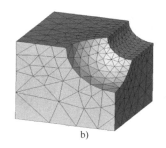

a)   b)

图 3-5　默认单元尺寸

a) 原始模型　b) 用 VMESH 命令生成的网格

单元形状（MSHAPE）和网格划分类型（MSHEKEY）的设置共同影响网格的生成，表 3-2 列出了 ANSYS 程序支持的单元形状和网格划分类型。

表 3-2　ANSYS 程序支持的单元形状和网格划分类型

单 元 形 状	自 由 划 分	映 射 划 分	既可以映射划分又可以自由划分
四边形	Yes	Yes	Yes
三角形	Yes	Yes	Yes
六面体	No	Yes	No
四面体	Yes	No	No

3．控制单元边中节点的位置

当使用二次单元划分网格时，可以控制中间节点的位置，有两种选择。

1）边界区域单元在中间节点沿着边界线或者面的弯曲方向，这是默认设置。

2）设置所有单元的中间节点且单元边是直的，此选项允许沿曲线进行粗糙的网格划分，但是模型的弯曲并不与之相配。

可用如下方法控制中间节点的位置。

命令：MSHMID。

GUI：Main Menu>Preprocessor>Meshing>Mesher Opts。

4．划分自由网格时的单元尺寸控制（SmartSizing）

默认的，DESIZE 命令方法控制单元大小在自由网格划分中的使用，但一般推荐使用 SmartSizing，为打开 SmartSizing，只要在 SMRTSIZE 命令中指定单元大小即可。

ANSYS 里面有两种 SmartSizing 控制：基本的和高级的。

（1）基本的控制

利用基本的控制，可以简单地指定网格划分的粗细程度，从 1（细网格）到 10（粗网格），程序会自动的设置一系列独立的控制值用来生成想要的大小，方法如下。

命令：SMRTSIZE, SIZLVL。

GUI：Main Menu>Preprocessor>Meshing>MeshTool。

图 3-6 表示利用几个不同的 SmartSizing 设置生成的网格。

（2）高级的控制

ANSYS 还允许使用高级方法专门设置人工控制网格质量，方法如下。

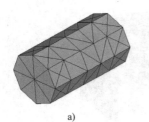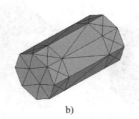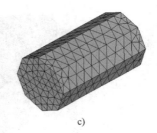

图 3-6　对同一模型面 SmartSize 的划分结果

a) Level＝6（默认）　b) Level＝0（粗糙）　c) Level＝10（精细）

命令：SMRTSIZE and ESIZE。

GUI：Main Menu>Preprocessor>Meshing>Size Cntrls>SmartSize>Adv Opts。

📖 3.3.2　映射网格划分中单元的默认尺寸

DESIZE 命令（GUI 路径：Main Menu>Preprocessor>Meshing>Size Cntrls>ManualSize>Global>Other）常用来控制映射网格划分的单元尺寸，同时也用在自由网格划分的默认设置，但是，对于自由网格划分，建议使用 SmartSizing（SMRTSIZE）。

（1）预查看网格划分的步骤

对于较大的模型，通过 DESIZE 命令查看默认的网格尺寸是明智的，可通过显示线的分割来观察将要划分的网格情况。预查看网格划分的步骤如下。

1）建立实体模型。

2）选择单元类型。

3）选择容许的单元形状（MSHAPE）。

4）选择网格划分类型（自由或映射）（MSHKEY）。

5）输入 LESIZE，ALL（通过 DESIZE 规定调整线的分割数）。

6）显示线（LPLOT）。

（2）加密网格的方法

如果网格较稀疏，可用通过改变单元尺寸或者线上的单元份数来加密网格，方法如下。

1）选择 GUI 路径：Main Menu>Preprocessor>Meshing>Size Cntrls>ManualSize>Layers>Picked Lines。

2）弹出 Elements Sizes on Picked Lines 拾取菜单，单击拾取屏幕上的相应线段，如图 3-7 所示。

3）单击 OK 按钮，弹出 Area Layer-Mesh Controls on Picked Lines 对话框，如图 3-8 所示。

4）在 SIZE Element edge length 后面输入具体数值（它表示单元的尺寸），或者是在 NDIV No of element divisions 后面输入正整数（它表示所选择线段上的单元份数），单击 OK 按钮。

5）重新划分网格，如图 3-9 所示。

📖 3.3.3　局部网格划分控制

在许多情况下，对结构的物理性质来说用默认单元尺寸生成的网格不合适，例如有应力集中或奇异的模型。在这个情况下，需要将网格局部细化，详细说明如表 3-3 所示。

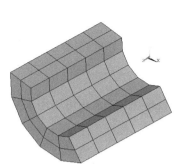

图 3-7　粗糙的网格

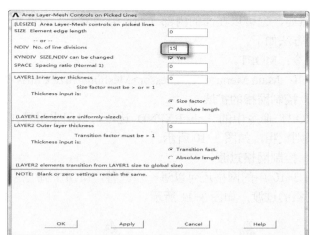

图 3-8　Elements Sizes on Picked Lines 对话框

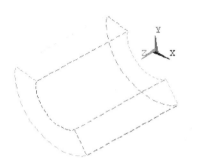

图 3-9　预览改进的网格

表 3-3　直接给实体模型图元分配单元属性

命　令	GUI 菜单路径	功　能
ESIZE	Main Menu>Preprocessor>Meshing>Size Cntrls>ManualSize>Global>Size	控制每条线划分的单元数
KESIZE	Main Menu>Preprocessor>Meshing>Size Cntrls>ManualSize>Keypoints>All KPs（Picked KPs / Clr Size）	控制关键点附近的单元尺寸
LESIZE	Main Menu>Preprocessor>Meshing>Size Cntrls>ManualSize>Lines>All Lines（Picked Lines / Clr Size）	控制给定线上的单元数

　　上述所有定义尺寸的方法都可以一起使用，但遵循一定的优先级别，具体说明如下。

　　1）用 DESIZE 定义单元尺寸时，对任何给定线，沿线定义的单元尺寸优先级如下：LESIZE 为最高级，KESIZE 次之，ESIZE 再次之，DESIZE 最低级。

　　2）用 SMRTSIZE 定义单元尺寸时，优先级如下：LESIZE 为最高级，KESIZE 次之，SMRTSIZE 为最低级。

3.3.4　内部网格划分控制

　　前面关于网格尺寸的讨论集中在实体模型边界的外部单元尺寸的定义（LESIZE、ESIZE

等），然而，也可以在面的内部（即：非边界处）没有可以引导网格划分的尺寸线处控制网格划分，方法如下。

命令：MOPT。

GUI：Main Menu>Preprocessor>Meshing>Size Cntrls>ManualSize>Global>Area Cntrls。

1．控制网格的扩展

MOPT 命令中的 Lab=EXPND 选项可以用来引导在一个面的边界处将网格划分得更细，而内部则较粗，如图 3-10 所示。

2．控制网格过渡

图 3-10 中的网格还可以进一步改善，MOPT 命令中的 Lab=TRANS 项可以用来控制网格从细到粗的过渡，如图 3-11 所示。

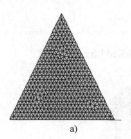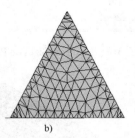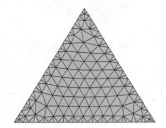

图 3-10　网格扩展示意图
a) 没有扩张网格　b) 扩展网（MOPT，EXPND，2.5）

图 3-11　控制网格过渡
（MOPT，EXPND，1.5）

3．控制 ANSYS 的网格划分器

可用 MOPT 命令控制表面网格划分器（三角形和四边形）和四面体网格划分器，使 ANSYS 执行网格划分操作（AMESH、VMESH）。

命令：MOPT。

GUI：Main Menu>Preprocessor>Meshing>Mesher Opts。

弹出 Mesher Options 对话框，如图 3-12 所示。该对话框中，AMESH 后面的下拉列表对应三角形表面网格划分，包括 Program choose（默认）、main、Alternate 和 Alternate 4 个选项；QMESH 对应四边形表面网格划分，包括 Program choose（默认）、main 和 Alternate 三项，其中 main 又称为 Q-Morph（quad-morphing）网格划分器，它多数情况下能得到高质量的单元，如图 3-13 所示，另外，Q-Morph 网格划分器要求面的边界线分割总数是偶数，否则将产生三角形单元；VMESH 对应四面体网格划分，包括 Program choose（默认）、Alternate 和 main 三项。

4．控制四面体单元的改进

ANSYS 程序允许对四面体单元作进一步改进，方法如下。

命令：MOPT,TIMP,Value。

GUI：Main Menu>Preprocessor>Meshing>Mesher Opts。

弹出 Mesher Options 对话框，该对话框中，TIMP 后面的下拉列表表示四面体单元改进的程度，从 1 到 6，1 表示提供最小的改进，5 表示对线性四面体单元提供最大的改进，6 表示对二次四面体单元提供最大的改进。

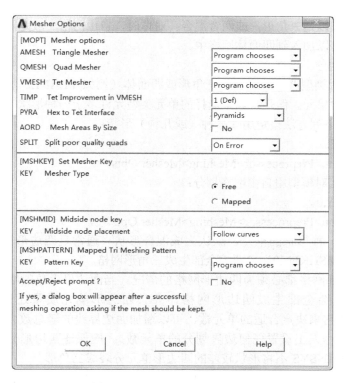

图 3-12　Mesher Options 对话框

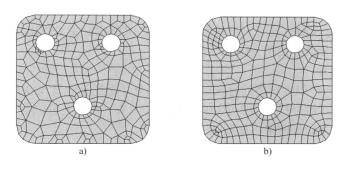

图 3-13　网格划分器

a) Alternate 网格划分器　b) Q-Morph 网格划分器

3.4 自由网格划分和映射网格划分控制

本节主要讨论适合于自由网格划分和映射网格划分的控制。

3.4.1　自由网格划分控制

自由网格划分操作，对实体模型无特殊要求。任何几何模型，尽管是不规则的，但也可以进行自由网格划分。所用单元形状依赖于是对面还是对体进行网格划分，对面时，自由网格可以是四边形，也可以是三角形，或两者混合；对体时，自由网格一般是四面体单元，棱锥单元作为过渡单元也可以加入到四面体网格中。

（1）一般网络划分

如果选择的单元类型严格地限定为三角形或四面体（例如 PLANE2 和 SOLID92），程序划分网格时只用这种单元。但是，如果选择的单元类型允许多于一种形状（例如 PLANE82 和 SOLID95），可通过下列方法指定用哪一种（或几种）形状：

命令：MSHAPE。

GUI：Main Menu>Preprocessor>Meshing>Mesher Opts。

另外还必须指定对模型用自由网格划分：

命令：MSHKEY,0。

GUI：Main Menu>Preprocessor>Meshing>Mesher Opts。

对于支持多于一种形状的单元，默认生成混合形状（通常是四边形单元占多数）。可用"MSHAPE,1,2D 和 MSHKEY,0"来要求全部生成三角形网格。

可能会遇到全部网格都必须为四边形网格的情况。当面边界上总的线分割数为偶数时，面的自由网格划分会全部生成四边形网格，并且四边形单元质量还比较好。通过打开 SmartSizing 项并让它来决定合适的单元数，可以增加面边界线的缝总数为偶数的概率（而不是通过 LESIZE 命令人工设置任何边界划分的单元数）。应保证四边形分裂项关闭"MOPT,SPLIT,OFF"，以使 ANSYS 不将形状较差的四边形单元分裂成三角形。

使体生成一种自由网格，应当选择只允许一种四面体形状的单元类型，或利用支持多种形状的单元类型并设置四面体一种形状功能"MSHAPE,1,3D 和 MSHKEY,0"。

对自由网格划分操作，生成的单元尺寸依赖于 DESIZ3E、ESIZE、KESIZE 和 LESIZE 的当前设置。如果 SmartSizing 打开，单元尺寸将由 AMRTSIZE 及 ESZIE、DESIZE 和 LESIZE 决定，对自由网格划分推荐使用 SmartSizing。

（2）扇形网格划分

ANSYS 程序有一种扇形网格的特殊自由网格划分，适用于涉及 TARGE170 单元对三边面进行网格划分的特殊接触分析。当 3 个边中有两个边只有一个单元分割数，另外一边有任意单元分割数，其结果成为扇形网格，如图 3-14 所示。

使用扇形网格必须满足下列条件。

1）必须对三边面进行网格划分，其中两边必须只分一个网格，第三边分任何数目。

2）必须使用 TARGE170 单元进行网格划分。

3）必须使用自由网格划分。

3.4.2　映射网格划分控制

映射网格划分要求面或体有一定的形状规则，它可以指定程序全部用四边形面单元、三角形面单元，或者六面体单元生成网格模型。

对映射网格划分，生成的单元尺寸依赖于 DESIZE 及 ESIZE、KESZIE、LESIZE 和 AESIZE 的设置（或相应 GUI 路径：Main Menu>Preprocessor>Meshing>Size Cntrls>option）。

SmartSizing（SMRTSIZE）不能用于映射网格划分，硬点不支持映射网格划分。

1. 面映射网格划分

面映射网格包括全部是四边形单元或者全部是三角形单元，面映射网格须满足以下条件。

1）该面必须是 3 条边或者 4 条边（有无连接均可）。

2）如果是 4 条边，面的对边必须划分为相同数目的单元，或者是划分一过渡型网格。如果是 3 条边，则线分割总数必须为偶数且每条边的分割数相同。

3）网格划分必须设置为映射网格。图 3-15 所示为一面映射网格的实例。

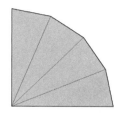

图 3-14　扇形网格划分实例

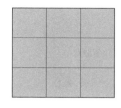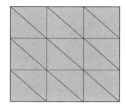

图 3-15　面映射网格

如果一个面多于 4 条边，不能直接用映射网格划分，但可以是某些线合并或者连接是总线数减少到 4 条之后再用映射网格划分，如图 3-16 所示，方法如下。

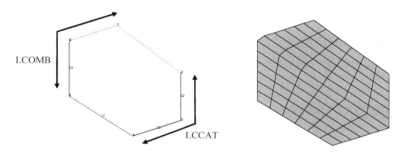

图 3-16　合并和连接线进行映射网格划分

- 连接线。

命令：LCCAT。

GUI：Main Menu>Preprocessor>Meshing>Mesh>Areas>Mapped>Concatenate>Lines。

- 合并线。

命令：LCOMB。

GUI：Main Menu>Preprocessor>Modeling>Operate>Booleans>Add>Lines。

须指出的是，线、面或体上的关键点将生成节点，因此，一条连接线至少有与线上已定义的关键点数同样多的分割数，而且，指定的总体单元尺寸（ESIZE）是针对原始线，而不是针对连接线，如图 3-17 所示。不能直接给连接线指定线分割数，但可以对合并线（LCOMB）指定分割数，所以通常来说，合并线比连接线有一些优势。

图 3-17　ESIZE 针对原始线而不是连接线示意图

命令 AMAP（GUI：Main Menu>Preprocessor>Meshing>Mesh>Areas>Mapped>By Corners）提供了获得映射网格划分的最便捷途径，它使用所指定的关键点作为角点并连接关键点之间的所有线，面自动的全部用三角形或四边形单元进行网格划分。

考察前面连接的例子，现利用 AMAP 方法进行网格划分。注意到在已选定的几个关键点之间有多条线，在选定面之后，已按任意顺序拾取关键点 1、3、4 和 6，则得到映射网格如图 3-18 所示。

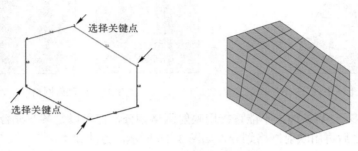

图 3-18　AMAP 方法得到映射网格

另一种生成映射面网格的途径是指定面对边的分割数，以生成过渡映射四边形网格，如图 3-19 所示。须指出的是，指定的线分割数必须与如图 3-20 所示和如图 3-21 所示的模型相对应。

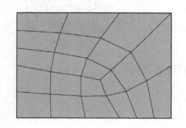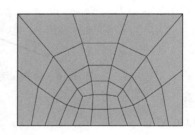

图 3-19　过渡映射网格

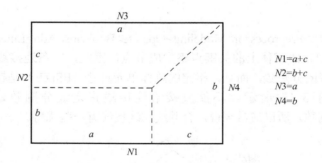

图 3-20　过渡四边形映射网格的线分割模型 1

除了过渡映射四边形网格之外，还可以生成过渡映射三角形网格。为生成过渡映射三角形网格，必须使用支持三角形的单元类型，且需设定为映射划分（MSHKEY,1），并指定形状为容许三角形（MSHAPE, 1, 2D）。实际上，过渡映射三角形网格的划分是在过渡映射四边形网格划分的基础上自动将四边形网格分割成三角形，如图 3-22 所示。所以，各边的线分割数目依然必须满足图 3-20 和图 3-21 所示的模型。

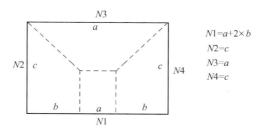

$N1=a+2\times b$
$N2=c$
$N3=a$
$N4=c$

图 3-21 过渡四边形映射网格线分割模型 2

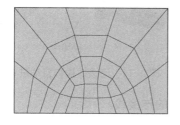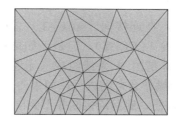

图 3-22 过渡映射三角形网格示意图

2. 体映射网格划分

要将体全部划分为六面体单元，必须满足以下条件。

1）该体的外形应为块状（6 个面）、楔形或棱柱（5 个面）、四面体（4 个面）。

2）对边上必须划分相同的单元数，或分割符合过渡网格形式适合六面体网格划分。

3）如果是棱柱或者四面体，三角形面上的单元分割数必须是偶数。

如图 3-23 所示为映射体网格划分示例。

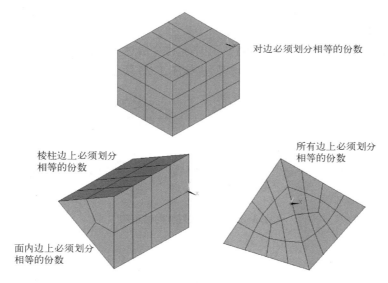

图 3-23 映射体网格划分示例

与面网格划分的连接线一样，当需要减少围成体的面数以进行映射网格划分时，可以对面进行加（AADD）或者连接（ACCAT）操作。如果连接面有边界线，线也必须连接在一起，必须线连接面，再连接线，举例如下（命令流格式）。

```
! first, concatenate areas for mapped volume meshing:
ACCAT,...
! next, concatenate lines for mapped meshing of bounding areas:
LCCAT,...
LCCAT,...
VMESH,...
```

说明：一般来说，AADD（面为平面或者共面时）的连接效果优于 ACCAT。

如上所述，在连接面（ACCAT）之后一般需要连接线（LCCAT），但是，如果相连接的两个面都是由 4 条线组成（无连接线），则连接线操作会自动进行，如果 3-24 所示。另外须注意，删除连接面并不会自动删除相关的连接线。

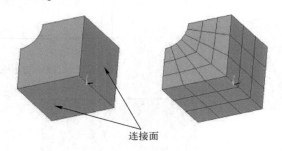

图 3-24　连接线操作自动进行的情况

连接面的方法：

命令：ACCAT。

GUI：Main Menu>Preprocessor>Meshing>Concatenate>Areas。

　　　Main Menu>Preprocessor>Meshing>Mesh>Areas>Mapped。

将面相加的方法：

命令：AADD。

GUI：Main Menu>Preprocessor>Modeling>Operate>Booleans>Add>Areas。

ACCAT 命令不支持用 IGES 功能输入的模型，但是，可用 ARMERGE 命令合并由 AutoCAD 文件输入模型的两个或更多面。而且，当以此方法使用 ARMERGE 命令时，在合并线之间删除了关键点的位置而不会有节点。

与生成过渡映射面网格类似，ANSYS 程序允许生成过渡映射体网格。过渡映射体网格的划分只适合于 6 个面的体（有无连接面均可），如图 3-25 所示。

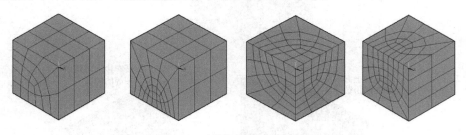

图 3-25　过渡映射体网格示例

3.5　延伸和扫掠生成有限元模型

本节介绍一些相对上述方法而言更为简便的划分网格模式——延伸和扫掠生成有限元网

格模型。其中延伸方法主要用于利用二维模型和二维单元生成三维模型和三维单元，如果不指定单元，那么就只会生成三维几何模型，有时候它可以成为布尔操作的替代方法，而且通常更简便。扫掠方法是利用二维单元在已有的三维几何模型上生成三维单元，该方法对于从AutoCAD中输入的实体模型通常特别有用。显然，延伸方法与扫掠方法最大的区别在于：前者能在二维几何模型的基础上生成新的三维模型同时划分好网格，而后者必须是在完整的几何模型基础上来划分网格。

3.5.1 延伸（Extrude）生成网格

须先指定延伸的单元属性，如果不指定的话，后面的延伸操作都只会产生相应的几何模型而不会划分网格，另外值得注意的是：如果想生成网格模型，则在源面（或者线）上必须划分相应的面网格（或者线网格）。

命令：EXTOPT。

GUI：Main Menu>Preprocessor>Modeling>Operate>Extrude>Elem Ext Opts。

弹出 Element Extrusion Options 对话框，如图 3-26 所示。指定想要生成的单元类型（TYPE）、材料号（MAT）、实常数（REAL）、单元坐标系（ESYS）、单元数（VAL1）、单元比率（VAL2），以及指定是否要删除源面（ACLEAR）。

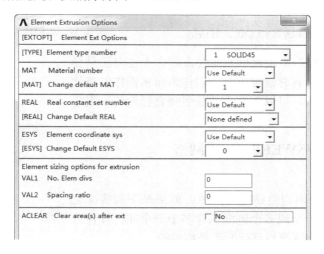

图 3-26　Element Extrusion Options 对话框

用如表 3-4 所示命令可以执行具体的延伸操作。

表 3-4　延伸生成网格

命　令	GUI 菜单路径	功　能
VROTATE	Main Menu>Preprocessor>Modeling>Operate>Extrude>Areas>About Axis	面沿指定轴线旋转生成体
VEXT	Main Menu>Preprocessor>Modeling>Operate>Extrude>Areas>By XYZ Offset	面沿指定方向延伸生成体
VOFFST	Main Menu>Preprocessor>Modeling>Operate>Extrude>Areas>Along Normal	面沿其法线生成体
VDRAG	Main Menu>Preprocessor>Modeling>Operate>Extrude>Areas>Along Lines	面沿指定路径延伸生成体
AROTATE	Main Menu>Preprocessor>Modeling>Operate>Extrude>Lines>About Axis	线沿指定轴线旋转生成面

命 令	GUI 菜单路径	功 能
ADRAG	Main Menu>Preprocessor>Modeling>Operate>Extrude>Lines>Along Lines	线沿指定路径延伸生成面
LROTATE	Main Menu>Preprocessor>Modeling>Operate>Extrude>Keypoints>About Axis	关键点沿指定轴线旋转生成线
LDRAG	Main Menu>Preprocessor>Modeling>Operate>Extrude>Keypoints>Along Lines	关键点沿指定路径延伸生成线

另外，当使用 VEXT 或者相应 GUI 的时候，弹出 Extrude Areas by XYZ Offset 对话框，如图 3-27 所示，其中"DX, DY, DZ"表示延伸的方向和长度，而"RX, RY, RZ"表示延伸时的放大倍数，如图 3-28 所示。

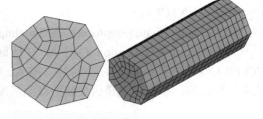

图 3-27　Extrude Areas by XYZ Offset 对话框

图 3-28　将网格面延伸生成网格体

如果不在 EXTOPT 中指定单元属性，那么上述方法只会生成相应的几何模型，有时候可以将它们作为布尔操作的替代方法，如图 3-29 所示，可以将空心球截面绕直径旋转一定角度直接生成。

📖 3.5.2　扫掠（VSWEEP）生成网格

1. 扫掠步骤

1）确定体的拓扑模型能够进行扫掠，如果是下列情况之一则不能扫掠：体的一个或多个侧面包含多于一个环；体包含多于一个壳；体的拓扑源面与目标面不是相对的。

图 3-29　用延伸方法生成空心圆球

2）确定已定义合适的二维和三维单元类型。例如，如果对源面进行预网格划分，并想扫掠成包含二次六面体的单元，应当先用二次二维面单元对源面划分网格。

3）确定在扫掠操作中如何控制生成单元层数，即沿扫掠方向生成的单元数。可用如下方法控制：

命令：EXTOPT，ESIZE，Val1，Val2。

GUI：Main Menu>Preprocessor>Meshing>Mesh>Volume Sweep>Sweep Opts。

弹出 Sweep Options 对话框，如图 3-30 所示。框中各项的意义如下：

● Clear area elements after sweeping：是否清除源面的面网格。

● Tet mesh in nonsweepable volumes：在无法扫掠处是否用四面体单元划分网格。

● Auto select source and target areas：程序自动选择源面和目标面还是手动选择。

● Number of divisions in sweep direction：在扫掠方向生成的单元数。

● Spacing ratio in sweep direction：在扫掠方向生成的单元尺寸比率。

其中关于源面，目标面，扫掠方向和生成单元数的含义如图 3-31 所示。

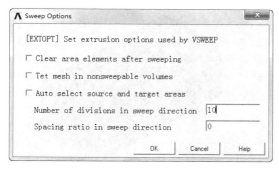

图 3-30　Sweep Options 对话框

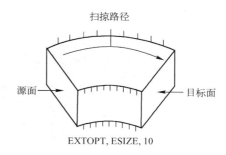

图 3-31　扫掠示意图

4）确定体的源面和目标面。ANSYS 在源面上使用的是面单元模式（三角形或者四边形），用六面体或者楔形单元填充体。目标面是仅与源面相对的面。

5）有选择地对源面、目标面和边界面划分网格。

2. 生成网格

体扫掠操作的结果会因在扫掠前是否对模型的任何面（源面、目标面和边界面）划分网格而不同。典型情况是在扫掠之前对源面划分网格，如果不划分，则 ANSYS 程序会自动生成临时面单元，在确定了体扫掠模式之后就会自动清除。

在扫掠前确定是否预划分网格应当考虑以下因素。

1）如果想让源面用四边形或者三角形映射网格划分，那么应当预划分网格。

2）如果想让源面用初始单元尺寸划分网格，那么应当预划分。

3）如果不预划分网格，ANSYS 通常用自由网格划分。

4）如果不预划分网格，ANSYS 使用有 MSHAPE 设置的单元形状来确定对源面的网格划分。MSHAPE，0，2D 生成四边形单元，MSHAPE，1，2D 生成三角形单元。

5）如果与体关联的面或者线上出现硬点则扫掠操作失败，除非对包含硬点的面或者线预划分网格。

6）如果源面和目标面都进行预划分网格，那么面网格必须相匹配。不过，源面和目标面并不要求一定都划分成映射网格。

7）在扫掠之前，体的所有侧面（可以有连接线）必须是映射网格划分或者四边形网格划分，如果侧面为划分网格，则必须有一条线在源面上，还有一条线在目标面上。

8）有时候，尽管源面和目标面的拓扑结构不同，但扫掠操作依然可以成功，只需采用适当的方法即可。如图 3-32 所示，将模型分解成两个模型，分别从不同方向扫掠就可生成合适的网格。

3. VSWEEP 命令生成扫掠体步骤

可用如下方法激活体扫掠：

命令：VSWEEP，VNUM，SRCA，TRGA,LSMO。

GUI：Main Menu>Preprocessor>Meshing>Mesh>Volume Sweep>Sweep。

如果用 VSWEEP 命令生成扫掠体，须指定下列变量值：待扫掠体（VNUM）、源面

（SRCA）、目标面（TRGA），另外可选用 LSMO 变量指定 ANSYS 在扫掠体操作中是否执行线的光滑处理。如果采用 GUI 途径，则按下列步骤进行。

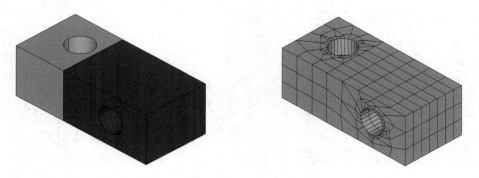

图 3-32　扫掠相邻体

1）选择菜单途径：Main Menu>Preprocessor>Meshing>Mesh>Volume Sweep>Sweep，弹出体扫掠选择框。

2）选择待扫掠的体并单击 Apply 按钮。

3）选择源面并单击 Apply 按钮。

4）选择目标面，单击 OK 按钮。

4．扫掠网格实例

图 3-33 所示是一个体扫掠网格的实例，图 3-33a 和 c 表示没有预网格直接执行体扫掠的结果，图 3-33b 和 d 表示在源面上划分映射预网格然后执行体扫掠的结果，如果觉得这两种网格结果都不满意，则可以考虑图 3-33e～g 形式步骤如下。

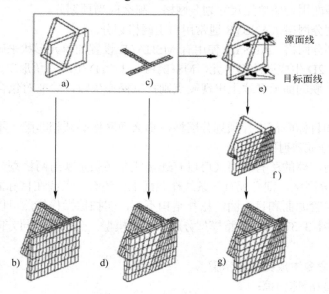

图 3-33　体扫掠网格示意图

a)、c) 没有预网格直接执行体扫掠的结果　b)、d) 在源面上划分映射预网格执行体扫掠结果　e)、f)、g) 体扫掠网格实例

1）清除网格（VCLEAR）。

2）通过在想要分割的位置创建关键点来对源面的线和目标面的线进行分割（LDIV），如图 3-33e 所示。

3）按图 3-33e 将源面上增线的线分割复制到目标面的相应新增线上（新增线是步骤 2）产生的）。该步骤可以通过网格划分工具实现，GUI 路径：Main Menu>Preprocessor>Meshing>MeshTool。

4）手工对步骤 2）修改过的边界面划分映射网格，如图 3-33f 所示。

5）重新激活和执行体扫掠，结果如图 3-33g 所示。

3.6 编号控制

本节主要叙述用于编号控制（包括关键点、线、面、体、单元、节点、单元类型、实常数、材料号、耦合自由度、约束方程、坐标系等）的命令和 GUI 途径。这种编号控制对于将模型的各个独立部分组合起来是相当有用和必要的。

布尔运算输出图元的编号并非完全可以预估，在不同的计算机系统中，执行同样的布尔运算，其生成图元的编号可能会不同。

3.6.1 合并重复项

如果两个独立的图元在相同或者非常相近的位置，可用下列方法将其合并成一个图元。

命令：NUMMRG。

GUI：Main Menu>Preprocessor>Numbering Ctrls>Merge Items。

弹出 Merge Coincident or Equivalently Defined Items 对话框，如图 3-34 所示。在 Label 后面选择合适的项（例如关键点、线、面、体、单元、节点、单元类型、时常数、材料号等）；TOLER 后面的输入值表示条件公差（相对公差）；GTOLER 后面的输入值表示总体公差（绝对公差），通常采用默认值（即不输入具体数值），图 3-35 和图 3-36 给出了两个合并的实例；ACTION 变量表示是直接合并选择项还是先提示然后再合并（默认是直接合并）；SWITCH 变量表示是保留合并图元中较高的编号还是较低的编号（默认是较低的编号）。

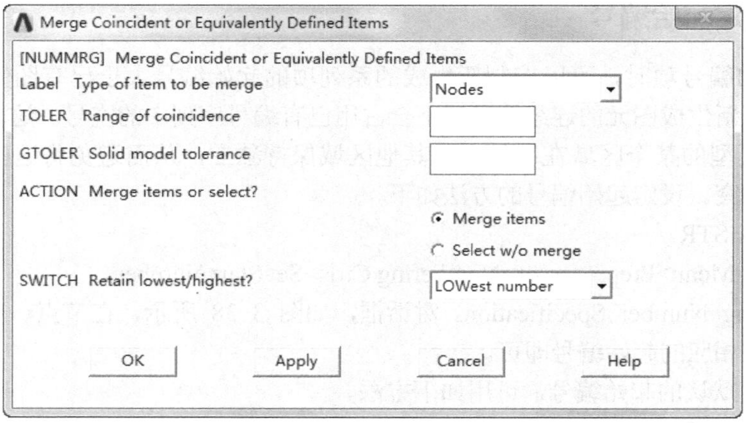

图 3-34　Merge Coincident or Equivalently Defined Items 对话框

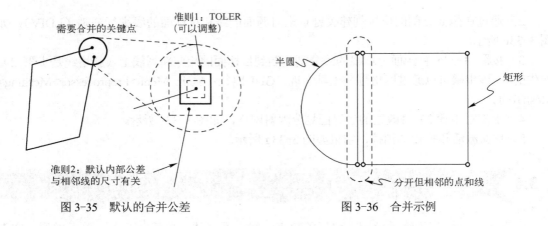

图 3-35　默认的合并公差　　　　　　　图 3-36　合并示例

3.6.2　编号压缩

构造模型时，由于删除、清除、合并或者其他操作可能在编号中产生许多空号，可采用如下方法清除空号并且保证编号的连续性。

命令：NUMCMP。

GUI：Main Menu>Preprocessor>Numbering Ctrls>Compress Numbers。

弹出 Compress Numbers 对话框，如图 3-37 所示，在 Label 后面的下拉列表中选择适当的项（例如关键点、线、面、体、单元、节点、单元类型、时常数、材料号等）即可执行编号压缩操作。

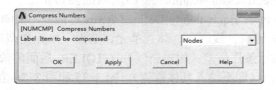

图 3-37　Compress Numbers 对话框

3.6.3　设定起始编号

在生成新的编号项时，可以控制新生成的系列项的起始编号大于已有图元的最大编号。这样做可以保证新生成图元的连续编号，不会占用已有编号序列中的空号。这样做的另一个理由可以使生成模型的某个区域在编号上与其他区域保持独立，从而避免将这些区域连接到一起，产生编号冲突。设定起始编号的方法如下。

命令：NUMSTR。

GUI：Main Menu>Preprocessor>Numbering Ctrls>Set Start Number。

弹出 Starting Number Specifications 对话框，如图 3-38 所示，在节点、单元、关键点、线、面后面指定相应的起始编号即可。

如果想恢复默认的起始编号，可用如下方法。

命令：NUMSTR，DEFA。

GUI：Main Menu>Preprocessor>Numbering Ctrls>Reset Start Number。

弹出 Reset Starting Number Specifications 对话框，如图 3-39 所示，单击 OK 按钮即可。

图 3-38　Starting Number Specifications 对话框　　　图 3-39　Reset Starting Number Specifications 对话框

3.6.4　编号偏差

在连接模型中两个独立区域时，为避免编号冲突，可对当前已选取的编号加一个偏差值来重新编号，方法如下。

命令：NUMOFF。

GUI：Main Menu>Preprocessor>Numbering Ctrls>Add Num Offset。

弹出 Add an Offset to Item Numbers 对话框，如图 3-40 所示，在 Label 后面选择要执行编号偏差的项（例如关键点、线、面、体、单元、节点、单元类型、时常数、材料号等），在VALUE 后面输入具体数值即可。

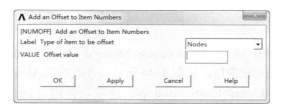

图 3-40　Add an Offset to Item Numbers 对话框

3.7　实例——轴承座的网格划分

本节将继续对第 2 章中建立的轴承座进行网格划分，生成有限元模型。

3.7.1　GUI 方式

1）打开轴承座几何模型 BearingBlock.db 文件。

2）选择单元类型。

执行主菜单中的 Main Menu>Preprocessor>Element Type> Add/Edit/Delete 命令，弹出Element Types 对话框，如图 3-41 所示。单击 Add 按钮，弹出 Library of Element Types 对话框，如图 3-42 所示，在左边的列表框中选择 Structural Mass> Solid 选项，在右边的列表框中选择 Brick 8 node 185 选项，即选择实体 185 号单元。单击 OK 按钮，此时在 Element Types 对

话框中会出现所选单元的相应信息。

3）定义单元选项。

在图 3-41 所示的 Element Types 对话框中单击 Options 按钮，弹出 SOLID185 element type options 对话框，如图 3-43 所示。在 Element technology K2 后面的下拉列表框中选择 Simple Enhanced Strn 选项，单击 OK 按钮，回到图 3-41 所示的 Element Types 对话框中，单击 Close 按钮关闭该对话框。

图 3-41　Element Types 对话框

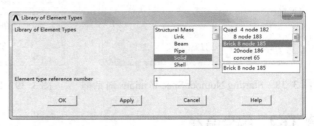

图 3-42　Library of Element Types 对话框

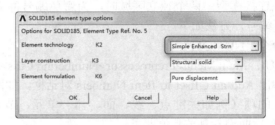

图 3-43　SOLID185 element type options 对话框

4）定义材料属性。

执行主菜单中的 Main Menu>Preprocessor>Material Props>Material Models 命令，弹出 Define Material Model Behavior 窗口，如图 3-44 所示。在右边的 Material Models Available 列表框中依次选择 Structural>Linear>Elastic>Isotropic 选项，弹出 Linear Isotropic Properties for Material Number 1 对话框，如图 3-44 所示。在 EX 后面的文本框中输入 1.73E+011（弹性模量），在 PRXY 后面的文本框中输入 0.3（泊松比），单击 OK 按钮，然后选择 Define Material Model Behavior 窗口中的菜单 Material>Exit 命令退出，材料属性定义完毕。

5）转换视图。

执行实用菜单中的 Unitity Menu>PlotCtrls>Pan Zoom Rotate 命令，弹出 Pan-Zoom-Rotate 对话框，单击 Front 按钮，然后单击 Close 按钮关闭。

6）根据对称性删除一半体。

执行主菜单中的 Main Menu>Preprocessor>Modeling>Delete>Volume and Below 命令，弹出 Delete Volume & Below 拾取框，用鼠标拾取对称面左边的体，如图 3-45 所示，单击 OK 按钮。

7）打开点、线、面、体编号控制器。

执行实用菜单中的 Unitity Menu>PlotCtrls>Numbering 命令，弹出 Plot Numbering Controls 对话框，如图 3-46 所示，分别选中 KP、LINE、AREA、VOLU 后面的复选框，把 Off 改为 On，单击 OK 按钮。

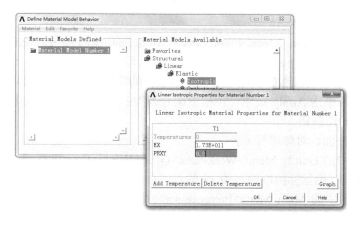

图 3-44　定义材料属性

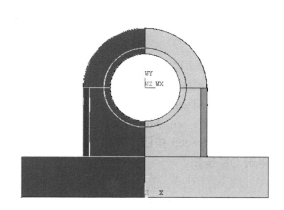

图 3-45　选择要删除的体

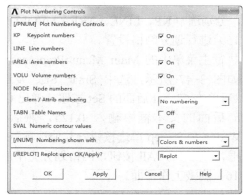

图 3-46　Plot Numbering Controls 对话框

8）转换视图。

执行实用菜单中的 Unitity Menu>PlotCtrls>Pan Zoom Rotate 命令，弹出 Pan-Zoom-Rotate 对话框，单击 Obliq 按钮，然后单击 Close 按钮关闭。

9）显示工作平面。

执行实用菜单中的 Utility Menu>WorkPlane>Display Working Plane 命令。

10）切分轴承座底座。

执行实用菜单中的 Unitity Menu>WorkPlane>Align WP with>Keypoints 命令，弹出关键点拾取框，用鼠标依次拾取编号为 12、14、11 的关键点，单击 OK 按钮。

执行主菜单中的 Main Menu>Preprocessor>Modeling>Operate>Booleans>Divide>Volu by WorkPlane 命令，弹出 Divide Vol by WorkPlane 拾取框，单击 Pick All 按钮。

11）对轴承孔生成圆孔面。

执行主菜单中的 Main Menu>Preprocessor>Modeling>Operate>Extrude>Lines>Along lines 命令，弹出 Sweep Lines along Lines 拾取框，拾取编号为 L46 的线，单击 Apply 按钮，然后拾取编号为 L78 的线，单击 Apply 按钮，可以看到生成的曲面 A20。再拾取编号为 L49 的线，单击 Apply 按钮，然后拾取编号为 L47 的线，单击 OK 按钮，可以看到生成的曲面 A29。

12）利用新生成的面分割体。

执行主菜单中的 Main Menu>Preprocessor>Modeling>Operate>Booleans>Divide>Volu by Area 命令，弹出 Divide Vol by Area 拾取框，用鼠标拾取编号为 V11 的体（可以随时关注拾取框中的拾取反馈，例如 Volu NO.就显示了鼠标拾取体的编号），单击 Apply 按钮，然后拾取刚刚生成的面 A20，再单击 Apply 按钮，再拾取编号为 V9 的体，单击 Apply 按钮，拾取刚刚生成的面 A29，单击 OK 按钮。

13）平移工作平面、对体进行分割。

执行实用菜单中的 Unitity Menu>WorkPlane>Offset WP to>Keypoints 命令，弹出 Offset WP to>Keypoints 拾取框，用鼠标拾取编号为 18 的点，单击 OK 按钮。

然后执行主菜单中的 Main Menu>Preprocessor>Modeling>Operate>Booleans>Divide>Volu by WorkPlane 命令，弹出 Divide Vol by WorkPlane 拾取框，拾取编号为 V5 的体，单击 OK 按钮。

14）关闭点、线、面、体编号控制器。

执行实用菜单中的 Unitity Menu>PlotCtrls>Numbering 命令，弹出 Plot Numbering Controls 对话框，分别选中 KP、LINE、AREA、VOLU 后面的复选框，把 On 改为 Off，单击 OK 按钮。

15）进行划分网格设置。

执行主菜单中的 Main Menu>Preprocessor>Meshing>MeshTool 命令，弹出 MeshTool 工具栏，如图 3-47 所示，选中 Smart Size 复选框，将下面的滑块向左滑动，使下面的数值变为 4，然后单击 Global 后面的 Set 按钮，弹出 Global Element Sizes 对话框，在 Size Element edge length 后面的文本框中输入 0.125，然后单击 OK 按钮。在 MeshTool 工具栏下面选中 Hex/Wedge 和 Sweep 单选按钮，其他选项默认，然后单击 Sweep 按钮，弹出 Volume Sweeping 对话框，单击 Pick All 按钮，网格划分完毕后，单击 OK 按钮。

16）隐藏工作平面。

执行实用菜单中的 Unitity Menu>WorkPlane>Display Working Plane 命令，生成的结果如图 3-48 所示。

图 3-47　MeshTool 工具栏　　　　　　　　图 3-48　网格划分结果

17）镜像生成另一半模型。

执行主菜单中的 Main Menu>Preprocessor>Modeling>Reflect>Volumes 命令，弹出 Reflect Volumes 拾取框，单击 Pick All 按钮，弹出 Reflect Volumes 对话框，如图 3-49 所示，单击 OK 按钮。

18）合并重合面上的关键点和节点。

执行主菜单中的 Main Menu>Preprocessor>Numbering Ctrls>Merge Items 命令，弹出 Merge Comcident or Equivalently Defined Items 对话框，如图 3-50 所示，在 Label 后面的下拉列表框中选择 All 选项，单击 OK 按钮。

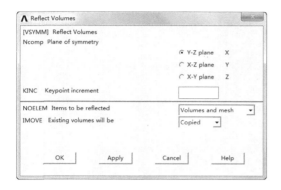

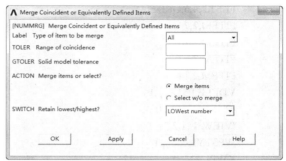

图 3-49　Reflect Volumes 对话框　　图 3-50　Merge Coincident or Equivalently Defined Items 对话框

19）显示有限元网格。

执行实用菜单中的 Unitity Menu>Plot>Elements 命令，最后生成的结果如图 3-51 所示。

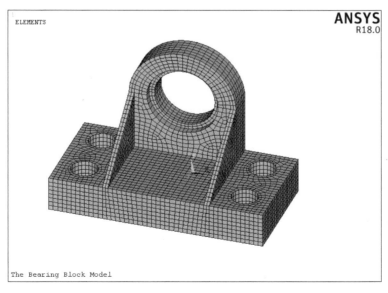

图 3-51　轴承座有限元模型

20）保存有限元模型。

单击 ANSYS Toolbar 工具条中的 SAVE_DB 按钮，保存文件。

📖 3.7.2 命令流方式

```
RESUME, BearingBlock,db,
/PREP7
ET,1,SOLID185
KEYOPT,1,2,3
MPTEMP,,,,,,,,
MPTEMP,1,0
MPDATA,EX,1,,1.7E11
MPDATA,PRXY,1,,0.3
FLST,2,4,6,ORDE,4
FITEM,2,7
FITEM,2,10
FITEM,2,12
FITEM,2,14
VDELE,P51X, , ,1
/PNUM,ELEM,0
/VIEW, 1 ,1,2,3
WPSTYLE,,,,,,,,,1
KWPLAN,-1,        12,        14,        11
FLST,2,4,6,ORDE,4
FITEM,2,3
FITEM,2,9
FITEM,2,11
FITEM,2,13
VSBW,P51X
ADRAG,        46, , , , , ,        78
ADRAG,        49, , , , , ,        47
VSBA,        11,        20
VSBA,         9,         8
VSBA,         9,        29
KWPAVE,        18
VSBW,         5
SMRT,6
SMRT,4
ESIZE,0.125,0,
FLST,5,8,6,ORDE,4
FITEM,5,1
FITEM,5,-4
FITEM,5,6
FITEM,5,-9
CM,_Y,VOLU
VSEL, , , ,P51X
CM,_Y1,VOLU
CHKMSH,'VOLU'
CMSEL,S,_Y
```

```
VSWEEP,_Y1
CMDELE,_Y
CMDELE,_Y1
CMDELE,_Y2
WPSTYLE,,,,,,,0
FLST,3,8,6,ORDE,4
FITEM,3,1
FITEM,3,-4
FITEM,3,6
FITEM,3,-9
VSYMM,X,P51X, , , ,0,0
NUMMRG,ALL, , , ,LOW
EPLOT
SAVE
```

第4章 施加载荷

本章导读

建立完有限元分析模型之后，就需要在模型上施加载荷以此来检查结构或构件对一定载荷条件的响应。

本章将讲述 ANSYS 施加载荷的各种方法和应注意的相关事项。

4.1 载荷概论

有限元分析的主要目的是检查结构或构件对一定载荷条件的响应。因此，在分析中指定合适的载荷条件是关键的一步。在 ANSYS 程序中，可以用各种方式对模型施加载荷，而且借助于载荷步选项，可以控制在求解中载荷如何使用。

4.1.1 什么是载荷

在 ANSYS 术语中，载荷包括边界条件和外部或内部作用力函数，如图 4-1 所示。

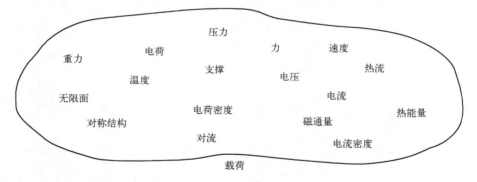

图 4-1 "载荷"包括边界条件以及其他类型的载荷

各学科中的载荷实例如下。

1）结构分析：位移、力、压力、温度（热应力）和重力。

2）热力分析：温度、热流速率、对流、内部热生成、无限表面。

3）磁场分析：磁势、磁通量、磁场段、源流密度、无限表面。

4）电场分析：电势（电压）、电流、电荷、电荷密度、无限表面。

5）流体分析：速度、压力。

载荷分为如下 6 类。

1）DOF（约束自由度）：某些自由度为给定的已知值。例如，结构分析中指定结点位移或者对称边界条件等；热分析中指定结点温度等。

2）力（集中载荷）：施加于模型结点上的集中载荷。例如，结构分析中的力和力矩；热分析中的热流率；磁场分析中的电流。

3）表面载荷：施加于某个表面上的分布载荷。例如，结构分析中的压力；热力分析中的对流量和热通量。

4）体积载荷：施加在体积上的载荷或者场载荷。例如，结构分析中的温度，热力分析中的内部热源密度；磁场分析中为磁场通量。

5）惯性载荷：由物体惯性引起的载荷，如重力加速度引起的重力，角速度引起的离心力等。主要在结构分析中使用。

6）耦合场载荷：可以认为是以上载荷的一种特殊情况，从一种分析中得到的结果作为另一种分析的载荷。例如，可施加磁场分析中计算所得的磁力作为结构分析中的载荷，也可以将热分析中的温度结果作为结构分析的载荷。

4.1.2 载荷步、子步和平衡迭代

1．载荷步

载荷步仅仅是为了获得解答的载荷配置。在线性静态或稳态分析中，可以使用不同的载荷步施加不同的载荷组合：在第一个载荷步中施加风载荷，在第二个载荷步中施加重力载荷，在第三个载荷步中施加风和重力载荷以及一个不同的支承条件等。在瞬态分析中，多个载荷步加到载荷历程曲线的不同区段。

ANSYS 程序将为第一个载荷步选择的单元组用于随后的载荷步，而不论用户为随后的载荷步指定哪个单元组。要选择一个单元组，可使用下列两种方法之一。

命令：ESEL。

GUI：Utility Menu>Select>Entities。

图 4-2 显示了一个需要 3 个载荷步的载荷历程曲线：载荷步 1 用于线性载荷，载荷步 2 用于不变载荷部分，载荷步 3 用于卸载。

2．子步

子步为执行求解载荷步中的点。由于不同的原因，要使用子步。

1）在非线性静态或稳态分析中，使用子步逐渐施加载荷以便能获得精确解。

2）在线性或非线性瞬态分析中，使用子步满足瞬态时间累积法则（为获得精确解通常规定一个最小累积时间步长）。

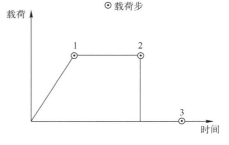

图 4-2 使用多个载荷步表示瞬态载荷历程

3）在谐波分析中，使用子步获得谐波频率范围内多个频率处的解。

3．平衡迭代

平衡迭代是在给定子步下为了收敛而计算的附加解。仅用于收敛起重要作用的非线性分析中的迭代修正。例如，对二维非线性静态磁场分析，为获得精确解，通常使用两个载荷步（如图 4-3 所示）。

1）载荷步 1，将载荷逐渐加到 5～10 个子步以上，每个子步仅用一个平衡迭代。

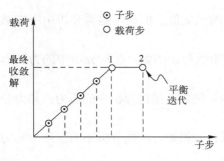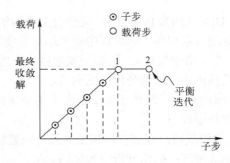

图 4-3　载荷步、子步和平衡迭代

2）载荷步 2，得到最终收敛解，且仅有一个使用 15～25 次平衡迭代的子步。

📖 4.1.3　时间参数

在所有静态和瞬态分析中，ANSYS 使用时间作为跟踪参数，而不论分析是否依赖于时间。其好处是：在所有情况下可以使用一个不变的"计数器"或"跟踪器"，不需要依赖于分析的术语。此外，时间总是单调增加的，且自然界中大多数事情的发生都经历一段时间，而不论该时间多么短暂。

显然，在瞬态分析或与速率有关的静态分析（蠕变或者粘塑性）中，时间代表实际的，按年月顺序的时间，用秒、分钟或小时表示。在指定载荷历程曲线的同时（使用 TIME 命令），在每个载荷步的结束点赋予时间值。使用如下方法之一赋予时间值。

命令：TIME。

GUI：Main Menu>Preprocessor>Load >Load Step Opts>Time/Frequenc>Time and Substps。

GUI：Main Menu>Preprocessor>Loads>Load Step Opts>Time/Frequenc>Time-Time Step。

GUI：Main Menu>Solution>Load Step Opts>Time/Frequenc>Time and Substps。

GUI：Main Menu>Solution>Load Step Opts>Time/Frequenc>Time-Time Step。

然而，在不依赖于速率的分析中，时间仅仅成为一个识别载荷步和子步的计数器。默认情况下，程序自动对 time 赋值，在载荷步 1 结束时，赋 time=1；在载荷步 2 结束时，赋 time=2；依次类推。载荷步中的任何子步将被赋给合适的、用线性插值得到的时间值。在这样的分析中，通过赋给自定义的时间值，就可建立自己的跟踪参数。例如，若要将 1000 个单位的载荷增加到一载荷步上，可以在该载荷步的结束时将时间指定为 1000，以使载荷和时间值完全同步。

那么，在后处理器中，如果得到一个变形-时间关系图，其含义与变形-载荷关系相同。这种技术非常有用，例如，在大变形分析以及屈曲分析中，其任务是跟踪结构载荷增加时结构的变形。

当求解中使用弧长方法时，时间还表示另一含义。在这种情况下，时间等于载荷步开始时的时间值加上弧长载荷系数（当前所施加载荷的放大系数）的数值。ALLF 不必单调增加（即：它可以增加、减少或甚至为负），且在每个载荷步的开始时被重新设置为 0。因此，在弧长求解中，时间不作为"计数器"。

载荷步为作用在给定时间间隔内的一系列载荷。子步为载荷步中的时间点，在这些时间点，求得中间解。两个连续的子步之间的时间差称为时间步长或时间增量。平衡迭代是为了收敛而在给定时间点进行计算的迭代求解。

4.1.4 阶跃载荷与坡道载荷

当在一个载荷步中指定一个以上的子步时，就出现了载荷应为阶跃载荷或是线性载荷的问题。

1）如果载荷是阶跃的，那么，全部载荷施加于第一个子步，且在载荷步的其余部分，载荷保持不变，如图 4-4a 所示。

2）如果载荷是逐渐递增的，那么，在每个载荷子步，载荷值逐渐增加，且全部载荷出现在载荷步结束时，如图 4-4b 所示。

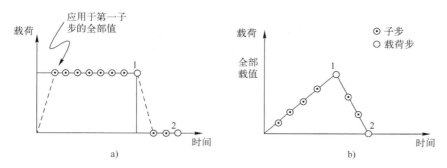

图 4-4　阶跃载荷与坡道载荷

a) 载荷是阶跃的　b) 载荷是逐渐递增的

可以通过如下方法表示载荷为坡道载荷还是阶跃载荷。

命令：KBC。

GUI：Main Menu>Solution>Load Step Opts>Time/Frequenc>Freq & Substeps。

　　　Main Menu>Solution>Load Step Opts >Time/Frequenc>Time and Substps。

　　　Main Menu>Solution>Load Step Opts>Time/Frequenc>Time & Time Step。

KBC，0 表示载荷为坡道载荷；KBC，1 表示载荷为阶跃载荷。默认值取决于学科和分析类型以及 SOLCONTROL 处于 ON 或 OFF 状态。

载荷步选项是用于表示控制载荷应用的各选项（如时间、子步数、时间步、载荷为阶跃或逐渐递增）的总称。其他类型的载荷步选项包括收敛公差（用于非线性分析），结构分析中的阻尼规范以及输出控制。

4.2　施加载荷

可以将大多数载荷施加于实体模型（如关键点、线和面）上或有限元模型（节点和单元）上。例如，可在关键点或节点施加指定集中力。同样地，可以在线和面或在节点和单元面上指定对流（和其他表面载荷）。无论怎样指定载荷，求解器期望所有载荷应依据有限元模型。因此，如果将载荷施加于实体模型，在开始求解时，程序自动将这些载荷转换到节点和单元上。

4.2.1 实体模型载荷与有限单元载荷

施加于实体模型上的载荷称为实体模型载荷，而直接施加于有限元模型上的载荷称为有限单元载荷。

1. 实体模型

实体模型载荷有如下优缺点。

（1）优点

1）实体模型载荷独立于有限元网格。即：可以改变单元网格而不影响施加的载荷。这就允许更改网格并可进行网格敏感性研究而不必每次重新施加载荷。

2）与有限元模型相比，实体模型通常包括较少的实体。因此，选择实体模型的实体并在这些实体上施加载荷要容易得多，尤其是通过图形拾取时。

（2）缺点

1）ANSYS 网格划分命令生成的单元处于当前激活的单元坐标系中。网格划分命令生成的节点使用整体笛卡儿坐标系。因此，实体模型和有限元模型可能具有不同的坐标系和加载方向。

2）在简化分析中，实体模型不很方便。此时，载荷施加于主自由度（仅能在节点而不能在关键点定义主自由度）。

3）施加关键点约束很棘手，尤其是当约束扩展选项被使用时（扩展选项允许将一约束特性扩展到通过一条直线连接的两关键点之间的所有节点上）。

4）不能显示所有实体模型载荷。

2. 有限单元载荷

在开始求解时，实体模型载荷将自动转换到有限元模型。ANSYS 程序改写任何已存在于对应的有限单元实体上的载荷。删除实体模型载荷将删除所有对应的有限元载荷。有限单元载荷有如下优缺点。

（1）优点

1）在简化分析中不会产生问题，因为可将载荷直接施加在主节点。

2）不必担心约束扩展，可简单地选择所有所需节点，并指定适当的约束。

（2）缺点

1）任何有限元网格的修改都使载荷无效，需要删除先前的载荷并在新网格上重新施加载荷。

2）不便使用图形拾取施加载荷，除非仅包含几个节点或单元。

📖 4.2.2 施加载荷

本节主要讨论如何施加 DOF 约束、集中力、表面载荷、体积载荷、惯性载荷和耦合场载荷。

1. DOF 约束

表 4-1 显示了各应用领域中可被约束的自由度和相应的 ANSYS 标识符。标识符（如 UX、ROTZ、AY 等）所包含的任何方向都在节点坐标系中。

表 4-1 各应用领域中可用的 DOF 约束

应 用 领 域	自 由 度	ANSYS 标识符
结构分析	平移 旋转	UX、UY、UZ ROTX、ROTY、ROTZ

应 用 领 域	自 由 度	ANSYS 标识符
热力分析	温度	TEMP
磁场分析	矢量势 标量势	AX、AY、AZ MAG
电场分析	电压	VOLT
流体分析	速度 压力 紊流动能 紊流扩散速率	VX、VY、VZ PRES ENKE ENDS

表 4-2 显示了施加、列表显示和删除 DOF 约束的命令。需要注意的是，可以将约束施加于节点、关键点、线和面上。

表 4-2　DOF 约束的命令

位 置	基 本 命 令	附 加 命 令
节点	D, DLIST, DDELE	DSYM, DSCALE, DCUM
关键点	DK, DKLIST, DKDELE	
线	DL, DLLIST, DLDELE	
面	DA，DALIST，DADELE	
转换	SBCTRAN	DTRAN

下面是一些可用于施加 DOF 约束的 GUI 路径的例子。

GUI：Main Menu>Preprocessor>Loads>Define Loads>Apply>load type>On Nodes。

GUI：Utility Menu>List>Loads>DOF Constraints>On All Keypoints。

GUI：Main Menu>Solution>Define Loads>Apply>load type>On Lines。

2．集中力

表 4-3 显示了各应用领域中可用的集中载荷和相应的 ANSYS 标识符。标识符（如 FX、MZ、CSGY 等）所包含的任何方向都在节点坐标系中。

表 4-3　各应用领域中的集中力

应 用 领 域	力	ANSYS 标识符
结构分析	力 力矩	FX、FY、FZ MX、MY、MZ
热力分析	热流速率	HEAT
磁场分析	Current Segments 磁通量	CSGX、CSGY、CSGZ FLUX
电场分析	电流 电荷	AMPS CHRG
流体分析	流体流动速率	FLOW

表 4-4 显示了施加、列表显示和删除集中载荷的命令。需要注意的是，可以将集中载荷施加于节点和关键点上。

表 4-4　用于施加集中力载荷的命令

位　　置	基 本 命 令	附 加 命 令
节点	F，FLIST，FDELE	FSCALE，FCUM
关键点	FK，FKLIST，FKDELE	
转换	SBCTRAN	FTRAN

下面是一些用于施加集中力载荷的 GUI 路径的例子。

GUI：Main Menu>Preprocessor>Loads>Define Loads>Apply>load type>On Nodes。

GUI：Utility Menu>List>Loads>Forces>On Keypoints。

GUI：Main Menu>Solution>Define Loads>Apply>load type>On Lines。

3．面载荷

表 4-5 显示了各应用领域中可用的表面载荷和相应的 ANSYS 标识符。

表 4-5　各应用领域中可用的表面载荷

应 用 领 域	表 面 载 荷	ANSYS 标识符
结构分析	压力	PRES
热力分析	对流 热流量 无限表面	CONV HFLUX INF
磁场分析	麦克斯韦表面 无限表面	MXWF INF
电场分析	麦克斯韦表面 表面电荷密度 无限表面	A MXWF CHRGS INF
流体分析	流体结构界面 阻抗	FSI IMPD
所有学科	超级单元载荷矢	SELV

表 4-6 显示了施加、列表显示和删除表面载荷的命令。需要注意的是，不仅可以将表面载荷施加在线和面上，还可以施加于节点和单元上。

表 4-6　用于施加表面载荷的命令

位　　置	基 本 命 令	附 加 命 令
节点	SF，SFLIST，SFDELE	SFSCALE，SFCUM，SFFUN
单元	SFE，SFELIST，SFEDELE	SEBEAM，SFFUN，SFGRAD
线	SFL，SFLLIST，SFLDELE	SFGRAD
面	SFA，SFALIST，SFADELE	SFGRAD
转换	SFTRAN	

下面是一些用于施加表面载荷的 GUI 路径的例子。

GUI：Main Menu>Preprocessor>Loads>Define Loads>Apply>load type>On Nodes。

GUI：Utility Menu>List>Loads>Surface Loads>On Elements。

GUI：Main Menu>Solution>Loads>Define Loads>Apply>load type>On Lines。

ANSYS 程序根据单元和单元面存储在节点上指定的面载荷。因此，如果对同一表面使用节点面载荷命令和单元面载荷命令，则使用最后的规定。

4．体积载荷

表 4-7 显示了各应用领域中可用的体积载荷和相应的 ANSYS 标识符。

表 4-7　各应用领域中可用的体积载荷

应 用 领 域	体 积 载 荷	ANSYS 标识符
结构分析	温度 热流量	TEMP FLUE
热力分析	热生成速率	HGEN
磁场分析	温度 磁场密度 虚位移 电压降	TEMP JS MVDI VLTG
电场分析	温度 体积电荷密度	TEMP CHRGD
流体分析	热生成速率 力速率	HGEN FORC

表 4-8 显示了施加、列表显示和删除表面载荷的命令。需要注意的是，可以将体积载荷施加在节点、单元、关键点、线、面和体上。

表 4-8　用于施加体积载荷的命令

位　　置	基 本 命 令	附 加 命 令
节点	BF，BFLIST，BFDELE	BFSCALE，BFCUM，BFUNIF
单元	BFE，BFELIST，BFEDELE	BEESCAL，BFECUM
关键点	BFK，BFKLIST，BFKDELE	
线	BFL，BFLLIST，BFLDELE	
面	BFA，BFALIST，BFADELE	
体	BFV，BFVLIST，BFVDELE	
转换	BFTRAN	

下面是一些用于施加体积载荷的 GUI 路径的例子。

GUI：Main Menu>Preprocessor>Loads>Define Loads>Apply>load type>On Nodes。

GUI：Utility Menu>List>Loads>Body Loads>On Picked Elems。

GUI：Main Menu>Solution>Loads>Define Loads>Apply>load type>On Keypoints。

GUI：Utility Menu>List>Load>Body Loads>On Picked Lines。

GUI：Main Menu>Solution>Load>Apply>load type>On Volumes。

在节点指定的体积载荷独立于单元上的载荷。对于一个给定的单元，ANSYS 程序按下列方法决定使用哪一载荷。

1）ANSYS 程序检查是否对单元指定体积载荷。

2）如果不是，则使用指定给节点的体积载荷。

3）如果单元或节点上没有体积载荷，则通过 BFUNIF 命令指定的体积载荷生效。

5．惯性载荷

施加惯性载荷的命令如表 4-9 所示。

表 4-9　惯性载荷命令

命　　令	GUI 菜单路径
ACEL	Main Menu>Preprocessor>FLOTRAN Set Up>Flow Environment>Gravity Main Menu>Preprocessor>Loads>Define Loads>Define Loads>Apply>Structural>Inertia>Gravity Main Menu>Preprocessor>Loads>Define Loads>Delete>Structural>Inertia>Gravity Main Menu>Solution>Define Loads>Define Loads>Apply>Structural>Inertia>Gravity Main Menu>Solution>Define Loads>Delete>Structural>Inertia>Gravity
CGLOC	Main Menu>Preprocessor>FLOTRAN Set Up>Flow Environment>Rotating Coords Main Menu>Preprocessor>Loads>Define Loads>Define Loads>Apply>Structural>Inertia>Coriolis Effects Main Menu>Preprocessor>Loads>Define Loads>Delete>Structural>Inertia>Coriolis Effects MainMenu>Preprocessor>LS-DYNAOptions>LoadingOptions>AccelerationCS>Delete Accel CS Main Menu>Preprocessor>LS-DYNA Options>Loading Options>AccelerationCS>Set Accel CS Main Menu>Solution>Define Loads>Define Loads>Apply>Structural>Inertia>Coriolis Effects Main Menu>Solution>Define Loads>Delete>Structural>Inertia>Coriolis Effects Main Menu>Solution>Loading Options>Acceleration CS>Delete Accel CS Main Menu>Solution>Loading Options>Acceleration CS>Set Accel CS
CGOMGA	Main Menu>Preprocessor>FLOTRAN Set Up>Flow Environment>Rotating Coords Main Menu>Preprocessor>Loads>Define Loads>Define Loads>Apply>Structural> Inertia>Coriolis Effects Main Menu>Preprocessor>Loads>Define Loads>Delete>Structural>Inertia>Coriolis Effects Main Menu>Solution>Define Loads>Define Loads>Apply>Structural>Inertia>Coriolis Effects Main Menu>Solution>Define Loads>Delete>Structural>Inertia>Coriolis Effects
DCGOMG	Main Menu>Preprocessor >Loads >Define Loads>DefineLoads>Apply>Structural> Inertia>Coriolis Effects Main Menu>Preprocessor>Loads>Define Loads>Delete>Structural>Inertia>Coriolis Effects Main Menu>Solution>Define Loads>Define Loads>Apply>Structural>Inertia>Coriolis Effects Main Menu>Solution>Define Loads>Delete>Structural>Inertia>Coriolis Effects
DOMEGA	MainMenu>Preprocessor>Loads>DefineLoads>Define Loads>Apply>Structural>Inertia>AngularAccel>Global MainMenu>Preprocessor>Loads>DefineLoads>Delete>Structural>Inertia>AngularAccel>Global Main Menu>Solution>Define Loads>Define Loads>Apply>Structural>Inertia>Angular Accel>Global Main Menu>Solution>Define Loads>Delete>Structural>Inertia>Angular Accel>Global
IRLF	Main Menu>Preprocessor>Loads>Define Loads>Define Loads>Apply>Structural>Inertia>Inertia Relief Main Menu>Preprocessor>Loads>Load Step Opts>Output Ctrls>Incl Mass Summry Main Menu>Solution>Define Loads>Define Loads>Apply>Structural>Inertia>Inertia Relief Main Menu>Solution>Load Step Opts>Output Ctrls>Incl Mass Summry
OMEGA	Main Menu>Preprocessor>Loads>DefineLoads>Define Loads>Apply>Structural>Inertia>AngularVelocity>Global Main Menu>Preprocessor>Loads>DefineLoads>Delete>Structural>Inertia>AngularVeloc>Global Main Menu>Solution>Define Loads>Define Loads>Apply>Structural>Inertia>Angular Velocity>Global Main Menu>Solution>Define Loads>Delete>Structural>Inertia>Angular Veloc>Global

没有用于列表显示或删除惯性载荷的专门命令。要列表显示惯性载荷，则执行 STAT，INRTIA（Utility Menu>List>Status>Soluion>Inerti Loads）。要删除惯性载荷，只要将载荷值设置为 0。可以将惯性载荷设置为 0，但是不能删除惯性载荷。对逐步上升的载荷步，惯性载荷的斜率为 0。

ACEL、OMEGA 和 DOMEGA 命令分别用于指定在整体笛卡儿坐标系中的加速度，角速度和角加速度。

ACEL 命令用于对物体施加一加速场（非重力场）。因此，要施加作用于负 Y 方向的重力，应指定一个和正 Y 方向的加速度。

使用 CGOMGA 和 DCGOMG 命令指定一旋转物体的角速度和角加速度，该物体本身正相对于另一个参考坐标系旋转。CGLOC 命令用于指定参照系相对于整体笛卡儿坐标系的位置。例如：在静态分析中，为了考虑 Coriolis 效果，可以使用这些命令。

惯性载荷当模型具有质量时有效。惯性载荷通常是通过指定密度来施加的（还可以通过使用质量单元，如 MASS21，对模型施加质量，但通过密度的方法施加惯性载荷更常用、更有效）。对所有的其他数据，ANSYS 程序要求质量为恒定单位。如果习惯于英制单位，为了方便起见，有时希望使用重量密度（lb/in^3）来代替质量密度（lb-sec^2/in/in^3）。

6. 耦合场载荷

在耦合场分析中，通常包含将一个分析中的结果数据施加于第二个分析作为第二个分析的载荷。例如，可以将热力分析中计算的节点温度施加于结构分析（热应力分析）中，作为体积载荷。同样的，可以将磁场分析中计算的磁力施加于结构分析中，作为节点力。要施加这样的耦合场载荷，用下列方法之一。

命令：LDREAD。

GUI：Main Menu>Preprocessor>Loads>Define Loads>Define Loads>Apply>load type>From source。

GUI：Main Menu>Solution>Define Loads>Define Loads>Apply>load type>From source。

4.2.3 利用表格来施加载荷

通过一定的命令和菜单路径，能够利用表格参数来施加载荷，即：通过指定列表参数名来代替指定特殊载荷的实际值。然而，并不是所有的边界条件都支持这种制表载荷，因此，在使用表格来施加载荷时一般先参考一定的文件来确定指定的载荷是否支持表格参数。

当经由命令来定义载荷时，必须使用符号%：%表格名%。例如：当确定一描述对流值表格时，有如下命令表达式：

SF, all, conv, %sycnv%, tbulk

在施加载荷的同时，可以定义新的表格通过选择 new table 选项。同样的，在施加载荷之前还可以通过如下方式之一来定义一表格。

命令：*DIM。

GUI：Utility Menu>Parameters>Array Parameters>Define/Edit。

1. 定义初始变量

当定义一个列表参数表格时，根据不同的分析类型，可以定义各种各样的初始参数。表 4-10 显示了不同分析类型的边界条件、初始变量及对应的命令。

表 4-10 边界条件、初始变量及对应的命令

边界条件	初始变量	命令
热分析		
固定温度	TIME, X, Y, Z	D,,(TEMP, TBOT, TE2, TE3,..., TTOP)
热流	TIME, X, Y, Z, TEMP	F,,(HEAT, HBOT, HE2, HE3,..., HTOP)
对流	TIME, X, Y, Z, TEMP, VELOCITY	SF,,CONV
体积温度	TIME, X, Y, Z	SF,,,TBULK

边 界 条 件	初 始 变 量	命 令
热分析		
热通量	TIME, X, Y, Z, TEMP	SF,,HFLU
热源	TIME, X, Y, Z, TEMP	BFE,,HGEN
结构分析		
位移	TIME, X, Y, Z, TEMP	D,(UX, UY, UZ, ROTX, ROTY, ROTZ)
力和力矩	TIME, X, Y, Z, TEMP, SECTOR	F,(FX, FY, FZ, MX, MY, MZ)
压力	TIME, X, Y, Z, TEMP, SECTOR	SF,,PRES
温度	TIME	BF,,TEMP
电场分析		
电压	TIME, X, Y, Z	D,,VOLT
电流	TIME, X, Y, Z	F,,AMPS
流体分析		
压力	TIME, X, Y, Z	D,,PRES
流速	TIME, X, Y, Z	F,,FLOW

单元 SURF151、SURF152 和单元 FLUID116 的实常数与初始变量相关联，如表 4-11 所示。

表 4-11　实常数与相应的初始变量

实 常 数	初 始 变 量
SURF151、SURF152	
旋转速率	TIME，X，Y，Z
FLUID116	
旋转速率	TIME，X，Y，Z
滑动因子	TIME，X，Y，Z

2．定义独立变量

当需要指定不同于列表显示的初始变量时，可以定义一个独立的参数变量。当指定独立参数变量同时，定义了一个附加表格来表示独立参数。这一表格必须与独立参数变量同名，并且同时是一个初始变量或者另外一个独立参数变量的函数。能够定义许多必需的独立参数，但是所有的独立参数必须与初始变量有一定的关系。

例如：考虑一对流系数（HF），其变化为旋转速率（RPM）和温度（TEMP）的函数。此时，初始变量为 TEMP，独立参数变量为 RPM，而 RPM 是随着时间的变化而变化。因此，需要两个表格：一个关联 RPM 与 TIME，另一个关联 HF 与 RPM 和 TEMP，其命令流如下。

```
*DIM,SYCNV,TABLE,3,3,,RPM,TEMP
SYCNV(1,0)=0.0,20.0,40.0
```

```
SYCNV(0,1)=0.0,10.0,20.0,40.0
SYCNV(0,2)=0.5,15.0,30.0,60.0
SYCNV(0,3)=1.0,20.0,40.0,80.0
*DIM,RPM,TABLE,4,1,1,TIME
RPM(1,0)=0.0,10.0,40.0,60.0
RPM(1,1)=0.0,5.0,20.0,30.0
SF,ALL,CONV,%SYCNV%
```

3．表格参数操作

可以通过如下方式对表格进行一定的数学运算，如加法、减法与乘法。

命令：*TOPER。

GUI：Utility Menu>Parameters>Array Operations>Table Operations。

两个参与运算的表格必须具有相同的尺寸，每行、每列的变量名必须相同等。

4．确定边界条件

当利用列表参数来定义边界条件时，可以通过如下 5 种方式检验其是否正确。

1）检查输出窗口。当使用制表边界条件于有限单元或实体模型时，于输出窗口显示的是表格名称而不是一定的数值。

2）列表显示边界条件。当在前处理过程中列表显示边界条件时，列表显示表格名称；而当在求解或后处理过程中列表显示边界条件时，显示的却是位置或时间。

3）检查图形显示。在制表边界条件运用的地方，可以通过标准的 ANSYS 图形显示功能（/PBC，/PSF 等）显示出表格名称和一些符号（箭头），当然前提是表格编号显示处于工作状态（/PNUM，TABNAM，ON）。

4）在通用后处理中检查表格的代替数值。

5）通过命令"*STATUS"或者 GUI 菜单路径（Utility Menu>List>Other>Parameters）可以重新获得任意变量结合的表格参数值。

4.2.4 轴对称载荷与反作用力

对约束、表面载荷、体积载荷和 Y 方向加速度，可以像对任何非轴对称模型上定义这些载荷一样来精确地定义这些载荷。然而，对集中载荷的定义，过程有所不同。因为这些载荷大小、输入的力、力矩等数值是在 360°范围内进行的，即：根据沿周边的总载荷输入载荷值。例如，如果 1500lb/in 沿周的轴对称轴向载荷被施加到直径为 10in 的管上（如图 4-5 所示），47124lb（1500×2π×5=47124）的总载荷将按下列方法被施加到节点 N 上。

轴对称结果也按对应的输入载荷相同的方式解释，即：输出的反作用力，力矩等按总载荷（360°）计。轴对称协调单元要求其载荷表示成傅立叶级数形式来施加。对这些单元，要求用

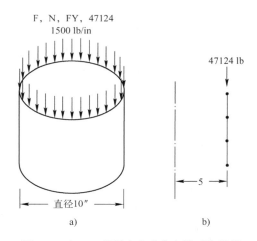

图 4-5　在 360°范围内定义集中轴对称载荷

MODE 命令（Main Menu>Preprocessor>Loads> Load Step Opts>Other>For Harmonic Ele 或 Main Menu>Solution>Load Step Opts>Other>For Harmonic Ele），以及其他载荷命令（D，F，SF 等）。一定要指定足够数量的约束防止产生不期望的刚体运动、不连续或奇异性。例如，对实心杆这样实体结构的轴对称模型，缺少沿对称轴的 UX 约束，在结构分析中就可能形成虚位移（不真实的位移），如图 4-6 所示。

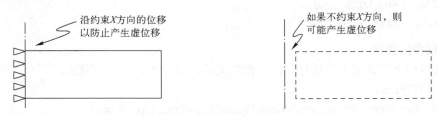

图 4-6　实体轴对称结构的中心约束

4.2.5　利用函数来施加载荷和边界条件

可以通过一些函数工具对模型施加复杂的边界条件。函数工具包括两部分。

1）函数编辑器：创建任意的方程或者多重函数。

2）函数装载器：获取创建的函数并制成表格。可以分别通过两种方式进入函数编辑器和函数装载器。

GUI：Utility Menu>Parameters>Functions>Define/Edit，或者 GUI：Main Menu>Solution>Define Loads>Define Loads>Apply>Functions>Define/Edit。

GUI：Utility Menu>Parameters>Functions>Read from file，或者 GUI：Main Menu>Solution>Define Loads>Apply>Functions>Read file。

当然，在使用函数边界条件之前，应该了解以下一些要点。

● 当数据能够方便地用一表格表示时，推荐使用表格边界条件。

● 在表格中，函数呈现等式的形式而不是一系列的离散数值。

● 不能够通过函数边界条件来避免一些限制性边界条件，并且这些函数对应的初始变量是被表格边界条件支持的。

同样的，当使用函数工具时，还必须熟悉如下几个特定的情况。

● 函数：一系列方程定义了高级边界条件。

● 初始变量：在求解过程中被使用和评估的独立变量。

● 域：以单一的域变量为特征的操作范围或设计空间的一部分。域变量在整个域中是连续的，每个域包含一个唯一的方程来评估函数。

● 域变量：支配方程用于函数的评估而定义的变量。

● 方程变量：在方程中指定的一个变量，此变量在函数装载过程中被赋值。

1．函数编辑器的使用

函数编辑器定义了域和方程。通过一系列的初始变量，方程变量和数学函数来建立方程。能够创建一个单一的等式，也可以创建包含一系列方程等式的函数，而这些方程等式对应于不同的域。

使用函数编辑器的步骤如下。

1）打开函数编辑器：GUI：Utility Menu>Parameters>Functions>Define/Edit 或者 GUI：Main Menu>Solution>Define Loads>Define Loads>Apply>Functions>Define/Edit。

2）选择函数类型。选择单一方程或者一个复合函数。如果选择后者，则必须输入域变量的名称。当选择复合函数时，6 个域标签被激活。

3）选择 degrees 或者 radians。这一选择仅仅决定了方程如何被评估，对命令 *AFUN 没有任何影响。

4）定义结果方程或者使用初始变量和方程变量来描述域变量的方程。如果定义一个单一方程的函数，则跳到步骤 10）。

5）单击第一个域标签，输入域变量的最小和最大值。

6）在此域中定义方程。

7）单击第二个域标签。注意，第二个域变量的最小值已被赋值了，且不能被改变，这就保证了整个域的连续性。输入域变量的最大值。

8）在此域中定义方程。

9）重复这一过程直到最后一个域。

10）对函数进行注释。单击编辑器菜单栏 Editor>Comment，输入对函数的注释。

11）保存函数。单击编辑器菜单栏 Editor>Save 并输入文件名。文件名必须以 func 为扩展名。

一旦函数被定义且保存了，可以在任何一个 ANSYS 分析中使用。为了使用这些函数，必须对其进行装载并对方程变量进行赋值，同时赋予其表格参数名称，以为了在特定的分析中使用。

2．函数装载器的使用

当在分析中准备对方程变量进行赋值、对表格参数指定名称和使用函数时，需要把函数装入函数装载器中，其步骤如下。

1）打开函数装载器：GUI：Utility Menu>Parameters>Functions>Read from file。

2）打开保存函数的目录，选择正确的文件并打开。

3）在函数装载对话框中，输入表格参数名。

4）在对话框的底部，将看到一个函数标签和构成函数的所有域标签及每个指定方程变量的数据输入区，在其中输入合适的数值。

在函数装载对话框中，仅数值数据可以作为常数值，而字符数据和表达式不能被作为常数值。

5）重复每个域的过程。

6）单击保存。直到已经为函数中每个域中的所有变量赋值后，才能以表格参数的形式来保存。

函数作为一个代码方程被制成表格，在 ANSYS 中，当表格被评估时，这种代码方程才起作用。

3．图形或列表显示边界条件函数

可以以图形显示定义的函数，以可视化当前的边界条件函数，还可以以列表显示方程的结果。通过这种方式，可以检验定义的方程是否和所期待的一样。无论是图形显示还是列表显示，都需要先选择一个要图形显示其结果的变量，并且必须设置其 X 轴的范围和图形显示点的数量。

载荷步选项（Load step options）是各选项的总称，这些选项用于在求解选项中及其他选项（如输出控制、阻尼特性和响应频谱数据）中控制如何使用载荷。载荷步选项随载荷步的不同而异。有6种类型的载荷步选项：通用选项、非线性选项、动力学分析选项、输出控制、毕-萨选项和谱分析选项。

4.3.1 通用选项

通用选项包括：瞬态或静态分析中载荷步结束的时间，子步数或时间步大小，载荷阶跃或递增，以及热应力计算的参考温度。以下是对每个选项的简要说明。

1. 时间选项

TIME 命令用于指定在瞬态或静态分析中载荷步结束的时间。在瞬态或其他与速率有关的分析中，TIME 命令指定实际的、按年月顺序的时间，且要求指定一时间值。在与非速率无关的分析中，时间作为一跟踪参数。

在 ANSYS 分析中，决不能将时间设置为0。如果执行 TIME，0 或 TIME，<空>命令，或者根本就没有发出 TIME 命令，ANSYS 使用默认时间值；第一个载荷步为 1.0，其他载荷步为"1.0+前一个时间"。要在"0"时间开始分析，如在瞬态分析中，应指定一个非常小的值，如：TIME，1E-6。

2. 子步数与时间步大小

对于非线性或瞬态分析，要指定一个载荷步中需要的子步数。指定子步的方法如下。

命令：DELTIM。

GUI：Main Menu>Preprocessor>Loads>Load Step Opts>Time/Frequenc>Time & Time Step。

GUI：Main Menu>Solution>Load Step Opts>Sol'n Control。

GUI：Main Menu>Solution>Load Step Opts>Time/Frequenc>Time & Time Step。

GUI：Main Menu>Solution>Load Step Opts>Time/Frequenc>Time & Time Step。

GUI：Main Menu>Preprocessor>Loads>Load Step Opts>Time/Frequenc>Freq & Substeps。

GUI：Main Menu>Solution>Load Step Opts>Sol'n Control。

GUI：Main Menu>Solution>Load Step Opts>Time/Frequenc>Freq & Substeps。

GUI：Main Menu>Solution>Unabridged Menu>Time/Frequenc>Freq & Substeps。

命令：NSUBST。

NSUBST 命令指定子步数，DELTIM 命令指定时间步的大小。在默认情况下，ANSYS 程序在每个载荷步中使用一个子步。

3. 时间步自动阶跃

AUTOTS 命令激活时间步自动阶跃。等价的 GUI 路径如下。

GUI：Main Menu>Preprocessor>Loads>Load Step Opts>Time/Frequenc>Time & Time Step。

GUI：Main Menu>Solution>Load Step Opts>Sol'n Control。

GUI：Main Menu>Solution>Load Step Opts>Time/Frequenc>Time & Time Step。

在时间步自动阶跃时，根据结构或构件对施加的载荷做出响应，程序计算每个子步结束时最优的时间步。在非线性静态或稳态分析中使用时，AUTOTS 命令确定了子步之间载荷增量的大小。

4. 阶跃或递增载荷

在一个载荷步中指定多个子步时，需要指明载荷是逐渐递增还是阶跃形式。KBC 命令用于此的目的："KBC，0"指明载荷是逐渐递增；"KBC，1"指明载荷是阶跃载荷。默认值取决于分析类型（与 KBC 命令等价的 GUI 路径和与 DELTIM 和 NSUBST 命令等价的 GUI 路径相同）。

关于阶跃载荷和逐渐递增载荷的几点说明。

1）如果指定阶跃载荷，程序按相同的方式处理所有载荷（约束、集中载荷、表面载荷、体积载荷和惯性载荷）。根据情况，阶跃施加、阶跃改变或阶跃移去这些载荷。

2）如果指定逐渐递增载荷，那么在第一个载荷步施加的所有载荷，除了薄膜系数外，都是逐渐递增的（根据载荷的类型，从 0 或从 BFUNIF 命令或其等价的 GUI 路径所指定的值逐渐变化，参见表4-12）。薄膜系数是阶跃施加的。

表4-12　不同条件下逐渐变化载荷（KBC=0）的处理

载 荷 类 型	施加于第一个载荷步	输入随后的载荷步
DOF（约束自由度）		
温度	从 TUNIF2 逐渐变化	从 TUNIF3 逐渐变化
其他	从 0 逐渐变化	从 0 逐渐变化
力	从 0 逐渐变化	从 0 逐渐变化
表面载荷		
TBULK	从 TUNIF2 逐渐变化	从 TUNIF 逐渐变化
HCOEF	跳跃变化	从 0 逐渐变化
其他	从 0 逐渐变化	从 0 逐渐变化
体积载荷		
温度	从 TUNIF2 逐渐变化	从 TUNIF3 逐渐变化
其他	从 BFUNIF3 逐渐变化	从 BFUNIF3 逐渐变化
惯性载荷 1	从 0 逐渐变化	从 0 逐渐变化

5. 其他通用选项

1）热应力计算的参考温度，其默认值为 0。指定该温度的方法如下。

命令：TREF。

GUI：Main Menu>Preprocessor>Loads>Load Step Opts>Other>Reference Temp。

GUI：Main Menu>Preprocessor>Loads>Define Loads>Settings>Reference Temp。

GUI：Main Menu>Solution>Load Step Opts>Other>Reference Temp。

GUI：Main Menu>Solution>Define Loads>Settings>Reference Temp。

2）对每个解（即：每个平衡迭代）是否需要一个新的三角矩阵。仅在静态（稳态）分析或瞬态分析中，使用下列方法之一，可生成一个新的三角矩阵。

命令：KUSE。

GUI：Main Menu>Preprocessor>Loads>Load Step Opts>Other>Reuse Tri Matrix。

GUI：Main Menu>Solution>Load Step Opts>Other>Reuse Tri Matrix。

默认情况下，程序根据 DOF 约束的变化、温度相关材料的特性，以及 New-Raphson 选项确定是否需要一个新的三角矩阵。如果 KUSE 设置为 1，程序再次使用先前的三角矩阵。

在重新开始过程中，该设置非常有用：对附加的载荷步，如果要重新进行分析，而且知道所存在的三角矩阵（在文件 Jobname.TRI 中）可再次使用，通过将 KUSE 设置为 1，可节省大量的计算时机。"KUSE，-1"命令迫使在每个平衡迭代中三角矩阵再次用公式表示。在分析中很少使用它，主要用于调试中。

3）模式数（沿周边谐波数）和谐波分量是全局 X 坐标轴是对称还是反对称。当使用反对称协调单元（反对称单元采用非反对称加载）时，载荷被指定为一系列谐波分量（傅立叶级数）。

📖 4.3.2 非线性选项

用于非线性分析的选项如表 4-13 所示。

表 4-13　非线性分析选项

命　　令	GUI 菜单路径	功　　能
NEQIT	Main Menu>Preprocessor>Loads>Load Step Opts>Nonlinear>Equilibrium Iter Main Menu>Solution>Load Step Opts>Sol'n Control Main Menu>Solution>Load Step Opts>Nonlinear>Equilibrium Iter Main Menu>Solution>Unabridged Menu>Nonlinear>Equilibrium Iter	指定每个子步最大平衡迭代的次数（默认=25）
CNVTOL	Main Menu>Preprocessor>Loads>Load Step Opts>Nonlinear>Convergence Crit Main Menu>Solution>Load Step Opts>Sol'n Control Main Menu>Solution>Load Step Opts>Nonlinear>Convergence Crit Main Menu>Solution>Unabridged Menu>Nonlinear>Convergence Crit	指定收敛公差
NCNV	Main Menu>Preprocessor>Loads>Load Step Opts>Nonlinear>Criteria to Stop Main Menu>Solution>Sol'n Control Main Menu>Solution>Load Step Opts>Nonlinear>Criteria to Stop Main Menu>Solution>Unabridged Menu>Nonlinear>Criteria to Stop	为终止分析提供选项

📖 4.3.3 动力学分析选项

用于动态和其他瞬态分析的选项如表 4-14 所示。

表 4-14　动态和其他瞬态分析选项

命　　令	GUI 菜单路径	功　　能
TIMINT	Main Menu>Preprocessor>Loads>LoadStepOpts>Time/Frequenc>Time Integration Main Menu>Solution>Load Step Opts>Sol'n Control Main Menu>Solution>LoadStepOpts>Time/Frequenc>Time Integration Main Menu>Solution>UnabridgedMenu>Time/Frequenc>Time Integration	激活或取消时间积分
HARFRQ	Main Menu>Preprocessor>Loads>Load Step Opts>Time/Frequenc>Freq & Substeps Main Menu>Solution>Load Step Opts>Time/Frequenc>Freq & Substeps	在谐波响应分析中指定载荷的频率范围
ALPHAD	Main Menu>Preprocessor>Loads>Load Step Opts>Time/Frequenc>Damping Main Menu>Solution>Load Step Opts>Sol'n Control　。 Main Menu>Solution>Load Step Opts>Time/Frequenc>Damping Main Menu>Solution>Unabridged Menu>Time/Frequenc>Damping	指定结构动态分析的阻尼

命　令	GUI 菜单路径	功　能
BETAD	Main Menu>Preprocessor>Loads>Load Step Opts>Time/Frequenc>Damping Main Menu>Solution>Load Step Opts>Sol'n Control。 Main Menu>Solution>Load Step Opts>Time/Frequenc>Damping Main Menu>Solution>Unabridged Menu>Time/Frequenc>Damping	指定结构动态 分析的阻尼
DMPRAT	Main Menu>Preprocessor>Loads>Load Step Opts>Time/Frequenc>Damping Main Menu>Solution>Time/Frequenc>Damping	指定结构动态 分析的阻尼
MDAMP	Main Menu>Preprocessor>Loads>Load Step Opts>Time/Frequenc>Damping Main Menu>Solution>Load Step Opts>Time/Frequenc>Damping	指定结构动态 分析的阻尼

4.3.4 输出控制

输出控制用于控制分析输出的数量和特性。如表 4-15 所示有两个基本输出控制。

表 4-15　输出控制命令

命　令	GUI 菜单路径	功　能
OUTRES	Main Menu>Preprocessor>Loads>Load Step Opts>Output Ctrls>DB/Results File Main Menu>Solution>Load Step Opts>Sol'n Control。 Main Menu>Solution>Load Step Opts>Output Ctrls>DB/Results File	控制 ANSYS 写入数据库 和结果文件的内容以及写入 的频率
OUTPR	Main Menu>Preprocessor>Loads>Load Step Opts>Output Ctrls>Solu Printout Main Menu>Solution>Load Step Opts>Output Ctrls>Solu Printout Main Menu>Solution>Load Step Opts>Output Ctrls>Solu Printout	控制打印（写入解输出文 件 Jobname.OUT）的内容以 及写入的频率

下例说明了 OUTERS 和 OUTPR 命令的使用。

```
OUTRES,ALL,5              !    写入所有数据：每到第 5 子步写入数据
OUTPR,NSOL,LAST           !    仅打印最后子步的节点解
```

可以发出一系列 OUTER 和 OUTERS 命令（达 50 个命令组合）以精确控制解地输出。但必须注意：命令发出的顺序很重要。例如，下列所示的命令把每到第 10 子步的所有数据和第 5 子步的节点解数据写入数据库和结果文件。

```
OUTRES,ALL,10
OUTRES,NSOL,5
```

然而，如果颠倒命令的顺序（如下所示），那么第二个命令优先于第一个命令，使每到第 10 子步的所有数据被写入数据库和结果文件，而每到第 5 子步的节点解数据则未被写入数据库和结果文件中。

```
OUTRES,NSOL,5
OUTRES,ALL,10
```

4.3.5 毕-萨选项

毕-萨选项中有两个用于磁场分析的命令，如表 4-16 所示。

表 4-16　用于磁场分析的命令

命　　令	GUI 菜单路径	用　　途
BIOT	Main Menu> Preprocessor> Loads> Load Step Opts> Magnetics> Options Only>Biot-Savart 　　Main Menu> Solution> Load Step Opts> Magnetics> Options Only>Biot-Savart	计算由于选择的源电流场所引起的磁场密度
EMSYM	Main Menu> Preprocessor> Loads> Load Step Opts> Magnetics> Options Only> Copy Sources 　　Main Menu> Solution> Load Step Opts> Magnetics> Options Only> Copy Sources	复制呈周向对称的源电流场

4.3.6　谱分析选项

这类选项中有许多命令，所有命令都用于指定响应谱数据和功率谱密度（PSD）数据。在频谱分析中，使用这些命令，参见帮助文件中的 ANSYS Structural Analysis Guide 说明。

4.3.7　创建多载荷步文件

所有载荷和载荷步选项一起构成了一个载荷步，程序用其计算该载荷步的解。如果有多个载荷步，可将每个载荷步存入一个文件，调入该载荷步文件，并从文件中读取数据求解。

LSWRITE 命令写载荷步文件（每个载荷步一个文件，以 Jobname.S01、Jobname.S02、Jobname.S03 等识别）。使用以下方法之一。

命令：LSWRITE。

GUI：Main Menu>Preprocessor>Loads>Load Step Opts>Write LS File。

GUI：Main Menu>Solution>Load Step Opts>Write LS File。

所有载荷步文件写入后，可以使用命令在文件中顺序读取数据，并求得每个载荷步的解。

4.4　实例——轴承座的载荷和约束施加

前面章节对轴承座模型进行了网格划分，生成了可用于计算分析的有限元模型。接下来需要对有限元模型施加载荷和约束，以考察其对于载荷作用的响应。

4.4.1　GUI 方式

（1）打开文件

打开上次保存的轴承座几何模型 BearingBlock.db 文件。

（2）设定分析类型

执行主菜单中的 Main Menu>Preprocessor>Loads>Analysis Type>New Analysis 命令，弹出 New Analysis 对话框，如图 4-7 所示，系统默认是稳态分析，单击 OK 按钮。

（3）打开线、面编号控制器

执行实用菜单中的 Utility Menu>PlotCtrls>Numbering 命令，弹出 Plot Numbering Controls 对话框，选中 LINE、AREA 后面的复选框，将 Off 改为 On。

（4）显示面

执行实用菜单中的 Utility Menu>Plot>Areas 命令。

（5）施加约束条件

1）约束 4 个安装孔。执行主菜单中的 Main Menu>Solution>Define Loads>Apply>Structural>Displacement>Symmetry B.C.>On Areas 命令，弹出 Apply SYMM on Areas 拾取框，拾取 4 个安装孔的 8 个柱面，即编号为 A56、A57、A52、A54、A15、A16、A17、A18 的面，单击 OK 按钮。

2）整个底座底部施加位移约束。执行主菜单中的 Main Menu>Solution>Define Loads>Apply>Structural>Displacement>on Lines 命令，弹出 Apply U, ROT on Lines 拾取框，拾取底座底面的所有外边界线，即编号为 L105、L89、L12、L60、L10、L59、L2、L87、L103、L104 的线，单击 OK 按钮，弹出 Apply U,ROT on Lines 对话框，如图 4-8 所示。在 Lab2 后面的列表框中选择 UY 选项，即约束 Y 方向的位移，单击 OK 按钮。施加完约束的模型如图 4-9 所示。

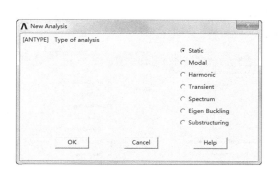

图 4-7　New Analysis 对话框

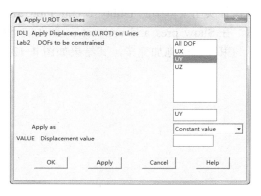

图 4-8　Apply U,ROT on Lines 对话框

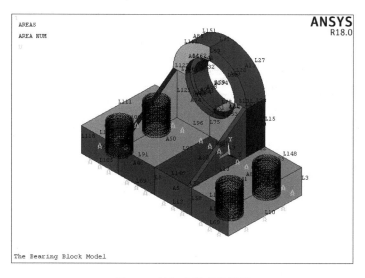

图 4-9　施加完约束的模型

（6）施加载荷

1）在轴承孔圆周上施加推力载荷。执行主菜单中的 Main Menu>Solution>Define Loads>

Apply>Structural>Pressure>On Areas 命令，弹出 Apply PRES on Areas 拾取框，拾取编号为 A22、A68、A76、A9 的面，单击 OK 按钮，弹出 Apply PRES on areas 对话框，如图 4-10 所示。在 VALUE 后面的文本框中输入 1000，单击 OK 按钮退出。

2）在轴承孔的下半部分施加径向压力载荷。执行主菜单中的 Main Menu>Solution>Define Loads>Apply>Structural>Pressure>On Areas 命令，弹出 Apply PRES on Areas 拾取框，拾取编号为 A36、A91 的面，单击 OK 按钮，再次弹出 Apply PRES on areas 对话框，在 VALUE 后面的文本框中输入 5000，单击 OK 按钮退出即可。

（7）关闭线、面编号控制器

执行实用菜单中的 Utility Menu>PlotCtrls>Numbering 命令，弹出 Plot Numbering Controls 对话框，选中 LINE、AREA 后面的复选框，将 On 变为 Off。

（8）用箭头显示压力值

执行实用菜单中的 Utility Menu>PlotCtrls>Symbols 命令，弹出 Symbols 对话框，如图 4-11 所示，在 Show pres and convect as 后面的下拉列表框中选择 Arrows 选项，单击 OK 按钮。至此，约束和载荷施加完毕，其结果如图 4-12 所示。

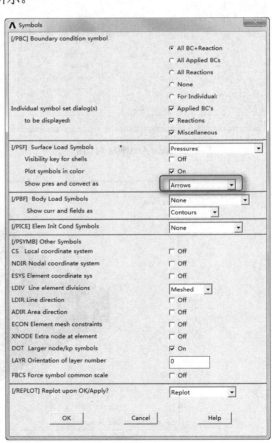

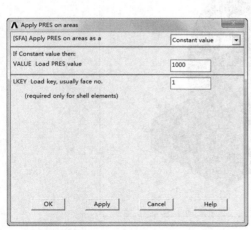

图 4-10　Apply PRES on areas 对话框　　　　　图 4-11　Symbols 对话框

（9）保存模型

单击 ANSYS Toolbar 工具栏中的 SAVE_DB 按钮，保存文件。

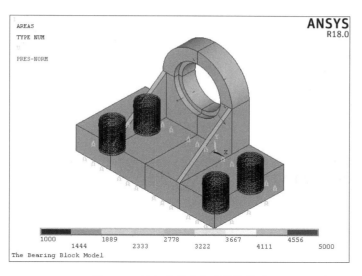

图 4-12 施加完约束和载荷的模型

📖 4.4.2 命令流方式

```
RESUME, BearingBlock,db,
/PREP7
ANTYPE,0
/PNUM,LINE,1
/PNUM,AREA,1
APLOT
FINISH
/SOL
FLST,2,8,5,ORDE,6
FITEM,2,15
FITEM,2,-18
FITEM,2,52
FITEM,2,54
FITEM,2,56
FITEM,2,-57
DA,P51X,SYMM
FLST,2,10,4,ORDE,9
FITEM,2,2
FITEM,2,10
FITEM,2,12
FITEM,2,59
FITEM,2,-60
FITEM,2,87
FITEM,2,89
FITEM,2,103
FITEM,2,-105
DL,P51X, ,UY,
FLST,2,4,5,ORDE,4
FITEM,2,22
```

```
FITEM,2,9
FITEM,2,68
FITEM,2,76
SFA,P51X,1,PRES,1000
FLST,2,2,5,ORDE,2
FITEM,2,36
FITEM,2,91
SFA,P51X,1,PRES,5000
/PNUM,LINE,0
/PNUM,AREA,0
/PSF,PRES,NORM,2,0,1
SAVE
```

第5章 求 解

本章导读

建立完有限元分析模型之后，就需要在模型上施加载荷来检查结构或构件对一定载荷条件的响应。

本章将讲述 ANSYS 求解的基本设置方法和相关技巧。

5.1 求解概论

ANSYS 能够求解由有限元方法建立的联立方程，求解的结果如下。

1）节点的自由度值，为基本解。

2）原始解的导出值，为单元解。

单元解通常是在单元的公共点上计算出来的，ANSYS 程序将结果写入数据库和结果文件（Jobname.RST，RTH，RMG，RFL）。

ANSYS 程序中有几种解联立方程的方法：直接求解法、稀疏矩阵直接解法、雅克比共轭梯度法（JCG）、不完全分解共轭梯度法（ICCG）、预条件共轭梯度法（PCG）、自动迭代法（ITER）以及分块解法（DDS）。默认为直接解法，可用以下方法选择求解器。

命令：EQSLV。

GUI：Main Menu > Preprocessor > Loads > Analysis Type > Analysis Options。

GUI：Main Menu > Solution > Load Step Options > Sol'n Control。

GUI：Main Menu > Solution > Analysis Options。

如果没有 Analysis Options 选项，则需要完整的菜单选项，调出完整的菜单选项方法为 GUI：Main Menu > Solution > Unabridged Menu。

表 5-1 提供了一般的准则，可有助于针对给定的问题选择合适的求解器。

表 5-1 求解器选择准则

解 法	典型应用场合	自 由 度	内存使用	硬盘使用
直接求解法	要求稳定性（非线性分析）或内存受限制时	自由度低于 50000	低	高
稀疏矩阵直接求解法	要求稳定性和求解速度（非线性分析）；线性分析时迭代收敛很慢时（尤其对病态矩阵，如形状不好的单元）	自由度为 10000~500000	中	高
雅克比共轭梯度法	在单场问题（如热、磁、声，多物理问题）中求解速度很重要时	自由度为 50000~1000000	中	低
不完全分解共轭梯度法	在多物理模型应用中求解速度很重要时，处理其他迭代法很难收敛的模型（几乎是无穷矩阵）	自由度为 50000~1000000	高	低
预条件共轭梯度法	当求解速度很重要时（大型模型的线性分析）尤其适合实体单元的大型模型	自由度为 50000~1000000	高	低
自动迭代法	类似于预条件共轭梯度法（PCG），不同的是它支持 8 台处理器并行计算	自由度为 50000~1000000	高	低
分块解法	该解法支持数十台处理器通过网络连接来完成并行计算	自由度为 1000000~ 10000000	高	低

📖 5.1.1　使用直接求解法

ANSYS 直接求解法是在求解器处理每个单元时，同时进行整体矩阵的组集和求解，其方法如下。

1）每个单元矩阵计算出后，求解器读入第一个单元的自由度信息。

2）程序通过写入一个方程到 TRI 文件，消去任何可以由其他自由度表达的自由度，该过程对所有单元重复进行，直到所有的自由度都被消去，只剩下一个三角矩阵在 TRIN 文件中。

3）程序通过回代法计算节点的自由度解，用单元矩阵计算单元解。

在直接求解法中经常提到"波前"这一术语，它是在三角化过程中因不能从求解器消去而保留的自由度数。随着求解器处理每个单元及其自由度时，波前就会膨胀和收缩，最后，当所有的自由度都处理过以后波前变为零。波前的最高值称为最大波前，而平均的、均方根值称为 RMS 波前。

一个模型的 RMS 波前值直接影响求解时间：其值越小，CPU 所用的时间越少，因此在求解前可能希望重新排列单元号以获得最小的波前值。ANSYS 程序在开始求解时会自动进行单元排序，除非已对模型重新排列过或者已经选择了不需要重新排列。最大波前值直接影响内存的需要，尤其是临时数据申请的内存空间。

📖 5.1.2　使用稀疏矩阵直接求解法求解器

稀疏矩阵直接求解法是建立在与迭代法相对应的直接消元法基础上的。迭代法通过间接的方法（也就是通过迭代法）获得方程的解。既然稀疏矩阵直接求解法是以直接消元为基础的，不良矩阵不会构成求解困难。

稀疏矩阵直接求解法不适用于 PSD 光谱分析。

📖 5.1.3　使用雅克比共轭梯度法求解器

雅克比共轭梯度法求解器也是从单元矩阵公式出发的，但是接下来的步骤就不同了，雅克比共轭梯度法不是将整体矩阵三角化而是对整体矩阵进行组集，求解器于是通过迭代收敛法计算自由度的解（开始时假设所有的自由度值全为 0）。雅克比共轭梯度法求解器最适合于包含大型的稀疏矩阵三维标量场的分析，如三维磁场分析。

有些场合，"1.0E-8"的公差默认值（通过命令 EQSLV，JCG 设置）可能太严格，会增加不必要的运算时间，大多数场合"1.0E-5"的值就可满足要求。

雅克比共轭梯度法求解器只适用于静态分析、全谐波分析或全瞬态分析（可分别使用 ANTYPE，STATIC；HROPT，FULL；TRNOPT，FULL 命令指定分析类型）。

对所有的共轭梯度法，必须非常仔细地检查模型的约束是否恰当，如果存在任何刚体运动，将不会求得最小主元，求解器会不断迭代。

📖 5.1.4　使用不完全分解共轭梯度法求解器

不完全分解共轭梯度法与雅克比共轭梯度法在操作上相似，但有以下几方面不同。

1）不完全分解共轭梯度法比雅克比共轭梯度对病态矩阵更具有稳固性，其性能因矩阵调整状况而不同，但总的来说，不完全分解共轭梯度法的性能与雅克比共轭梯度法的性能相当。

2）不完全分解共轭梯度法比雅克比共轭梯度法需要更复杂的先决条件，使用不完全分解共轭梯度法需要大约两倍于雅克比共轭梯度法的内存。

不完全分解共轭梯度法只适用于静态分析，全谐波分析或全瞬态分析（可分别使用 ANTYPE，STATIC；HROPT，FULL；TRNOPT，FULL 命令指定分析类型），不完全分解共轭梯度法对具有稀疏矩阵的模型很适用，对对称矩阵及非对称矩阵同样有效。不完全分解共轭梯度法比直接解法速度更快。

📖 5.1.5 使用预条件共轭梯度法求解器

预条件共轭梯度法与雅克比共轭梯度法在操作上相似，但有以下几方面不同。

1）预条件共轭梯度法解实体单元模型比雅克比共轭梯度法大约快 4～10 倍，对壳体构件模型大约快 10 倍，存储量随着问题规模的增大而增大。

2）预条件共轭梯度法使用 EMAT 文件，而不是 FULL 文件。

3）雅克比共轭梯度法使用整体装配矩阵的对角线作为预条件矩阵，预条件共轭梯度法使用更复杂的预条件矩阵。

4）预条件共轭梯度法通常需要大约两倍于雅克比共轭梯度法的内存，因为在内存中保留了两个矩阵（预条件矩阵，它几乎与刚度矩阵大小相同；对称的、刚度矩阵的非零部分）。

可以使用"/RUNST"命令或 GUI 菜单路径（Main Menu > Run-Time Stas）来决定所需要的空间或波前的大小，需分配专门的内存。

预条件共轭梯度法所需的空间通常少于直接求解法的 1/4，存储量随着问题规模大小而增减。

预条件共轭梯度法通常解大型模型（波前值大于 1000）时比直接解法要快。

预条件共轭梯度法最适用于结构分析。它对具有对称、稀疏、有界和无界矩阵的单元有效，适用于静态或稳态分析和瞬态分析或子空间特征值分析（振动力学）。

预条件共轭梯度法主要解决位移/转动（在结构分析中）、温度（在热分析中）等问题，其他导出变量的准确度（如应力、压力、磁通量等）取决于原变量的预测精度。

直接求解的方法（如直接求解法、稀疏直接求解法）可获得非常精确的矢量解，而间接求解的方法（如预条件共轭梯度法）主要依赖于指定的收敛准则，因此放松默认公差将对精度产生重要影响，尤其对导出量的精度。

对具有大量的约束方程的问题或具 SHELL150 单元的模型，建议不要采用预条件共轭梯度法，对这些类型的模型可以采用直接求解法。同样，预条件共轭梯度法不支持 SOLID63 和 MATRIX50 单元。

所有的共轭梯度法，必须非常仔细地检查模型的约束是否合理，如果有任何刚体运动，将不会求得最小主元，求解器会不断迭代。

当预条件共轭梯度法遇到一个无限矩阵，求解器会调用一种处理无限矩阵的算法，如果预条件共轭梯度法的无限矩阵算法失败（这种情况出现在当方程系统是病态的，如子步失去联系或塑性链的发展），将会触发一个外部的 Newton-Raphson 循环，执行一个二等分操作，通常，刚度矩阵在二等分后将会变成良性矩阵，而且预条件共轭梯度法能够最终求解所有的非线性步。

📖 5.1.6 使用自动迭代解法选项

自动迭代解法选项（通过命令 EQSLV，ITER）将选择一种合适的迭代法（PCG、JCG

等），它基于正在求解问题的物理特性。使用自动迭代法时，必须输入精度水平，该精度必须是 1~5 之间的整数，用于选择迭代法的公差供检验收敛情况。精度水平 1 对应最快的设置（迭代次数少），而精度水平 5 对应最慢的设置（精度高，迭代次数多），ANSYS 选择公差是以选择精度水平为基础的。例如。

- 线性静态或线性全瞬态结构分析时，精度水平为 1，相当于公差为 1.0E-4，精度水平为 5，相当于公差为 1.0E-8。
- 稳态线性或非线性热分析时，精度水平为 1，相当于公差为 1.0E-5，精度水平为 5，相当于公差为 1.0E-9。
- 瞬态线性或非线性热分析时，精度水平为 1，相当于公差为 1.0E-6，精度水平为 5，相当于公差为 1.0E-10。

该求解器选项只适用于线性静态或线性全瞬态的瞬态结构分析和稳态/瞬态线性或非线性热分析。

因解法和公差以待求解问题的物理特性和条件为基础进行选择，建议在求解前执行该命令。

当选择了自动迭代选项，且满足适当条件时，在结构分析和热分析过程中将不会产生 Jobname.EMAT 文件和 Jobname.EROT 文件，对包含相变的热分析不建议使用该选项。当选择了该选项，但不满足恰当的条件时，ANSYS 将会使用直接求解的方法，并产生一个注释信息：告知求解时所用的求解器和公差。

📖 5.1.7　获得解答

开始求解，可进行以下操作。

命令：SOLVE。

GUI：Main Menu > Solution > Current LS or Run FLOTRAN。

因为求解阶段与其他阶段相比，一般需要更多的计算机资源，所以批处理（后台）模式要比交互式模式更适宜。

求解器将输出写入输出文件（Jobname.OUT）和结果文件中，如果以交互模式运行求解的话，输出文件就是屏幕。当执行 SOLVE 命令前使用下述操作，可以将输出送入一个文件而不是屏幕。

命令：/OUTPUT。

GUI：Utility Menu > File > Switch Output to > File or Output Window。

写入输出文件的数据由如下内容组成。

- 载荷概要信息。
- 模型的质量及惯性矩。
- 求解概要信息。
- 最后的结束标题，给出总的 CPU 时间和各过程所用的时间。
- 由 OUTPR 命令指定的输出内容以及绘制云纹图所需的数据。

在交互模式中，大多数输出是被压缩的，结果文件（RST，RTH，RMG 或 RFL）包含所有的二进制方式的文件，可在后处理程序中进行浏览。

在求解过程中产生的另一有用文件是 Jobname.STAT，它给出了解答情况。程序运行时可用该文件来监视分析过程，对非线性和瞬态分析的迭代分析尤其有用。

SOLVE 命令还能对当前数据库中的载荷步数据进行计算求解。

5.2 利用特定的求解控制器来指定求解类型

当在求解某些结构分析类型时，可以利用如下两种特定的求解工具。

● Abridged Solution 菜单选项：只适用于静态、全瞬态、模态和屈曲分析类型。

● Solution Controls 对话框：只适用于静态和全瞬态分析类型。

5.2.1 使用 Abridged Solution 菜单选项

当使用图形界面方式进行结构静态、瞬态、模态或者屈曲分析时，将选择是否使用 Abridged Solution 或者 Unabridged Solution 菜单选项。

1）Unabridged Solution 菜单选项列出了在当前分析中可能使用的所有求解选项，无论其是被推荐的还是可能的（如果在当前分析中不可能使用的选项，那么其将层现灰色）。

2）Abridged Solution 菜单选项较为简易，仅仅列出了分析类型所必需的求解选项。例如，当进行静态分析时，选项 Modal Cyclic Sym 将不会出现在 Abridged Solution 菜单选项中，只有那些有效且被推荐的求解选项才出现。

当结构分析中，当进入 SOLUTION 模块（GUI 菜单路径：Main Menu > Solution）时，Abridged Solution 菜单选项为默认值。

当进行的分析类型是静态或全瞬态时，可以通过这种菜单完成求解选项的设置。然而，如果选择了不同的一个分析类型，Abridged Solution 菜单选项的默认值将被一个不同的 Solution 菜单选项所代替，而新的菜单选项将符合新选择的分析类型。

当进行分析后又选择一个新的分析类型，那么将（默认地）得到和第一次分析相同的 Solution 菜单选项类型。例如，当选择使用 Unabridged Solution 菜单选项来进行静态分析后，又选择进行新的屈曲分析，此时将得到（默认）适用于屈曲分析 Unabridged Solution 菜单选项。但是，在分析求解阶段的任何时候，通过选择合适的菜单选项，都可以在 Unabridged 和 Abridged Solution 菜单选项之间切换（GUI 菜单路径：Main Menu > Solution > Unabridged Menu 或 Main Menu > Solution > Abridged Menu）。

5.2.2 使用 Solution Controls 对话框

当进行结构静态或全瞬态分析时，可以使用求解控制对话框来设置分析选项。求解控制对话框包括 5 个选项，每个选项包含一系列的求解控制。对于指定多载荷步分析中每个载荷步的设置，求解控制对话框是非常有用的。

只要进行结构静态或全瞬态分析，那求解菜单必然包含求解控制对话框选项。当选择 Sol'n Control 菜单项，弹出如图 5-1 所示的 Solution Controls（求解控制）对话框。此对话框提供了简单的图形界面来设置分析和载荷步选项。

一旦打开 Solution Controls 对话框，Basic 选项卡被激活，如图 5-1 所示。完整的选项卡按顺序从左到右依次是：Basic、Transient、Sol'n Options、Nonlinear、Advanced NL。

每套控制逻辑上分在一个选项卡里，最基本的控制出现在第一个选项卡里，而后续的选项卡里提供了更高级的求解控制选项。Transient 选项卡包含瞬态分析求解控制，仅当分析类型为瞬态分析时才可用，否则层现灰色。

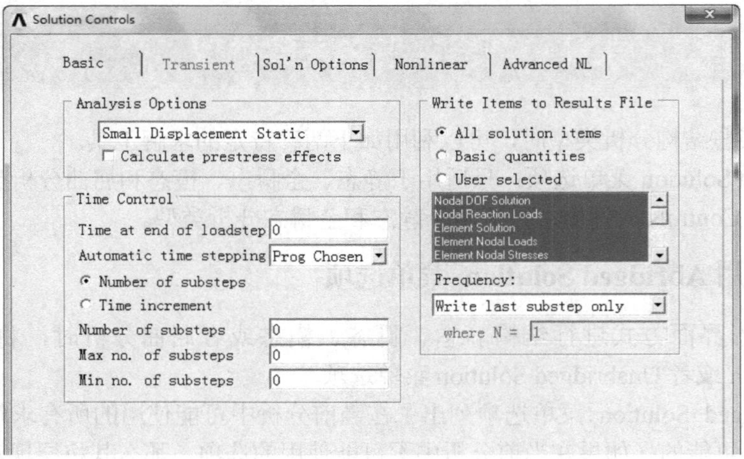

图 5-1　Solution Controls 对话框

每个 Solution Controls 对话框中的选项对应一个 ANSYS 命令，如表 5-2 所示。

表 5-2　**Solution Controls 对话框中各命令**

选 项 卡	对应的命令	功　能
Basic	ANTYPE, NLGEOM, TIME, AUTOTS, NSUBST, DELTIM, OUTRES	指定分析类型 控制时间设置 指定写入 ANSYS 数据库中结果数据
Transient	TIMINT, KBC, ALPHAD, BETAD, TINTP	指定瞬态选项 指定阻尼选项 定义积分参数
Sol'n Options	EQSLV, RESCONTROL	指定方程求解类型 指定重新多个分析的参数
Nonlinear	LNSRCH, PRED, NEQIT, RATE, CUTCONTROL, CNVTOL	控制非线性选项 指定每个子步迭代的最大次数 指明是否在分析中进行蠕变计算 控制二分法 设置收敛准则
Advanced NL	NCNV, ARCLEN, ARCTRM	指定分析终止准则 控制弧长法的激活与中止

一旦对 Basic 选项卡的设置满意，那么就不需要对其余的选项卡选项进行处理，除非想要改变某些高级设置。

无论是对一个还是多个选项卡进行设置，仅当单击 OK 按钮关闭对话框后，这些改变才被写入 ANSYS 数据库。

5.3　多载荷步求解

5.3.1　多重求解法

多重求解法是最直接的，它在每个载荷步定义好后执行 SOLVE 命令。其主要的缺点是，在交互使用时必须等到每一步求解结束后才能定义下一个载荷步。典型的多重求解法命令流如下。

```
/SOLU                    ! 进入 SOLUTION 模块
...
! Load step 1:           ! 载荷步 1
D,...
SF,...
0
SOLVE                    ! 求解载荷步 1
! Load step 2            ! 载荷步 2
F,...
SF,...
...
SOLVE                    ! 求解载荷步 2
Etc.
```

5.3.2　使用载荷步文件法

载荷步文件法包括写入每一载荷步到载荷步文件中（通过 LSWRITE 命令或相应的 GUI 方式），通过一条命令就可以读入每个文件并获得解答（参见第 3 章了解产生载荷步文件的详细内容）。

要求解多载荷步，有如下两种方式。

命令：LSSOLVE。

GUI：Main Menu > Solution > From Ls Files。

LSSOLVE 命令其实是一条宏指令，它按顺序读取载荷步文件，并开始每一载荷步的求解。载荷步文件法的示例命令流如下。

```
/SOLU                    ! 进入求解模块
...
! Load Step 1:           ! 载荷步 1
D,...                    ! 施加载荷
SF,...
...
NSUBST,...               ! 载荷步选项
KBC,...
OUTRES,...
OUTPR,...
...
LSWRITE                  ! 写载荷步文件：Jobname.S01
! Load Step 2:
D,...
SF,...
...
NSUBST,...               ! 载荷步选项
KBC,...
OUTRES,...
OUTPR,...
...
```

```
LSWRITE                  ! 写载荷步文件：Jobname.S02
...
0
LSSOLVE,1,2              ! 开始求解载荷步文件 1 和 2
```

5.3.3 使用数组参数法（矩阵参数法）

主要用于瞬态或非线性静态（稳态）分析，需要了解有关数组参数和 DO 循环的知识，这是 APDL（ANSYS 参数设计语言）中的部分内容，详细内容可以参考 ANSYS 帮助文件中的 APDL PROGRAMMER'S GUIDE"了解 APDL。数组参数法包括用数组参数法建立载荷—时间关系表，下面给出了最好的解释。

假定有一组随时间变化的载荷，如图 5-2 所示。有 3 个载荷函数，所以需要定义 3 个数组参数，所有的 3 个数组参数必须是表格形式，力函数有 5 个点，所以需要一个 5×1 的数组，压力函数需要一个 6×1 的数组，而温度函数需要一个 2×1 的数组，注意到 3 个数组都是一维的，载荷值放在第一列，时间值放在第 0 列（第 0 列、0 行，一般包含索引号，如果把数组参数定义为一张表格的话，第 0 列、0 行必须改变，且填上单调递增的编号组）。

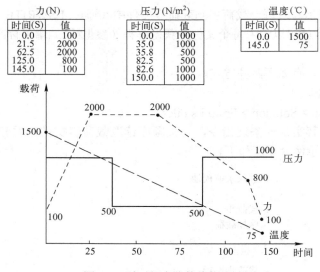

图 5-2　随时间变化的载荷示例

要定义 3 个数组参数，必须申明其类型和维数，可以使用以下两种方式。
命令：*DIM。
GUI：Utility Menu > Parameters > Array Parameters > Define/Edit。
例如：

```
*DIM,FORCE,TABLE,5,1
*DIM,PRESSURE,TABLE,6,1
*DIM,TEMP,TABLE,2,1
```

可用数组参数编辑器（GUI：Utility Menu > Parameters > Array Parameters > Define/Edit）或者一系列"＝"命令填充这些数组，后一种方法如下。

```
FORCE(1,1)=100,2000,2000,800,100                    ! 第 1 列力的数值
FORCE(1,0)=0,21.5,50.9,98.7,112                     ! 第 0 列对应的时间
FORCE(0,1)=1                                          ! 第 0 行
PRESSURE(1,1)=1000,1000,500,500,1000,1000
PRESSURE(1,0)=0,35,35.8,74.4,76,112
PRESSURE(0,1)=1
TEMP(1,1)=800,75
TEMP(1,0)=0,112
TEMP(0,1)=1
```

现在已经定义了载荷历程，要加载并获得解答，需要构造一个如下所示的 DO 循环（通过使用命令*DO 和*ENDDO）。

```
TM_START=1E-6                               ! 开始时间（必须大于 0）
TM_END=112                                  ! 瞬态结束时间
TM_INCR=1.5                                 ! 时间增量
! 从 TM_START 开始到 TM_END 结束，步长 TM_INCR
*DO,TM,TM_START,TM_END,TM_INCR
TIME,TM                                     ! 时间值
F,272,FY,FORCE(TM)                          ! 随时间变化的力（节点 272 处，方向 FY）
NSEL,...                                    ! 在压力表面上选择节点
SF,ALL,PRES,PRESSURE(TM)                    ! 随时间变化的压力
NSEL,ALL                                    ! 激活全部节点
NSEL,...                                    ! 选择有温度指定的节点
BF,ALL,TEMP,TEMP(TM)                        ! 随时间变化的温度
NSEL,ALL                                    ! 激活全部节点
SOLVE                                       ! 开始求解
*ENDDO
```

用这种方法，可以非常容易地改变时间增量（TM_INCR 参数），用其他方法改变如此复杂的载荷历程的时间增量将是很麻烦的。

5.4 重新启动分析

有时，在第一次运行完成后也许要重新启动分析过程，例如想将更多的载荷步加到分析中来，在线性分析中也许要加入其他的加载条件，或在瞬态分析中加入另外的时间历程加载曲线，或者在非线性分析收敛失败时需要恢复。

在了解重新开始求解之前，有必要知道如何中断正在运行的作业。通过系统的帮助函数，如系统中断，发出一个删除信号，或在批处理文件队列中删除项目。然而，对于非线性分析，这不是好的方法。因为以这种方式中断的作业将不能重新启动。

在一个多任务操作系统中完全中断一个非线性分析时，会产生一个放弃文件，命名为Jobname.ABT（在一些区分大小的系统上，文件名为 Jobname.abt）。第一行的第一列开始含有单词"非线性"。在平衡方程迭代的开始，如果 ANSYS 程序发现在工作目录中有这样一个文件，分析过程将会停止，并能在以后重新启动。

若通过指定的文件来读取命令（/INPUT）（GUI 路径：Main Menu > Preprocessor > Material Props > Material Library 或 Utility Menu > File > Read Input from），那么放弃文件将会中

断求解，但程序依然继续从这个指定的输入文件中读取命令。于是，任何包含在这个输入文件中的后处理命令将会被执行。

要重新启动分析，模型必须满足如下条件。

1）分析类型必须是静态（稳态）、谐波（二维磁场）或瞬态（只能是全瞬态），其他的分析不能被重新启动。

2）在初始运算中，至少已完成了一次迭代。

3）初始运算不能因"删除"作业、系统中断或系统崩溃被中断。

4）初始运算和重启动必须在相同的 ANSYS 版本下进行。

📖 5.4.1 重新启动一个分析

通常一个分析的重新启动要求初始运行作业的某些文件，并要求在 SOLVE 命令前没有进行任何的改变。

1. 重启动一个分析的要求

在初始运算时必须得到以下文件。

1）Jobname.DB 文件：在求解后，POST1 后处理之前保存的数据库文件，必须在求解以后保存这个文件，因为许多求解变量在求解程序开始以后设置的，在进入 POST1 前保存该文件，因为在后处理过程中，SET 命令（或功能相同的 GUI 菜单路径）将用这些结果文件中的边界条件改写存储器中的已经存在的边界条件。接下来的 SAVE 命令将会存储这些边界条件（对于非收敛解，数据库文件是自动保存的）。

2）Jobname.EMAT 文件：单元矩阵。

3）Jobname.ESAV 或 Jobname.OSAV 文件：Jobname.ESAV 文件保存单元数据，Jobname.OSAV 文件保存旧的单元数据。Jobname.OSAV 文件只有当 Jobname.ESAV 文件丢失、不完整或由于解答发散，或因位移超出了极限，或因主元为负引起 Jobname.ESAV 文件不完整或出错时才用到（如表 5-2 所示）。在 NCNV 命令中，如果 KSTOP 被设为 1（默认值）或 2、或自动时间步长被激活，数据将写入 Jobname.OSAV 文件中。如果需要 Jobname.OSAV 文件，必须在重新启动时把它改名为 Jobname.ESAV 文件。

4）结果文件：不是必需的，但如果有，重新启动运行得出的结果将通过适当的有序载荷步和子步号追加到这个文件中。如果因初始运算结果文件的结果设置数超出而导致中断的话，需在重新启动前将初始结果文件名重命名。这可以通过执行 ASSIGN 命令（或 GUI 菜单路径：Utility Menu > File > ANSYS File Options）实现。

如果由于不收敛、时间限制、中止执行文件（Jobname.ABT）或其他程序诊断错误引起程序中断的话，数据库会自动保存，求解输出文件（Jobname.OUT 文件）会列出这些文件和其他一些在重新启动时所需的信息。中断原因和重新启动所需的保存单元数据文件如表 5-3 所示。

表 5-3 非线性分析重新启动信息

中断原因	保存的单元数据库文件	所须的正确操作
正常	Jobname.ESAV	在作业的末尾添加更多载荷步
不收敛	Jobname.OSAV	定义较小的时间步长，改变自适应衰减选项或采取其他措施加强收敛，在重新启动前把 Jobname.OSAV 文件名改为 Jobname.ESAV 文件
因平衡迭代次数不够引起的不收敛	Jobname.ESAV	如果解正在收敛，允许更多的平衡方程式（ENQIT 命令）

中断原因	保存的单元数据库文件	所须的正确操作
超出累积迭代极限（NCNV 命令）	Jobname.ESAV	在 NCNV 命令中增加 ITLIM
超出时间限制（NCNV 命令）	Jobname.ESAV	无（仅需要重新启动分析）
超出位移限制（NCNV 命令）	Jobname.OSAV	与不收敛情况相同
主元为负	Jobname.OSAV	与不收敛情况相同
Jobname.ABT 文件 解是收敛的 解是分散的	Jobname.EMAV, Jobname.OSAV	做任何必要的改变，以便能访问引起主动中断分析的行为
结果文件"满"（超过 1000 子步），时间步长输出	Jobname.ESAV	检查 CNVTOL，DELTIM 和 NSUBST 或 KEYOPT（7）中的接触单元的设置，或在求解前在结果文件（/CONFIG，NRES）中指定允许的较大的结果数，或减少输出的结果数，还要为结果文件改名（/ASSIGN）
"删除"操作（系统中断），系统崩溃，或系统超时	不可用	不能重新启动

如果在先前运算中产生.RDB,.LDHI 或.Rnnn 文件，那么必须在重新启动前删除它们。

在交互模式中，已存在的数据库文件会首先写入到备份文件（Jobname.DBB）中。在批处理模式中，已存在的数据库文件会被当前的数据库信息所替代，不进行备份。

2．重启动一个分析的过程

1）进入 ANSYS 程序，给定与第一次运行时相同的文件名（执行/FILNAME 命令或 GUI 菜单路径：Utility Menu > File > Change Jobname）。

2）进入求解模块（执行命令/SOLU 或 GUI 菜单路径：Main Menu>Solution），然后恢复数据库文件（执行命令 RESUME 或 GUI 菜单路径：Utility Menu>File>Resume Jobname.db）。

3）说明这是重新启动分析（执行命令"ANTYPE,,REST"或 GUI 菜单路径：Main Menu > Solution > Restart）。

4）按需要规定修正载荷或附加载荷，从前面的载荷值调整坡道载荷的起始点，新加的坡道载荷从零开始增加，新施加的体积载荷从初始值开始。删除的重新加上的载荷可视为新施加的载荷，而不用调整。待删除的表面载荷和体积载荷，必须减小至零或到初始值，以保持 Jobname.ESAV 文件和 Jobname.OSAV 文件的数据库一样。

如果是从收敛失败重新启动的话，务必采取所需的正确操作。

5）指定是否要重新使用三角化矩阵（Jobname.TRI 文件),可用以下操作。

命令：KUSE。

GUI：Main Menu > Preprocessor > Loads > Other > Reuse Tri Matrix。

GUI：Main Menu > Solution > Other > Reuse Tri Matrix。

默认时，ANSYS 为重启动第一载荷步计算新的三角化矩阵，通过执行"KUSE，1"命令，可以强制允许再使用已有的矩阵，这样可节省大量的计算时间。然而，仅在某些条件下才能使用 Jobname.TRI 文件，尤其当规定的自由度约束没有发生改变，且为线性分析时。

通过执行"KUSE，-1"命令，可以使 ANSYS 重新形成单元矩阵，这样对调试程序和处理错误是有用的。

有时，可能需根据不同的约束条件来分析同一模型，如一个 1/4 对称的模型（具有对称-对称（SS）、对称-反对称（SA）、反对称-对称（AS）和反对称-反对称（AA）条件）。在这种情况下，必须牢记以下几点。

- 4种情况（SS, SA, AS, AA）都需要新的三角形矩阵。
- 可以保留 Jobname.TRI 文件的副本用于各种不同工况，在适当时候使用。
- 可以使用子结构（将约束节点作为主自由度）以减少计算时间。

6）发出 SOLVE 命令初始化重新启动求解。

7）对附加的载荷步（若有的话）重复步骤 4）～6），或使用载荷步文件法产生和求解多载荷步，使用下述命令。

命令：LSWRITE。

GUI：Main Menu > Preprocessor > Loads > Write LS File。

GUI：Main Menu > Solution > Write LS File。

命令：LSSOLVE。

GUI：Main Menu > Solution > From LS Files。

8）按需要进行后处理，然后推出 ANSYS。

重新启动输入列表示例如下。

```
!    Restart run：
/FILNAME,...                    ! 工作名
RESUME
/SOLU
ANTYPE,,REST                    ! 指定为前述分析的重新启动
!
! 指定新载荷、新载荷步选项等
! 对非线性分析，采用适当的正确操作
!
SOLVE                          ! 开始重新求解
SAVE                           ! SAVE 选项供后续可能进行的重新启动使用
FINISH
! 按需要进行后处理
/EXIT,NOSAV
```

3. 重建边界条件

有时，后处理过程先于重新启动，如果在后处理期间执行 SET 命令或 SAVE 命令的话，数据库中的边界条件会发生改变，变成与重新启动分析所需的边界条件不一致。默认条件下，程序在退出前会自动保存文件。在求解结束时，数据库存储器中存储的是最后的载荷步的边界条件（数据库只包含一组边界条件）。

POST1 中的 SET 命令（不同于 SET，LAST）为指定的结果将边界条件读入数据库，并改写存储器中的数据库。如果接下来保存或推出文件，ANSYS 会从当前的结果文件开始，通过 D'S 和 F'S 改写数据库中的边界条件。然而，要从上一求解子步开始执行边界条件变化的重启动分析，需有求解成功的上一求解子步边界条件。

要为重新启动重建正确的边界条件，首先要运行"虚拟"载荷步，过程如下。

1）将 Jobname.OSAV 文件改名为 Jobname.ESAV 文件。

2）进入 ANSYS 程序，指定使用与初始运行相同的文件名（可执行命令/FILNAME 或 GUI 菜单路径：Utility Menu > File > Change Jobname）。

3）进入求解模块（执行命令/SOLU 或 GUI 菜单路径：Main Menu>Solution），然后

恢复数据库文件（执行命令 RESUME 或 GIU 菜单路径：Utility Menu>File>Resume Jobname.db）。

4）说明这是重新启动分析（执行命令 ANTYPE,,REST 或 GUI 菜单路径：Main Menu > Solution > Restart）。

5）从上一次已成功求解过的子步开始重新规定边界条件，因解答能够立即收敛，故一个子步就够了。

6）执行 SOLVE 命令。GUI 菜单路径：Main Menu>Solution>Current LS 或 Main Menu > Solution > Run FLOTRAN。

7）按需要施加最终载荷及加载步选项。如加载步为前面（在虚拟前）加载步的延续，需调整子步的数量（或时间步步长），时间步长编号可能会发生变化，与初始意图不同。如需要保持时间步长编号（如瞬态分析），可在步骤6）中使用一个小的时间增量。

8）重新开始一个分析过程。

📖 5.4.2 多载荷步文件的重启动分析

当进行一个非线性静态或全瞬态结构分析时，ANSYS 程序在默认情况下为多载荷步文件的重启动分析建立参数。多载荷步文件的重启动分析允许在计算过程中的任一子步保存分析信息，然后在其中一个子步上重新启动。在初始分析之前，应该执行命令 RESCONTROL 来指定在每个运行载荷子步中重新启动文件的保存频率。

当需要重启动一个作业时，使用 ANTYPE 命令来指定重新启动分析的点及其分析类型。可以继续作业从重启动点（进行一些必要的纠正）或者在重启动点终止一个载荷步（重新施加这个载荷步的所有载荷）然后继续下一个载荷步。

如果想要终止这种多载荷步文件的重新启动分析特性而改用一个文件的重新启动分析，执行"RESCONTROL,DEFINE,NONE"命令，接着如上所述进行单个文件重新启动分析（命令：ANTYPE,,REST），当然保证.LDHI，.RDB 和.Rnnn 文件已经从当前目录中被删除。

如果使用求解控制对话框进行静态或全瞬态分析，那么就能够在求解对话框选项标签页中指定基本的多载荷重新启动分析选项。

1．多载荷步文件重启动分析的要求

1）Jobname.RDB：ANSYS 程序数据库文件，在第一载荷步，第一工作子步的第一次迭代中被保存。此文件提供了对于给定初始条件的完全求解描述，无论对作业重新启动分析多少次，其都不会改变。当运行一作业时，在执行 SOLVE 命令前应该输入所有需要求解的信息，包括参数语言设计（APDL）、组分、求解设置信息）。在执行第一个 SOLVE 命令前，如果没有指定参数，那么参数将被保存在.RDB 文件中。这种情况下，必须在开始求解前执行"PARSAV"命令并且在重新启动分析时执行 PARRES 命令来保存并恢复参数。

2）Jobname.LDHI：此文件是指定作业的载荷历程文件。此文件是一个 ASCII 文件，相似于用命令 LSWRITE 创建的文件，并存储每个载荷步所有的载荷和边界条件。载荷和边界条件以有限单元载荷的形式被存储。如果载荷和边界条件是施加在实体模型上的，载荷和边界条件将先被转化为有限单元载荷，然后存入 Jobname.LDHI 文件。当进行多载荷重启动分析时，ANSYS 程序从此文件读取载荷和边界条件（相似于 LSREAD 命令）。此文件在每个载荷步结束时或当遇到"ANTYPE,,REST, LDSTEP, SUBSTEP, ENDSTEP"这些命令时被修正。

3）Jobname.Rnnn：与.ESAV 或.OSAV 文件相似，也是保存单元矩阵的信息。这一文件包含了载荷步中特定子步的所有求解命令及状态。所有的.Rnnn 文件都是在子步运算收敛时被保存，因此所有的单元信息记录都是有效的。如果一个子步运算不收敛，那么对应于这个子步，没有.Rnnn 文件被保存，代替的是先前一子步运算的.Rnnn 文件。

多载荷步文件的重启动分析有以下几个限制。

1）不支持 KUSE 命令。一个新的刚度矩阵和相关.TRI 文件产生。

2）在.Rnnn 文件中没有保存 EKILL 和 EALIVE 命令，如果 EKILL 或 EALIVE 命令在重启动过程中需要执行，那么必须自己执行这些命令。

3）.RDB 文件仅仅保存在第一载荷步的第一个子步中可用的数据库信息。

4）不能够在求解水平下重启作业（例如，PCG 迭代水平）。作业能够被重启动分析在更低的水平（例如，瞬时或 Newton-Raphson 循环）。

5）当使用弧长法时，多载荷文件重新启动分析不支持命令 ANTYPE 的 ENDSTEP 选项。

6）所有的载荷和边界条件存储在 Jobname.LDHI 文件中，因此，删除实体模型的载荷和边界条件将不会影响从有限单元中删除这些载荷和边界条件。必须直接从单元或节点中删除这些条件。

2．多载荷步文件重启动分析的过程

1）进入 ANSYS 程序，指定与初始运行相同的工作名（执行/FILNAME 命令或 GUI 菜单路径：Utility Menu > File > Change Jobname）。进入求解模块（执行/SOLU 命令或 GUI 菜单路径：Main Menu > Solution）。

2）通过执行"RESCONTROL，FILE_SUMMARY"命令决定从哪个载荷步和子步重新启动分析。这一命令将在.Rnnn 文件中记录载荷步和子步的信息。

3）恢复数据库文件并表明这是重新启动分析（执行"ANTYPE,,REST，LDSTEP，SUBSTEP，Action"命令或 GUI 菜单路径：Main Menu > Solution > Restart）。

4）指定修正或附加的载荷。

5）开始重新求解分析（执行 SOLVE 命令）。必须执行 SOLVE 命令，当进行任一重新启动行为时，包括 ENDSTEP 或 RSTCREATE 命令。

6）进行需要的后处理，然后推出 ANSYS 程序。

在分析中对特定的子步创建结果文件示例如下。

```
! Restart run:
/solu
antype,,rest,1,3,rstcreate        ! 创建.RST 文件
! step 1, substep 3
outres,all,all                    ! 存储所有的信息到.RST 文件中
outpr,all,all                     ! 选择打印输出
solve                             ! 执行.RST 文件生成
finish
/post1
set,,1,3                          ! 从载荷步 1 获得结果
! substep 3
prnsol
finish
```

对不太复杂的"小规模到中等规模"的 ANSYS 分析，大多数会按本章前面所述简单地开始求解。然而，对大模型或有复杂的非线性选项，应该了解在开始求解前需要些什么。

例如：分析求解需要多长时间？在运行之前需要多少磁盘空间？该分析需要多少内存？尽管没有准确的方法预计这些量，ANSYS 程序可在 RUNSTAT 模块中进行估算。RUNSTAT 模块根据数据库中的信息估计运行时间和其他统计量。因此，必须在输入/RUNSTAT 命令前定义模型几何量（节点、单元等）、载荷以及载荷选项、分析选项。在开始求解前使用 RUNSTAT 命令。

5.5.1 估计运算时间

要估算运行时间，ANSYS 程序需要计算机的性能信息：MIPS（每秒钟执行的指令数，以百万计），MELOPS（每秒钟进行的浮点运算，以百万计）等。可执行 RSPEED 命令（或 GUI 菜单路径：Main Menu > Run-Time Stats > System Settings）获得该信息。

如果不清楚计算机这些细节，可用宏操作 SETSPEED，它会代替执行 RSPEED 命令。

估算分析过程总运行时间所需的其他信息有迭代次数（或线性、静态分析中的载荷步数），要获得这些信息，可用下述两种方法中任一种。

命令：RITER。

GUI：Main Menu > Run-Time Stats > Iter Setting。

要获得运行时间估计，可用下述两种方法中任一种。

命令：RTIMST。

GUI：Main Menu > Run-Time Stats > Individual Stats。

根据由 RSPEED 和 RITER 命令所提供的信息和数据库中的模型信息，RTIMST 命令会给提供运行时间估计值。

5.5.2 估计文件的大小

RFILSZ 命令可以估计以下文件的大小：ESAV，EMAT，EROT，.TRI, .FULL，.RST，.RTH.RMG 和.RFL 文件。与 RFILSZ 命令相同的图形界面方式与 RTIMST 命令的图形界面方式相同。结果文件估计值基于一组结果（一个子步），要将其乘以实际结果文件规模总数。

5.5.3 估计内存需求

执行 RWFRNT 命令（或通过 GUI 菜单路径：Main Menu > Run-Time Stats > Individual Stats）可以估计求解所需的内存，可通过 ANSYS 工作空间的入口选项申请内存量。如果以前没有重新排列过单元，执行 RWFRNT 命令可以自动重新排列单元。RSTAT 命令将给出模型节点和单元信息的统计量，RMEMRY 命令将给出内存统计量。

RALL 命令是同时执行"RSTAT""RWFRNT""RTIMST"和"RMEMRY"4 条命令的一条简便命令（GUI 菜单路径：Main Menu > Run-Time Stats > All Statistics）。除了 RALL 命令，

其他几条命令的 GUI 菜单路径都为：Main Menu > Run-Time Stats > Individual Stats。

5.6 实例——轴承座模型求解

在对轴承座模型施加完约束和载荷后，就可以进行求解计算。本节主要对求解选项进行相关设定。

对于单载荷步，在施加完载荷之后，直接就可以求解。轴承座模型属于这种情形。

打开相应的 BearingBlock.db 和 Tank.db 文件，然后进行求解。

执行主菜单中的 Main Menu > Solution > Solve > Current LS 命令，弹出两个对话框，/STATUS Command 对话框（如图 5-3）和 Solve Current Load Step 对话框（图 5-4 所示）。先执行/STATUS Command 对话框中的 File > Close 命令，然后单击 Solve Current Load Step 对话框中的 OK 按钮开始求解。求解结束后会出现如图 5-5 所示的提示。

命令流：SOLVE。

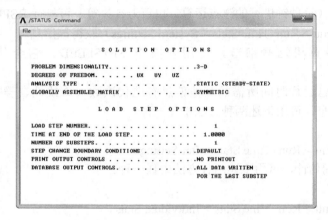

图 5-3 /STATUS Command 对话框

图 5-4 Solve Current Load Step 对话框

图 5-5 求解结束提示

求解完成后保存。执行 File > Save as 命令，弹出 Sav DataBase 对话框，在 Sav Data base to 下面文本框中分别输入 Result_BearingBlock.db 和 Result_Tank.db，单击 OK 按钮即可。

第6章　后　处　理

本章导读

后处理指检查 ANSYS 分析的结果，这是 ANSYS 分析中最重要的一个模块。通过后处理的相关操作，可以有针对性地得到需要的参数和结果，更好地为实际服务。

6.1　后处理概述

建立有限元模型并求解后，可能要得到一些关键问题答案：该设计投入使用时，是否真的可行？某个区域的应力有多大？零件的温度如何随时间变化？通过表面的热损失有多少？磁力线是如何通过该装置的？物体的位置是如何影响流体的流动的？ANSYS 软件的后处理会帮助回答这些问题及其他相关的问题。

6.1.1　什么是后处理

后处理是指检查分析的结果。这可能是分析中最重要的一环，因为需要了解作用载荷如何影响设计，单元划分好坏等。

检查分析结果可使用两个后处理器：通用后处理器 POST1 和时间历程后处理器 POST26。

POST1 允许检查整个模型在某一载荷步和子步（或对某一特定时间点或频率）的结果。例如：在静态结构分析中，可显示载荷步 3 的应力分布；在热力分析中，可显示 time=100s 时的温度分布。图 6-1 所示的等值线图是一种典型的 POST1 图。

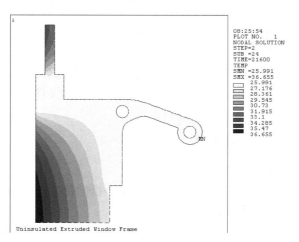

图 6-1　一种典型的 POST1 等值线图

POST26 可以检查模型的指定点的特定结果相对于时间、频率或其他结果项的变化。例如，在瞬态磁场分析中，可以用图形表示某一特定单元的涡流与时间的关系；或在非线性结构分析中，可以用图形表示某一特定节点的受力与其变形的关系。图 6-2 中的曲线图是一种典型的 POST26 图。

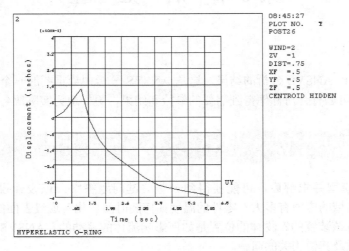

图 6-2 一种典型的 POST26 图

ANSYS 的后处理器仅检查分析结果，所以仍然需要工程人员来分析解释结果。例如：一等值线显示可能表明：模型的最高应力为 37800Pa，必须由工程人员确定这一应力水平对设计是否允许。

6.1.2 结果文件

在求解中，ANSYS 运算器将分析的结果写入结果文件中，结果文件的名称取决于分析类型，具体如下。

1）Jobname.RST：结果分析。

2）Jobname.RTH：热力分析。

3）Jobname.EMG：电磁场分析。

4）Jobname.RFL：FLOTRAN 分析。

对于 FLOTRAN 分析，文件的扩展名为 RFL；对于其他流体分析，文件扩展名为 RST 或 RTH，取决于是否给出结构自由度。对不同的分析使用不同的文件标识有助于在耦合场分析中使用一个分析的结果作为另一个分析的载荷。

6.1.3 后处理可用的数据类型

求解阶段计算两种类型结果数据。

1）基本数据包含每个节点计算自由度解：结构分析的位移、热力分析的温度、磁场分析的磁势等（见表 6-1）。这些被称为节点解数据。

2）派生数据为由基本数据计算得到的数据：如结构分析中的应力和应变、热力分析中的热梯度和热流量、磁场分析中的磁通量等。派生数据又称为单元数据，它通常出现在单元节点、单元积分点以及单元质心等位置。

表 6-1　不同分析的基本数据和派生数据

学　科	基 本 数 据	派 生 数 据
结果分析	位移	应力、应变、反作用力
热力分析	温度	热流量、热梯度等
磁场分析	磁势	磁通量、磁流密度等
电场分析	标量电势	电场、电流密度等
流体分析	速度、压力	压力梯度、热流量等

6.2 通用后处理器（POST1）

使用 POST1 通用后处理器可观察整个模型或模型的一部分在某一个时间（或频率）上针对特定载荷组合时的结果。POST1 有许多功能，包括从简单的图像显示到针对更为复杂数据操作的列表，如载荷工况的组合。

要进入 ANSYS 通用后处理器，输入/POST1 命令或 GUI 菜单路径：Main Menu > General PostProc 即可。

📖 6.2.1　将数据结果读入数据库

POST1 中第一步是将数据从结果文件读入数据库。要这样做，数据库中首先要有模型数据（节点，单元等）。若数据库中没有模型数据，输入 RESUME 命令（或 GUI 菜单路径：Utility Menu > File > Resume Jobname.db）读入数据文件 Jobname.db。数据库包含的模型数据应该与计算模型相同，包括单元类型、节点、单元、单元实常数、材料特性和节点坐标系。

数据库中被选来进行计算的节点和单元应属同一组，否则会出现数据不匹配。

一旦模型数据存在数据库中，输入"SET，SUBSET"和 APPEND 命令均可从结果文件中读入结果数据。

1．读入结果数据

输入 SET 命令（GUI：Main Menu > General PostProc > Read Results），可在一特定的载荷条件下将整个模型的结果数据从结果文件中读入数据库，覆盖掉数据库中以前存在的数据。边界条件信息（约束和集中力）也被读入，但这仅在存在单元节点载荷和反作用力的情况下。详情请见 OUTERS 命令。若不存在边界条件信息，则不列出或显示边界条件。加载条件靠载荷步和子步或靠时间（或频率）来识别。命令或路径方式指定的变元可以识别读入数据库的数据。

2．其他恢复数据的选项

其他 GUI 菜单路径和命令也可以恢复结果数据。

（1）定义待恢复的数据

POST1 处理器中命令 INRES（GUI：Main Menu > General PostProc > Data & File Opts）与 PREP7 和 SOLUTION 处理器中的 OUTRES 命令是姐妹命令，OUTRES 命令控制写入数据库和结果文件的数据，而 INRES 命令定义要从结果文件中恢复的数据类型，通过"SET，SUBSET"和 APPEND 等命令写入数据库。尽管不须对数据进行后处理，但 INRES 命令限制了恢复写入数据库的数据量。因此，对数据进行后处理也许占用的时间更少。

（2）读入所选择的结果信息

为了将所选模型部分的一组数据从结果文件读入数据库，可用 SUBSET 命令（或 GUI 菜单路径：Main Menu > General PostProc > By characteristic）。结果文件中未用 INRES 命令指定恢复的数据，将以零值列出。

SUBSET 命令与 SET 命令大致相同，除了差别在于 SUBSET 只恢复所选模型部分的数据。用 SUBSET 命令可方便地看到模型一部分的结果数据。例如：若只对表层的结果感兴趣，可以轻易地选择外部节点和单元，然后用 SUBSET 命令恢复所选部分的结果数据。

（3）向数据库追加数据

每次使用 SET，SUBSET 命令或等价的 GUI 方式时，ANSYS 就会在数据库中写入一组新数据并覆盖当前的数据。APPEND 命令（Main Menu > General PostProc > By characteristic）从结果文件中读入数据组并将与数据库中已有的数据合并（这只针对所选的模型而言）。当已有的数据库非零（或全部被重写时），允许将被查询的结果数据并入数据库。

3. 创建单元表

ANSYS 程序中单元表有两个功能：一是在结果数据中进行数学运算的工具。二是能够访问其他方法无法直接访问的单元结果。例如：从结构一维单元派生的数据（尽管 SET，SUBSET 和 APPEND 命令将所有申请的结果项读入数据库中，但并非所有的数据均可直接用 PRNSOL 命令和 PLESON 等命令访问）。

将单元表作为扩展表，每行代表一单元，每列则代表单元的特定数据项。例如：一列可能包含单元的平均应力 SX，而另一列则代表单元的体积，第三列则包含各单元质心的 Y 坐标。

使用下列命令创建或删除单元表。

命令：ETABLE。

GUI：Main Menu > General PostProc > Element Table > Define Table or Erase Table。

4. 对主应力的专门研究

在 POST1 中，SHELL61 单元的主应力不能直接得到，默认情况下，可得到其他单元的主应力，除以下两种情况之外：

1）在 SET 命令中要求进行时间插值或定义了某一角度。

2）执行了载荷工况操作。

在上述任意一种情况下，必须用 GUI 菜单路径：Main Menu > General PostProc > Load Case > Line Elem Stress 或执行"LCOPER，LPRIN"命令以计算主应力。然后通过 ETABLE 命令或用其他适当的打印或绘图命令访问该数据。

5. 数据库复位

RESET 命令（或 GUI 菜单路径：Main Menu > General PostProc > Reset）可在不脱离 POST1 情况下初始化 POST1 命令的数据库默认部分，该命令在离开或重新进入 ANSYS 程序时的效果相同。

📖 6.2.2　列表显示结果

将结果存档的有效方法（例如：报告、呈文等）是在 POST1 中制表。列表选项对节点、单元、反作用力等求解数据可用。

下面给出一个样表（对应于命令"PRESOL,ELEM"）：

```
PRINT ELEM ELEMENT SOLUTION PER ELEMENT
***** POST1 ELEMENT SOLUTION LISTING *****
LOAD STEP     1   SUBSTEP=     1
```

```
TIME=    1.0000          LOAD CASE=  0
EL=  1  NODES=  1   3     MAT=  1
BEAM3
TEMP =   0.00     0.00     0.00     0.00
LOCATION    SDIR        SBYT         SBYB
1 （I）        0.00000E+00  130.00      -130.00
2 （J）    0.00000E+00  104.00        -104.00
LOCATION    SMAX         SMIN
1 （I）    130.00            -130.00
2 （J）        104.00            -104.00
LOCATION   EPELDIR      EPELBYT       EPELBYB
1 （I）    0.000000     0.000004    -0.000004
2 （J）        0.000000          0.000003       -0.000003
LOCATION   EPTHDIR      EPTHBYT       EPTHBYB
1 （I）    0.000000     0.000000      0.000000
2 （J）    0.000000     0.000000      0.000000
EPINAXL =      0.000000
EL=   2  NODES=       3      4   MAT=  1
BEAM3
TEMP =   0.00     0.00     0.00     0.00
LOCATION    SDIR        SBYT         SBYB
1 （I）    0.00000E+00   104.00      -104.00
2 （J）    0.00000E+00   78.000      -78.000
LOCATION    SMAX         SMIN
1 （I）    104.00         -104.00
2 （J）    78.000         -78.000
LOCATION   EPELDIR      EPELBYT       EPELBYB
1 （I）    0.000000     0.000003    -0.000003
2 （J）    0.000000     0.000003    -0.000003
LOCATION   EPTHDIR      EPTHBYT       EPTHBYB
1 （I）    0.000000     0.000000      0.000000
2 （J）    0.000000     0.000000      0.000000
EPINAXL =      0.000000
```

1. 列出节点、单元求解数据

用下列方式可以列出指定的节点求解数据（原始解及派生解）。

命令：PRNSOL。

GUI：Main Menu > General PostProc > List Results > Nodal Solution。

用下列方式可以列出所选单元的指定结果。

命令：PRNSEL。

GUI：Main Menu > General PostProc > List Results > Element Solution。

要获得一维单元的求解输出，在 PRNSOL 命令中指定 ELEM 选项，程序将列出所选单元的所有可行单元结果。

2. 列出反作用载荷及作用载荷

在 POST1 中有几个选项用于列出反作用载荷（反作用力）及作用载荷（外力）。PRRSOL 命令（GUI：Menu > General PostProc > List Results > Reaction Solu）列出了所选节点的反作用力。命令 FORCE 可以指定哪一种反作用载荷（包括：合力、静力、阻尼力或惯性力）数据被列出。PRNLD 命令（GUI：Main Menu > General PostProc > List > Nodal Loads）列出所选节点处的合力，值为零的除外。

列出反作用载荷及作用载荷是检查平衡的一种好方法。也就是说，在给定方向上所加的作用力应总等于该方向上的反力（若检查结果跟预想的不一样，那么就应该检查加载情况，看加载是否恰当）。

耦合自由度和约束方程通常会造成载荷不平衡，但是，由命令 CPINTF 生成的耦合自由度（组）和由命令 CEINTF 或命令 CERIG 生成的约束方程几乎在所有情况下都能保持实际的平衡。

3．列出单元表数据

用下列命令可列出存储在单元表中的指定数据。

命令：PRETAB。

GUI：Main Menu > General PostProc > Element Table > List Elem Table。

GUI：Main Menu > General PostProc > List Results > Elem Table Data。

为列出单元表中每一列的和，可用命令 SSUM（GUI：Main Menu > General PostProc > Element Table > Sum of Each Item）。

4．其他列表

用下列命令可列出其他类型的结果。

1）PREVECT 命令（GUI：Main Menu > General PostProc > List Results > Vector Data）：列出所有被选单元指定的矢量大小及其方向余弦。

2）PRPATH 命令（GUI：Main Menu > General PostProc > List Results > Path Items）：计算列出在模型中沿预先定义的几何路径的数据。注意：必须事先定义一路径并将数据映射到该路径上。

3）PRSECT 命令（GUI：Main Menu > General PostProc > List Results > Linearized Strs）：计算然后列出沿预定的路径线性变化的应力。

4）PRERR 命令（GUI：Main Menu > General PostProc > List Results > Percent Error）：列出所选单元能量级的百分比误差。

5）PRITER 命令（GUI：Main Menu > General PostProc > List Results > Iteration Summry）：列出迭代次数概要数据。

5．对单元、节点排序

默认情况下，所有列表通常按节点号或单元号的升序来进行排序。可根据指定的结果项先对节点、单元进行排序来改变它。NSORT 命令（GUI：Main Menu > General PostProc > List Results > Sorted Listing > Sort Nodes）基于指定的节点求解项进行节点排序，ESORT 命令（GUI：Main Menu > General PostProc > List Results > Sorted Listing > Sort Elems）基于单元表内存入的指定项进行单元排序。

使用下述命令恢复到原来的节点或单元顺序。

命令：NUSORT。

GUI：Main Menu > General PostProc > List Results > Sorted Listing > Unsort Nodes。

命令：EUSORT。

GUI：Main Menu > General PostProc > List Results > Sorted Listing > Unsort Elems。

6. 用户化列表

有些场合，需要根据要求来定制结果列表。/STITLE 命令（无对应的 GUI 方式）可定义多达 4 个子标题，与主标题一起在输出列表中显示。输出用户可用的其他命令为：/FORMAT、/HEADER 和/PAGA（无对应的 GUI 方式）。

这些命令控制下述事情：重要数字的编号、列表顶部的表头输出、打印页中的行数等。这些控制仅适用于 PRRSOL、PRNSOL、PRESOL、PRETAB 和 PRPATH 命令。

6.2.3 图像显示结果

一旦所需结果存入数据库，可通过图像显示和表格方式观察。另外，可映射沿某一路径的结果数据。图像显示可能是观察结果的最有效方法。POST1 可显示下列类型图像：

1）梯度线显示。
2）变形后的形状显示。
3）矢量图显示。
4）路径绘图。
5）反作用力显示。
6）粒子流轨迹。

6.2.4 映射结果到某一路径上

POST1 后处理器的一个最实用的功能是将结果数据映射到模型的任意路径上。这样一来，就可沿该路径执行许多数学运算（比如微积分运算），从而得到有意义的计算结果，例如：开裂处的应力强度因子和 J-积分，通过该路径的热量、磁场力等。而另外一个好处是，能以图形或列表方式观察结果项沿路径的变化情况。

只能在包含实体单元（二维或三维）或板壳单元的模型中定义路径，一维单元不支持该功能。

通过路径观察结果包含以下 3 个步骤。

1）定义路径属性（PATH 命令）。
2）定义路径点（PPATH 命令）。
3）沿路径插值（映射）结果数据（PDEF 命令）。

一旦进行了数据插值，可用图像显示（PLPATH 或 PLPAGM 命令）和列表方式观察，或执行算术运算，如：加、减、乘、除、积分等。PMAP 命令（在 PDEF 命令前发出该命令）中提供了处理材料不连续及精确计算的高级映射技术，详情可参考 ANSYS 在线帮助文档。

6.2.5 表面操作

在通用后处理 POST1 中，图像可以映射节点结果数据到用户定义的表面上，然后可以对表面结果进行数学运算而获得如下这些有意义的量：集中力、横截面的平均应力、流体速率、通过任意截面的热流等。图像同样可以画出这些映射结果的轮廓线。

图像可以通过 GUI 方式或命令流方式进行表面操作，如表 6-2 所示为表面操作的命令，相应的 GUI 菜单路径为：Main Menu > General PostProc > Surface Operations area。

表 6-2 表面操作命令

命　　令	功　　能
SUCALC	通过操作指定表面上的两个存在结果数据库来创建新的结果数据
SUCR	创建一表面
SUDEL	删除几何信息一旦对指定的表面或选择表面映射结果
SUEVAL	对映射选项进行操作并以标准参数的形式存储结果
SUGET	移动表面并映射结果到一列参数
SUMAP	映射结果数据到表面
SUPL	图形显示映射的结果数据
SUPR	列表显示映射的结果数据
SURESU	从指定的文件中恢复表面定义
SUSAVE	保存定义的表面到一文件
SUSEL	选择一子表面
SUVECT	对两个结果矢量进行操作

只有在包含 3D 实体单元的模型中，图像才能定义表面。壳体、梁和 2D 单元类型均不支持该功能。

表面操作的具体步骤如下。

1）通过执行 SUCR 命令定义表面。

2）通过执行 SUSEL 和 SUMAP 命令映射结果数据到选择的表面。

3）通过执行 SUEVAL、SUCALC 和 SUVECT 命令处理结果。

6.2.6　将结果旋转到不同坐标系中显示

在求解计算中，计算结果数据包括位移（UX，UY，ROTX 等）、梯度（TGX，TGY 等）、应力（SX，SY，SZ 等）、应变（EPPLX，EPPLXY 等）等。这些数据以节点坐标系（基本数据或节点数据）或任意单元坐标系（派生数据或单元数据）的分量形式存入数据库和结果文件中。然而，结果数据通常需要转换到激活的结果坐标系（默认情况下为整体直角坐标系中）来显示、列表和单元表格数据存储操作，这正是本节要介绍的内容。

使用 RSYS 命令（GUI：Main Menu > General PostProc > Options For Outp），可以将激活的结果坐标系转换成整体柱坐标系（RSYS,1）、整体球坐标系（RSYS,2）、任何存在的局部坐标系（RSYS, N，这里 N 是局部坐标系序号）或求解中所使用的节点坐标系和单元坐标系（RSYS，SOLU）。若对结果数据进行列表、显示或操作，首先将它们变换到结果坐标系。当然，也可将这些结果坐标系设置回整体坐标系（RSYS,0）。

图 6-3 显示在几种不同的坐标系设置下，位移是如何被输出的。位移通常是根据节点坐标系（一般总是笛卡儿坐标系）给出，但用 RSYS 命令可使这些节点坐标系变换为指定的坐标系。例如：（RSYS,1）可使结果变换到与整体柱坐标系平行的坐标系，使 UX 代表径向位移，UY 代表切向位移。类似地，在磁场分析中 AX 和 AY，及在流场分析中 VX 和 VY 也用（RSYS,1）变换的整体柱坐标系径向、切向值输出。

某些单元结果数据总是以单元坐标系输出，而不论激活的结果坐标系为何种坐标系。这些仅用单元坐标系表述的结果项包括：力、力矩、应力、梁、管和杆单元的应变，及一些壳单元的分布力和分布力矩。

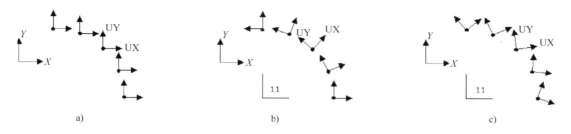

图 6-3　用 RSYS 命令的结果变换

a) 笛卡儿坐标系（C.S.0）　b) 局部柱坐标 （RSYS,11）　c) 整体柱坐标（RSYS,1）

在多数情况下，例如：当在单个载荷或多载荷的线性叠加情况下，将结果数据变换到结果坐标系中并不影响最后结果值，然而，大多数模型叠加技术（PSD、CQC、SRSS 等）是在求解坐标系中进行，且涉及开方运算。由于开方运算去掉了与数据相关的符号，叠加结果在被转换到结果坐标系后，可能会与所期望的值不同。在这些情况下，可用 "RSYS,SOLU" 命令来避免变换，使结果数据保持在求解坐标系中。

下面用圆柱壳模型来说明如何改变结果坐标系。在此模型中，可能会对切向应力结果感兴趣，所以需转换结果坐标系，命令流如下。

```
PLNSOL,S,Y      !显示如图 6-4 所示，SY 是在整体笛卡儿坐标系中（默认值）
RSYS,1
PLNSOL,S,Y      !显示如图 6-5 所示，SY 是在整体柱坐标系中
```

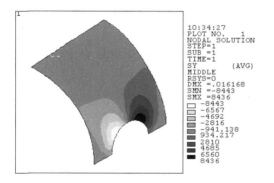

图 6-4　SY 在整体笛卡儿坐标系中

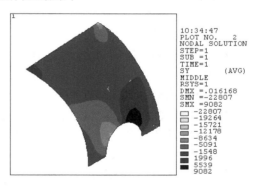

图 6-5　SY 在整体柱坐标系中

在大变形分析中（用命令 "NLGEOM, ON" 打开大变形选项，且单元支持大变形），单元坐标系首先按单元刚体转动量旋转，因此各应力、应变分量及其他派生出的单元数据包含有刚体旋转的效果。用于显示这些结果的坐标系是按刚体转动量旋转的特定结果坐标系。但 HYPER56、HYPER58、HYPER74、HYPER84、HYPER86 和 HYPER158 单元例外，这些单元总是在指定的结果坐标系中生成应力、应变，没有附加刚体转动。另外，在大变形分析中的原始解，例如：位移，不包括刚体转动效果，因为节点坐标系不会按刚体转动量旋转。

6.3 时间历程后处理（POST26）

时间历程后处理器 POST26 可用于检查模型中指定点的分析结果与时间、频率等的函数关系。它有许多分析能力：从简单的图形显示和列表到诸如微分和响应频谱生成的复杂操作。POST26 的一个典型用途是在瞬态分析中以图形表示结果项与时间的关系或在非线性分析中以图形表示作用力与变形的关系。

使用下列方法之一进入 ANSYS 时间历程后处理器：

命令：POST26。

GUI：Main Menu > Time Hist PostProc。

6.3.1 定义和储存 POST26 变量

POST26 的所有操作都是对变量而言的，是结果项与时间（或频率）的简表。结果项可以是节点处的位移、单元的热流量、节点处产生的力、单元的应力、单元的磁通量等。图像对每个 POST26 变量任意指定大于或等于 2 的参考号，参考号 1 用于时间（或频率）。因此，POST26 的第一步是定义所需的变量，第二步是存储变量。

1. 定义变量

可以使用下列命令定义 POST26 变量。所有这些命令与下列 GUI 路径等价。

GUI：Main Menu > Time Hist PostProc > Define Variables。

GUI：Main Menu > Time Hist PostProc > Elec&Mag > Circuit > Define Variables。

- FORCE 命令：指定节点力（合力、分力、阻尼力或惯性力）。
- SHELL 命令：指定壳单元（分层壳）中的位置（TOP、MID、BOT）。ESOL 命令：将定义该位置的结果输出（节点应力、应变等）。
- LAYERP26L 命令：指定结果待储存的分层壳单元的层号，然后，SHELL 命令对该指定层操作。
- NSOL 命令：定义节点解数据（仅对自由度结果）。
- ESOI 命令：定义单元解数据（派生的单元结果）。
- RFORCER 命令：定义节点反作用数据。
- GAPF 命令：定义简化的瞬态分析中间隙条件中的间隙力。
- SOLU 命令：定义解的总体数据（如时间步长、平衡迭代数和收敛值）。

例如：下列命令定义两个 POST26 变量：

```
NSOL,2,358,U,X
ESOL,3,219,47,EPEL,X
```

变量 2 为节点 358 的 UX 位移（针对第一条命令），变量 3 为 219 单元的 47 节点的弹性约束的 X 分力（针对第二条命令）。然后，对于这些结果项，系统将给它们分配参考号，如果用相同的参考号定义一个新的变量，则原有的变量将被替换。

2. 存储变量

当定义了 POST26 变量和参数，就相当于在结果文件的相应数据建立了指针。存储变量就是将结果文件中的数据读入数据库。当发出显示命令或 POST26 数据操作命令（包括表 6-3

所列命令）或选择与这些命令等价的 GUI 路径时，程序会自动存储数据。

表 6-3　存储变量的命令

命　　令	GUI 菜单路径
PLVAR	Main Menu > Time Hist PostProc > Graph Variables
PRVAR	Main Menu > Time Hist PostProc > List Variable
ADD	Main Menu > Time Hist PostProc > Math Operations > Add
DERIV	Main Menu > Time Hist PostProc > Math Operations > Derivate
QUOT	Main Menu > Time Hist PostProc > Math Operations > Divde
VGET	Main Menu > Time Hist PostProc > Table Operations > Variable to Par
VPUT	Main Menu > Time Hist PostProc > Table Operations > Parameter to Var

在某些场合，需要使用 STORE 命令（GUI：Main Menu > Time Hist PostProc > Store Data）直接请求变量存储。这些情况将在下面的命令描述中解释。如果在发出 TIMERANGE 命令或 NSTORE 命令（这两个命令等价的 GUI：Main Menu > Time Hist PostProc > Settings > Data）之后使用 STORE 命令，那么默认情况为 "STORE，NEW"。由于 TIMERANGE 命令和 NSTORE 命令为存储数据重新定义了时间或频率点或时间增量，因而需要改变命令的默认值。

可以使用下列命令操作存储数据。

● MERGE 命令：将新定义的变量增加到先前的时间点变量中。即：更多的数据列被加入数据库。在某些变量已经存储（默认）后，如果希望定义和存储新变量，这是十分有用的。

● NEW 命令：替代先前存储的变量，删除先前计算的变量，并存储新定义的变量及其当前的参数。

● APPEND 命令：添加数据到先前定义的变量中。即：如果将每个变量看作一数据列，APPEND 操作就为每一列增加行数。当要将两个文件（如瞬态分析中两个独立的结果文件）中相同变量集在一起时，这是很有用的。使用 FILE 命令（GUI：Main Menu > Time Hist PostPro > Settings > File）指定结果文件名。

● "ALLOC，N" 命令：为顺序存储操作分配 N 个点（N 行）空间，此时如果存在先前定义的变量，那么将被自动清零。由于程序会根据结果文件自动确定所需的点数，所以正常情况下不需用该选项。

使用 STORE 命令的一个实例如下。

```
/POST26
NSOL,2,23,U,Y                !变量 2=节点 23 处的 UY 值
SHELL,TOP                    !指定壳的顶面结果
ESOL,3,20,23,S,X             !变量 3=单元 20 的节点 23 的顶部 SX
PRVAR,2,3                    !存储并打印变量 2 和 3
SHELL,BOT                    !指定壳的底面为结果
ESOL,4,20,23,S,X             !变量 4=单元 20 的节点 23 的底部 SX
STORE                        !使用命令默认，将变量 4 和变量 2、3 置于内存
PLESOL,2,3,4                 !打印变量 2，3，4
```

应该注意以下几方面问题。

1）默认情况下，可以定义的变量数为 10 个。使用命令 NUMVAR（GUI：Main Menu > Time Hist PostPro > Settings > File）可增加该限值（最大值为 200）。

2）默认情况下，POST26 在结果文件寻找其中的一个文件。可使用 FILE 命令（GUI：Main Menu > Time Hist PostPro > Settings > File）指定不同的文件名（RST、RTH、RDSP 等）。

3）默认情况下，力（或力矩）值表示合力（静态力、阻尼力和惯性力的合力）。FORCE 命令允许对各个分力操作。

壳单元和分层壳单元的结果数据假定为壳或层的顶面。SHELL 命令允许指定是顶面、中面或底面。对于分层单元可通过 LAYERP26 命令指定层号。

4）定义变量的其他有用命令：

- NSTORE（GUI：Main Menu > Time Hist PostPro > Settings > Data）：定义待存储的时间点或频率点的数量。
- TIMERANGE（GUI：Main Menu > Time Hist PostPro > Settings > Data）：定义待读取数据的时间或频率范围。
- TVAR（GUI：Main Menu > Time Hist PostPro > Settings > Data）：将变量 1（默认是表示时间）改变为表示累积迭代号。
- VARNAM（GUI：Main Menu > Time Hist PostPro > Settings > Graph 或 Main Menu > Time Hist PostPro > List）：给变量赋名称。
- RESET（GUI：Main Menu > Time Hist PostPro > Reset PostProc）：所有变量清零，并将所有参数重新设置为默认值。

5）使用 FINISH 命令（GUI：Main Menu > Finish）退出 POST26，删除 POST26 变量和参数。如：FILE、PRTIME、NPRINT 等，由于它们不是数据库的内容，故不能存储，但这些命令均存储在 LOG 文件中。

6.3.2　检查变量

一旦定义了变量，可通过图形或列表的方式检查这些变量。

1. 产生图形输出

PLVAR 命令（GUI：Main Menu > Time Hist PostPro > Graph Variables）可在一个图框中显示多达 9 个变量的图形。默认的横坐标（X 轴）为变量 1（静态或瞬态分析时表示时间，谐波分析时表示频率）。使用 XVAR 命令（GUI：Main Menu > Time Hist PostPro > Setting > Graph）可指定不同的变量号（比如应力、变形等）作为横坐标。如图 6-6 和图 6-7 所示是图形输出的两个实例。

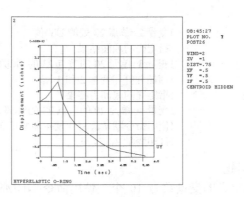

图 6-6　使用 XVAR＝1（时间）作为横坐标的 POST26 输出

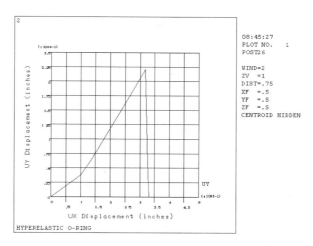

图 6-7　使用 XVAR＝0，1 指定不同的变量号作为横坐标是的 POST26 输出

如果横坐标不是时间，可显示三维图形（用时间或频率作为 Z 坐标），使用下列方法之一改变默认的 X–Y 视图。

命令：/VIEW。

GUI：Utility Menu > PlotCtrs > Pan,Zoom,Rotate。

GUI：Utility Menu > PlotCtrs > View Setting > Viewing Direction。

在非线性静态分析或稳态热力分析中，子步为时间，也可采用这种图形显示。

当变量包含由实部和虚部组成的复数数据时，默认情况下，PLVAR 命令显示的为幅值。使用 PLCPLX 命令（GUI：Main Menu > Time Hist PostPro > Setting > Graph）切换到显示相位、实部和虚部。

图形输出可使用许多图形格式参数。通过选择 GUI：Utility Menu > PlotCtrs > Style > Graphs 或下列命令实现该功能。

● 激活背景网格（/GRID 命令）。

● 曲线下面区域的填充颜色（/GROPT 命令）。

● 限定 X、Y 轴的范围（/XRANGE 及/YRANGE 命令）。

● 定义坐标轴标签（/AXLAB 命令）。

● 使用多个 Y 轴的刻度比例（/GRTYP 命令）。

2．计算结果列表

图像可以通过 PRVAR 命令（GUI：Main Menu > Time Hist PostPro > List Variables）在表格中列出多达 6 个变量，同时还可以获得某一时刻或频率处结果项的值，也可以控制打印输出的时间或频率段。操作如下。

命令：NPRINT，PRTIME。

GUI：Main Menu > Time Hist PostPro > Settings > List。

通过 LINES 命令（GUI：Main Menu > Time Hist PostPro > Settings > List）可对列表输出的格式做微量调整。下面是 PRVAR 命令的一个输出示例。

```
***** ANSYS time-history VARIABLE LISTING *****
        TIME           51 UX          30 UY
                          UX             UY
```

.10000E-09	.000000E+00	.000000E+00
.32000	.106832	.371753E-01
.42667	.146785	.620728E-01
.74667	.263833	.144850
.87333	.310339	.178505
1.0000	.356938	.212601
1.3493	.352122	.473230E-01
1.6847	.349681	-.608717E-01

time-history SUMMARY OF VARIABLE EXTREME VALUES

VARI TYPE	IDENTIFIERS	NAME	MINIMUM	AT TIME	MAXIMUM	AT TIME
1 TIME	1 TIME	TIME	.1000E-09	.1000E-09	6.000	6.000
2 NSOL	51 UX	UX	.0000E+00	.1000E-09	.3569	1.000
3 NSOL	30 UY	UY	-.3701	6.000	.2126	1.000

对于由实部和虚部组成的复变量，PRVAR 命令的默认列表是实部和虚部。可通过命令 PRCPLX 选择实部、虚部、幅值、相位中的任何一个。

另一个有用的列表命令是 EXTREM（GUI：Main Menu > Time Hist PostPro > List Extremes），可用于打印设定的 *X* 和 *Y* 范围内 *Y* 变量的最大和最小值。也可通过命令*GET（GUI：Utility Menu > Parameters > Get Scalar Data）将极限值指定给参数。下面是 EXTREM 命令的一个输出示例。

Time-History SUMMARY OF VARIABLE EXTREME VALUES

VARI TYPE	IDENTIFIERS	NAME	MINIMUM	AT TIME	MAXIMUM	AT TIME
1 TIME	1 TIME	TIME	.1000E-09	. 1000E-09	6.000	6.000
2 NSOL	50 UX	UX	.0000E+00	. 1000E-09	. 4170	6.000
3 NSOL	30 UY	UY	-.3930	6.000	.2146	1.000

6.3.3 POST26 后处理器的其他功能

1. 进行变量运算

POST26 可对原先定义的变量进行数学运算，下面给出两个应用实例。

实例 1：在瞬态分析时定义了位移变量，可让该位移变量对时间求导，得到速度和加速度，命令流如下。

```
NSOL,2,441,U,Y,UY441      !定义变量 2 为节点 441 的 UY，名称=UY441
DERIV,3,2,1,,BEL441       !变量 3 为变量 2 对变量 1（时间）的一阶导数，名称为 BEL441
DERIV,4,3,1,,ACCL441      !变量 4 为变量 3 对变量 1（时间）的一阶导数，名称为 ACCL441
```

实例 2：将谐响应分析中的复变量（*a+bi*）分成实部和虚部，再计算它的幅值（$\sqrt{a^2+b^2}$）和相位角，命令流如下。

```
REALVAR,3,2,,,REAL2       !变量 3 为变量 2 的实部，名称为 REAL2
IMAGIN,4,2,,IMAG2         !变量 4 为变量 2 的虚部，名称为 IMAG2
PROD,5,3,3                !变量 5 为变量 3 的平方
PROD,6,4,4                !变量 6 为变量 4 的平方
ADD,5,5,6                 !变量 5（重新使用）为变量 5 和变量 6 的和
SQRT,6,5,,,AMPL2          !变量 6（重新使用）为幅值
QUOT,5,3,4                !变量 5（重新使用）为（b / a）
ATAN,7,5,,,PHASE2         !变量 7 为相位角
```

可通过下列方法之一创建自己的 POST26 变量。

- FILLDATA 命令：（GUI：Main Menu > Time Hist PostPro > Table Operations > Fill Data）：用多项式函数将数据填入变量。
- DATA 命令：将数据从文件中读出。该命令无对应的 GUI，被读文件必须在第一行中含有 DATA 命令，第二行括号内是格式说明，数据从接下去的几行读取。然后通过 /INPUT 命令（GUI：Urility Menu > File > Read lnput from）读入。

另一个创建 POST26 变量的方法是使用 VPUT 命令，它允许将数组参数移入一变量。逆操作命令为 VGET，它将 POST26 变量移入数组参数。

2．产生响应谱

该方法允许在给定的时间历程中生成位移、速度、加速度响应谱，频谱分析中的响应谱可用于计算结构的整个响应。

POST26 的 RESP 命令用来产生响应谱。

命令：RESP。

GUI：Main Menu > Time Hist PostPro > Generate Spectrm。

RESP 命令需要先定义两个变量：一个是含有响应谱的频率值（LFTAB 字段）；另一个是含有位移的时间历程（LDTAB 字段）。LFTAB 的频率值不仅代表响应谱曲线的横坐标，而且也是用于产生响应谱的单自由度激励的频率。可通过 FILLDATA 或 DATA 命令产生 LFTAB 变量。

LDTAB 中的位移时间历程值常产生于单自由度系统的瞬态动力学分析。通过 DATA 命令（位移时间历程在文件中时）和 NSOL 命令（GUI：Main Menu > Time Hist PostPro > Define Variables）创建 LDTAB 变量。系统采用数据时间积分法计算响应谱。

6.4　实例——轴承座计算结果后处理

为了使读者对 ANSYS 的后处理操作有个比较清楚的认识，以下实例将对第 5 章的有限元计算结果进行后处理，以此分析轴承座在载荷作用下的受力情况，从而分析研究其危险部位进行应力校核和评定。

6.4.1　GUI 方式

首先打开轴承座计算结果文件 Result_BearingBock.db。

1．查看轴承座变形情况

执行主菜单中的 Main Menu > General PostProc > Plot Results > Deformed Shape 命令，弹出 Plot Deformed Shape 对话框，如图 6-8 所示，选中 Def+undef edge 单选按钮，然后单击 OK 按钮，即输出变形图，如图 6-9 所示。

2．输出等比例（1:1）变形图

执行实用菜单中的 Utility Menu>PlotCtrls>Style>Displacement Scaling 命令，弹出 Displacement Display Scaling 对话框，如图 6-10 所示。选中 Displacement scale factor 后面的 1.0（true scale）单选按钮，然后单击 OK 按钮，生成的结果即真实的变形图，如图 6-11 所示。除此之外，用户还可以自己设定显示比例因子，先选中 Displacement scale factor 后面的

User specified 单选按钮，然后在下面的文本框中输入想要放大或缩小的比例系数，单击 OK 按钮即可。

图 6-8　Plot Deformed Shape 对话框

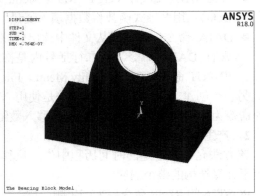

图 6-9　变形图

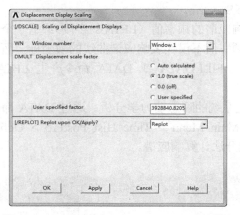

图 6-10　Displacement Display Scaling 对话框

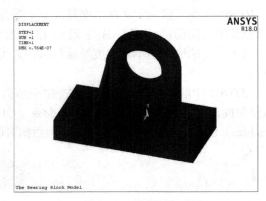

图 6-11　等比例变形图

3. 查看轴承座 Mises 应力

执行主菜单中的 Main Menu > General PostProc > Plot Results > Contour Plot > Nodal Solu 命令，弹出 Contour Nodal Solution Data 对话框，依次选择 Nodal Solution > Stress > von Mises stress 选项，如图 6-12 所示，然后单击 OK 按钮，结果如图 6-13 所示。

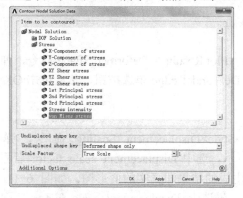

图 6-12　Contour Nodal Solution Data 对话框

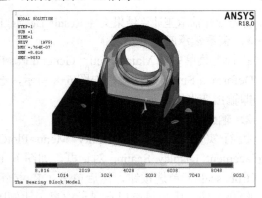

图 6-13　轴承座 Mises 应力云图

从前面的 Mises 应力云图上可以大致看出轴承座在承受此种载荷作用下，其应力分布状况。要想获得更为详尽的信息，可以通过列表或者通过 Subgrid Solu 工具来得到各个节点的应力值。

4．列表输出应力值

执行实用菜单中的 Utility Menu > List > Results > Nodal Solution 命令，执行与前面同样的操作，单击 OK 按钮，ANSYS 就会把各个节点的应力值以列表的形式输出，如图 6-14 所示。

PRNSOL Command
File

PRINT S NODAL SOLUTION PER NODE

***** POST1 NODAL STRESS LISTING *****
PowerGraphics Is Currently Enabled

LOAD STEP= 1 SUBSTEP= 1
TIME= 1.0000 LOAD CASE= 0
NODAL RESULTS ARE FOR MATERIAL 1

NODE	S1	S2	S3	SINT	SEQV
162	28.662	-53.533	-189.63	218.29	190.95
163	30.819	-78.802	-149.25	180.07	157.17
164	61.515	-25.493	-292.54	354.06	319.56
165	63.511	-27.231	-280.18	343.69	308.50
166	192.85	6.1072	-377.41	570.26	503.56
167	109.09	0.68960	-355.95	465.05	421.43
168	104.00	-17.671	-329.07	433.07	386.86
169	153.27	-6.7950	-328.72	481.99	425.19
170	86.462	-4.4857	-352.72	439.18	401.51
171	380.75	23.201	-414.26	795.00	689.65
172	133.30	-46.116	-376.76	510.06	448.15
173	84.334	-79.542	-306.36	390.69	339.81

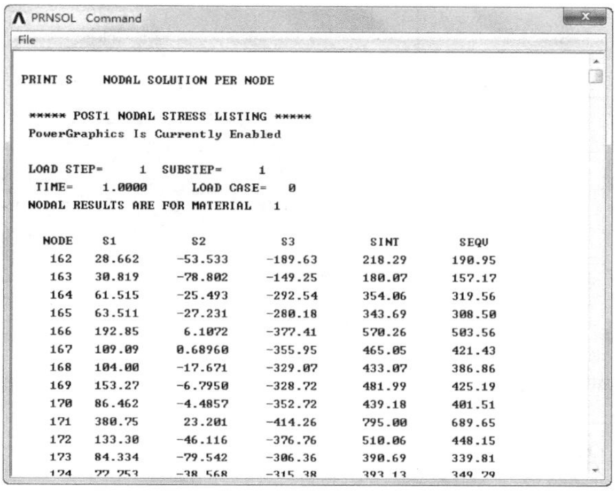

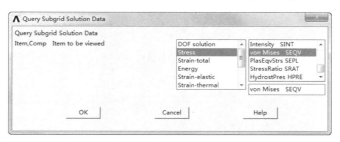

图 6-14　列表输出应力值

5．使用 Subgrid Solu 工具在模型上直接得到各个节点的应力值

列表输出可以很方便地得到各个节点的应力值大小，但有时需要关注的是某些局部部位的应力值大小，这时就可以使用 Subgrid Solu 工具了。

执行主菜单中的 Main Menu > General PostProc > Query Results > Subgrid Solu 命令，弹出 Query Subgrid Solution Data 对话框，按如图 6-15 所示进行选择，然后单击 OK 按钮。

图 6-15　Query Subgrid Solution Data 对话框

接着弹出 Query Subgrid Results 拾取框，如图 6-16 所示。用光标在模型上拾取感兴趣的节点，在模型上就会出现相应应力值大小，在 Query Subgrid Results 拾取框中会出现该节点的相应坐标，结果如图 6-17 所示。

后处理中还有一些其他的功能，如路径操作、等值线显示等，在此就不一一介绍了，相信随着读者运用熟练程度的增加，会逐步掌握这些功能。

6. 保存结果文件

单击 ANSYS Toolbar 工具栏中的 SAVE_DB 按钮，保存文件。

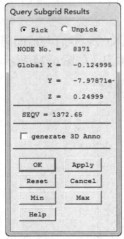

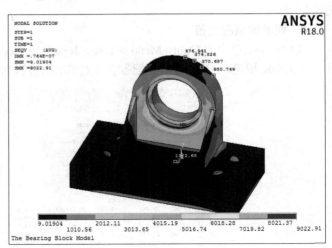

图 6-16 Query Subgrid Results 拾取框   图 6-17 Query Subgrid Results 输出结果

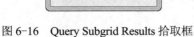 **6.4.2 命令流方式**

```
/POST1
PLDISP,2
/DSCALE,1,1.0
/EFACET,1
PLNSOL, S,EQV, 0,1.0
PRNSOL,S,PRIN
```

第7章 静力分析

本章导读

本章的结构分析是有限元分析方法最常用的一个应用领域。结构这个术语是一个广义的概念，它包括土木工程结构，如桥梁和建筑物；汽车结构，如车身骨架；航空结构，如飞机机身；船舶结构等；同时还包括机械零部件，如活塞、传动轴等。

7.1 静力分析介绍

7.1.1 结构静力分析简介

1. 结构分析概述

在 ANSYS 产品家族中有 7 种结构分析的类型。结构分析中计算得出的基本未知量（节点自由度）是位移，其他的一些未知量，如应变、应力和反力可通过节点位移导出。各种结构分析的具体含义如下。

- 静力分析：求解静力载荷作用下结构的位移和应力等。静力分析包括线性和非线性分析。而非线性分析涉及塑性、应力刚化、大变形、大应变、超弹性、接触面和蠕变等。
- 模态分析：计算结构的固有频率和模态。
- 谐波分析：确定结构在随时间正弦变化载荷作用下的响应。
- 瞬态动力分析：计算结构在随时间任意变化载荷作用下的响应。
- 谱分析：是模态分析的应用拓广，计算由于响应谱或 PSD 输入（随机振动）引起的应力和应变。
- 屈曲分析：计算屈曲载荷和确定屈曲模态。ANSYS 可进行线性（特征值）和非线性屈曲分析。
- 显式动力分析：ANSYS/LS-DYNA 可用于计算高度非线性动力学和复杂的接触问题。

绝大多数的 ANSYS 单元类型可用于结构分析，所用的单元类型从简单的杆单元和梁单元一直到较为复杂的层合壳单元和大应变实体单元。

2. 结构静力分析

从计算的线性和非线性的角度可以把结构分析分为线性分析和非线性分析，从载荷与时间的关系又可以把结构分析分为静力分析和动态分析，而线性静力分析是最基本的分析，这里专门介绍一下。

（1）静力分析的定义

静力分析计算在固定不变的载荷作用下结构的效应，它不考虑惯性和阻尼的影响，如结构随时间变化载荷的情况。可是，静力分析可以计算那些固定不变的惯性载荷对结构的影响（如重力和离心力），以及那些可以近似为等价静力作用的随时间变化载荷（如通常在许多建筑规范中所定义的等价静力风载荷和地震载荷）。线性分析是指在分析过程中结构的几何参数和载荷参数只发生微小的变化，以至可以把这种变化忽略，而把分析中的所有非线性项去掉。

（2）静力分析中的载荷

静力分析用于计算由那些不包括惯性和阻尼效应的载荷作用于结构或部件上引起的位移、应力、应变和力。固定不变的载荷和响应是一种假定；即假定载荷和结构的响应随时间的变化非常缓慢。

静力分析所施加的载荷包括以下几种。

- 外部施加的作用力和压力。
- 稳态的惯性力（如重力和离心力）。
- 位移载荷。
- 温度载荷。

📖 7.1.2　静力分析的类型

静力分析可分为线性静力分析和非线性静力分析，静力分析既可以是线性的也可以是非线性的。非线性静力分析包括所有的非线性类型：大变形、塑性、蠕变、应力刚化、接触（间隙）单元、超弹性单元等。本节主要讨论线性静力分析，非线性静力分析在第 8 章中介绍。

从结构的几何特点上讲，无论是线性的还是非线性的静力分析都可以分为平面问题、轴对称问题和周期对称问题及任意三维结构。

📖 7.1.3　静力分析基本步骤

1．建模

建立结构的有限元模型，使用 ANSYS 软件进行静力分析，有限元模型的建立是否正确、合理，直接影响到分析结果的准确可靠程度。因此，在开始建立有限元模型时就应当考虑要分析问题的特点，对需要划分的有限元网格的粗细和分布情况有一个粗略的计划。

2．施加载荷和边界条件，求解

在上一步建立的有限元模型上施加载荷和边界条件并求解，这部分要完成的工作包括：指定分析类型和分析选项，根据分析对象的工作状态和环境施加边界条件和载荷，对结果输出内容进行控制，最后根据设定的情况进行有限元求解。

3．结果评价和分析

求解完成后，查看分析的结果写进的结果文件 Jobname.RST，结果文件由以下数据构成。

- 基本数据——节点位移（UX、UY、YZ、ROTX、ROTY、ROTZ）。
- 导出数据——节点单元应力、节点单元应变、单元集中力、节点反力等。

可以用 POST1 或 POST26 检查结果。POST1 可以检查基于整个模型的指定子步（时间点）的结果；POST26 用在非线性静力分析追踪特定结果。

7.2　实例导航——内六角扳手的静态分析

📖 7.2.1　问题的描述

本实例为一个内六角扳手的静态分析。内六角扳手也叫艾伦扳手。常见的英文名称有

"Allen key（或 Allen wrench）" 和 "Hex key"（或 Hexwrench）。它通过扭矩对螺纹施加作用力，大大降低了使用者的用力强度，是工业制造业中不可或缺的得力工具。本例要分析的样本规格为公制 10mm。如图 7-1 所示，内六角扳手短端长为 7.5cm，长端长为 20cm，弯曲半径为 1cm，在长端端部施加 100N 的扭转力，端部顶面施加 20N 向下的压力。确定扳手在这两种加载条件下应力的强度。

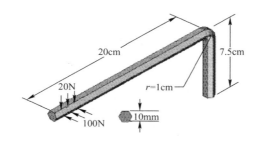

图 7-1　内六角扳手示意图

扳手的主要尺寸及材料特性如下。

扳手规格 = 10 mm

配置 = 六角

柄脚长度= 7.5 cm

手柄长度= 20 cm

弯曲半径= 1 cm

弹性模量= 2.07×1011 Pa

施加扭转力= 100 N

施加向下的压力= 20 N

7.2.2　建立模型

1．设置分析标题

1）定义工作文件名：Utility Menu > File > Change Jobname，弹出如图 7-2 所示的 Change Job name 对话框，在 Enter new jobname 文本框中输入 Allen wrench，并将 New Log and error files 复选框选为 Yes，单击 OK 按钮。

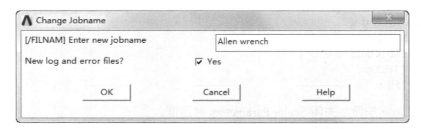

图 7-2　Change Jobname 对话框

2）定义工作标题：Utility Menu > File > Change Title，在出现的 Change Title 对话框中输入 Static Analysis of an Allen Wrench，如图 7-3 所示，单击 OK 按钮。

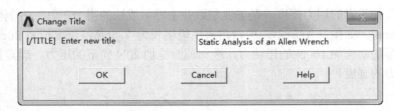

图 7-3　Change Title 对话框

2．设置单位系统

1）在输入窗口命令行中单击，激活命令行文字输入。

2）输入 "/UNITS,SI" 命令，然后按下〈Enter〉键。在此输入的命令会存储在历史缓冲区中，可通过单击输入窗口右侧的向下箭头访问。

3）单击菜单栏中的 Parameters > Angular Units 命令，出现如图 7-4 所示的 Angular Units for Parametric Functions 对话框。

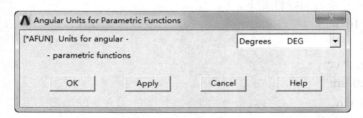

图 7-4　Angular Units for Parametric Functions 对话框

4）在角参数功能下拉列表中选择单位为 Degrees DEG，然后单击 OK 按钮。

3．定义参数

1）单击菜单栏中 Parameters > Scalar Parameters 命令，打开 Scalar Parameters 对话框，如图 7-5 所示。在 Select 文本框中依次输入以下参数。

```
EXX=2.07E11
W_HEX=0.01
W_FLAT=0.0058
L_SHANK=0.075
L_HANDLE=0.2
BENDRAD=0.01
L_ELEM=0.0075
NO_D_HEX=2
TOL=25E-6
```

2）单击 Close 按钮，关闭 Scalar Parameters 对话框。

3）单击工具栏中的 SAVE_DB 按钮，保存数据文件。

4．定义单元类型

1）从主菜单中选择 Main Menu > Preprocessor > Element Type > Add/Edit/Delete 命令，打开 Element Types 对话框，如图 7-6 所示。

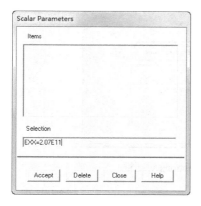

图 7-5　Scalar Parameters 对话框

图 7-6　Element Types 对话框

2）单击 Add 按钮，打开 Library of Element Types 对话框，如图 7-7 所示。在 Library of Element Types 列表框中选择 Structural Solid > Brick 8node 185，在 Element type reference number 文本框中输入 1，单击 OK 按钮关闭 Library of Element Types 对话框。

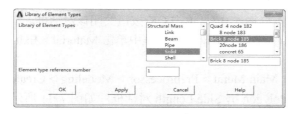

图 7-7　Library of Element Types 对话框

3）单击 Element Types 对话框中的 Options 按钮，打开 SOLID185 element type options 对话框，如图 7-8 所示。在 Element technology K2 下拉列表框中选择 Simple Enhanced Strn，其余选项采用系统默认设置，单击 OK 按钮关闭该对话框。

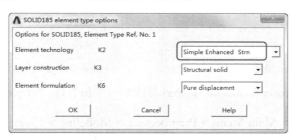

图 7-8　SOLID185 element type options 对话框

4）单击 Add 按钮，打开 Library of Element Types 对话框。在 Library of Element Types 列表框中选择 Structural Solid > Quad 4node 182，在 Element type reference number 文本框中输入 2，单击 OK 按钮关闭 Library of Element Types 对话框。

5）单击 Element Types 对话框中的 Options 按钮，打开 PLANE182 element type options 对话框，如图 7-9 所示。在 Element technology K1 下拉列表框中选择 Simple Enhanced Strn，其余选项采用系统默认设置，单击 OK 按钮关闭该对话框。

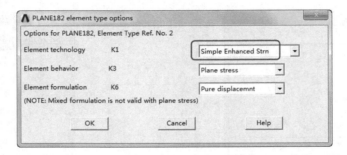

图 7-9　PLANE182 element type options 对话框

6）单击 Close 按钮关闭 Element Types 对话框。

5. 定义材料性能参数

1）从主菜单中选择 Main Menu > Preprocessor > Material Props > Material Models 命令，打开 Define Material Model Behaviar 对话框。

2）在 Material Models Available 列表框中依次单击 Structural > Linear > Elastic > Isotropic，打开 Linear Isotropic Properties for Material Number1 对话框，如图 7-10 所示。在 EX 文本框输入 EXX，在 PRXY 文本框输入 0.3，单击 OK 按钮关闭该对话框。

3）在 Define Material Model Behaviar 对话框中单击 Material > Exit 命令，关闭该对话框。

6. 创建模型

1）从主菜单中选择 Main Menu > Preprocessor > Modeling > Create > Areas > Polygon > By Side Length 命令，打开 Polygon by Side Length 对话框，如图 7-11 所示。在 Number of sides 文本框中输入 6，在 Length of each side 文本框中输入 W_FLAT，单击 OK 按钮关闭该对话框。

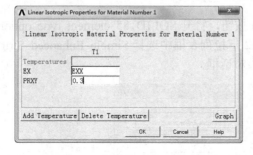

图 7-10　Linear Isotropic Properties for Material Number1 对话框

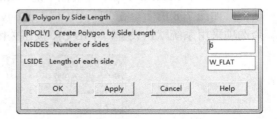

图 7-11　Polygon by Side Length 对话框

2）从主菜单中选择 Main Menu > Preprocessor > Modeling > Create > Keypoints > In Active CS 命令，弹出 Create Keypoints in Active Coordinate Systems 对话框，如图 7-12 所示。

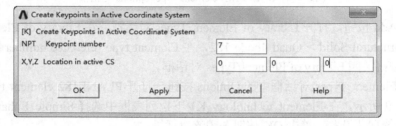

图 7-12　Create Keypoints in Active Coordinate System 对话框

3）在 Keypoint number 文本框输入 7，在 X，Y，Z Location in active CS 文本框依次输入 0，0，0。

4）单击 Apply 按钮，再次弹出 Create Keypoints in Active Coordinate Systems 对话框，在 Keypoint number 文本框输入 8，在"X,Y,Z Location in active CS"文本框依次输入 0，0，-L_SHANK。

5）单击 Apply 按钮，再次弹出 Create Keypoints in Active Coordinate Systems 对话框，在 Keypoint number 文本框输入 9，在"X,Y,Z Location in active CS"文本框依次输入 0，L_HANDLE，-L_SHANK。单击 OK 关闭该对话框。

6）单击菜单栏中的 PlotCtrls > Window Controls > Window Options 命令，打开 Window Options 对话框，如图 7-13 所示。

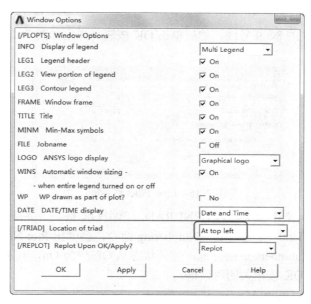

图 7-13 Window Options 对话框

7）在[/TRIAD] Location of triad 下拉列表框中选择 At top left，即在 ANSYS 窗口中在左上显示整体坐标系，单击 OK 按钮关闭该对话框。

8）从菜单中选择 Utility Menu>PlotCtrls > Pan, Zoom, Rotate 命令，弹出移动、缩放和旋转对话框，单击视角方向为 iso，可以在（1,1,1）方向观察模型，单击 Close 关闭对话框。

9）单击菜单栏中 PlotCtrls > View Settings > Angle of Rotation 命令，打开 Angle of Rotation 对话框，如图 7-14 所示。在 Angle in degrees 文本框中输入 90，在 Axis of rotation 下拉列表中选择 Global Cartes X，其余选项采用系统默认设置，单击 OK 按钮关闭该对话框。

10）从主菜单中选择 Main Menu>Preprocessor > Modeling > Create > Lines > Lines > Straight lines。

11）连接点 4 和点 1，点 7 和点 8，点 8 和点 9，使它们成为 3 条直线，单击 OK 按钮，如图 7-15 所示。

12）从主菜单中选择 Main Menu > Preprocessor > Modeling > Create > Lines > Line Fillet 命令，弹出线拾取对话框。

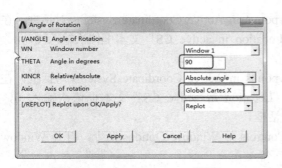

图 7-14 Angle of Rotation 对话框

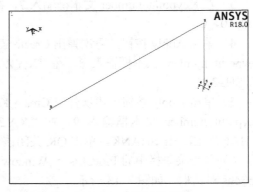

图 7-15 创建 3 条直线

13）拾取刚刚建立的 8、9 号线，然后单击 OK 按钮，弹出如图 7-16 所示的 Line Fillet 对话框。

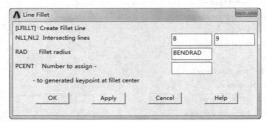

图 7-16 Line Fillet 对话框

14）在 Fillet radius 文本框中输入 BENDRAD，单击 OK 按钮，完成倒角的操作。

15）单击 Utility Menu > PlotCtrls > Numbering 命令，会弹出 Plot Numbering Controls 对话框，单击 LINE Line numbers 后的方框，使其状态从 Off 变为 On，其余选项采用默认设置，如图 7-17 所示，单击 OK 按钮关闭对话框。

16）从菜单中选择 Utility Menu > Plot > Areas。

17）从主菜单中选择 Main Menu > Preprocessor > Modeling > Operate > Booleans > Divide > With Options > Area by Line 命令，弹出 Divide Area by Line 拾取框，拾取六边形面，单击 OK 按钮。

18）从菜单中选择 Utility Menu>Plot > Lines。拾取 7 号线，单击 OK 按钮，弹出如图 7-18 所示的 Divide Area by Line with Options 对话框。

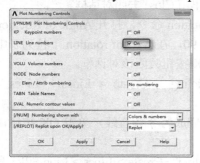

图 7-17 Plot Numbering Controls 对话框

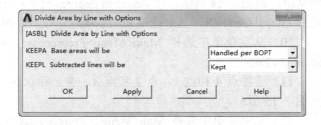

图 7-18 Divide Area by Line with Options 对话框

19）在 Subtracted lines will be 下拉列表中选择 Kept，其余选项采用系统默认设置，单击 OK 按钮关闭该对话框。得到的结果如图 7-19 所示。

20）从菜单中选择 Utility Menu>Select > Comp/Assembly > Create Component 命令，弹出如图 7-20 所示 Create Component 对话框。对话框中的组件名称中输入 BOTAREA，在实体类型下拉列表中选择 Areas，单击 OK 按钮就完成了组件的创建。

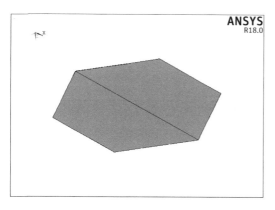

图 7-19　利用线划分面　　　　　　　　　图 7-20　Create Component 对话框

7．设置网格

1）从主菜单中选择 Main Menu > Preprocessor > Meshing > Size Cntrls > ManualSize > Lines > Picked Lines 命令，弹出线拾取对话框，在文本框中输入"1,2,6"，然后单击 OK 按钮，弹出如图 7-21 所示的 Element Sizes on Picked Lines 对话框。

2）在"No. of element divisions"文本框中输入 NO_D_HEX，然后单击 OK 按钮，完成 3 条线的网格划分。

3）从主菜单中选择 Main Menu > Preprocessor > Modeling > Create > Elements > Elem Attributes 命令，弹出如图 7-22 所示的 Element Attributes 对话框。在 Element type number 下拉列表中选择 2 PLANE182，其余采取默认设置，单击 OK 按钮。

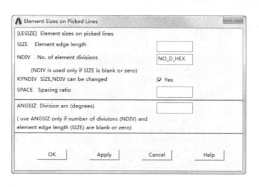

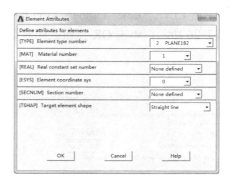

图 7-21　Element Sizes on Picked Lines 对话框　　　图 7-22　Element Attributes 对话框

4）从主菜单中选择 Main Menu > Preprocessor > Meshing > Mesher Opts 命令，弹出如图 7-23 所示的 Mesher Options 对话框。在 Mesher Type 区域，选择 Mapped 单选按钮，然后单击 OK 按钮。

5）系统弹出如图 7-24 所示的 Set Element Shape 对话框，采取默认的 Quad 网格形状，单击 OK 按钮。

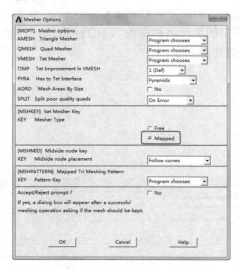
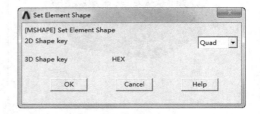

图 7-23　Mesher Options 对话框　　　　　图 7-24　Set Element Shape 对话框

6）从主菜单中选择 Main Menu > Preprocessor > Meshing > Mesh > Areas > Mapped > 3 or 4 sided 命令，弹出面拾取对话框，单击 Pick All 按钮，完成面网格的划分。

7）从主菜单中选择 Main Menu > Preprocessor > Modeling > Create > Elements > Elem Attributes 命令，弹出 Element Attributes 对话框。在 Element type number 下拉列表中选择"1 SOLID185"，其余采取默认设置，单击 OK 按钮。

8）从主菜单中选择 Main Menu > Preprocessor > Meshing > Size Cntrls > Manual Size > Size Cntrls > Global > Size 命令，弹出如图 7-25 所示的 Global Element Sizes 对话框。

9）在 element edge length 文本框中输入 L_ELEM，然后单击 OK 按钮。

10）单击 Utility Menu > PlotCtrls > Numbering 命令，会弹出 Plot Numbering Controls 对话框，单击 LINE　Line numbers 后的方框，使其状态从 Off 变为 On，其余选项采用默认设置，如图 7-26 所示，单击 OK 按钮关闭对话框。

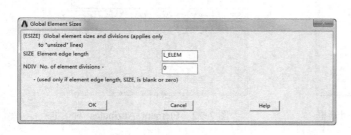
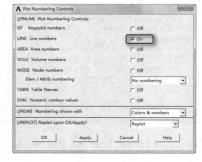

图 7-25　Global Element Sizes 对话框　　　图 7-26　Plot Numbering Controls 对话框

11）选择菜单栏中 Plot > Lines 命令，窗口会重新显示整体几何模型。

12）从主菜单中选择 Main Menu > Preprocessor > Modeling > Operate > Extrude > Areas > Along Lines 命令，弹出线拾取对话框，单击 Pick All 按钮。然后依次拾取 8、9 和 10 号线，单击 OK 按钮。完成的模型如图 7-27 所示。

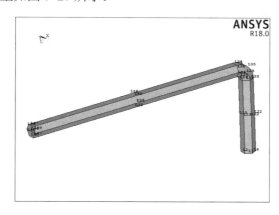

图 7-27　拉伸模型

13）从菜单中选择 Utility Menu>Plot > Elements 命令，显示单元模型。

14）单击工具栏中的 SAVE_DB 按钮，保存数据文件。

15）从菜单中选择 Utility Menu>Select > Comp/Assembly > Select Comp/Assembly 命令，会弹出 Select Component or Assembly 对话框，连续单击 OK 按钮，接受默认的 BOTAREA 组件。

16）从主菜单中选择 Main Menu > Preprocessor > Meshing > Clear > Areas 命令，弹出面拾取对话框，单击 Pick All 按钮。

17）从菜单中选择 Utility Menu>Select > Everything 命令，拾取所有。

18）从菜单中选择 Utility Menu>Plot > Elements 命令，显示单元模型。

7.2.3　定义边界条件并求解

1．施加载荷

1）从菜单中选择 Utility Menu>Select > Comp/Assembly > Select Comp/Assembly 命令，会弹出 Select Component or Assembly 对话框，连续单击 OK 按钮，接受默认的 BOTAREA 组件。

2）从菜单中选择 Utility Menu>Select > Entities 命令，弹出拾取对话框，在顶部的下拉列表中选择 Lines，在第二个下拉列表中选择 Exterior，然后单击 Apply 按钮。

3）再次弹出拾取对话框，在顶部的下拉列表中选择 Nodes，在第二个下拉列表中选择 Attached to，单击"Lines, all"选项，最后单击 OK 按钮。

4）从主菜单中选择 Main Menu > Solution > Define Loads > Apply > Structural > Displacement > On Nodes 命令，弹出节点拾取对话框，单击 Pick All 按钮，系统弹出如图 7-28 所示的"Apply U,ROT on Nodes"对话框。

5）在 DOFs to be constrained 列表中选择 ALL DOF 然后单击 OK 按钮。

6）从菜单中选择 Utility Menu>Select > Entities 命令，弹出拾取对话框，在顶部的下拉列表中选择 Lines，单击 Sele All 按钮，然后单击 Cancel 按钮。

7）从菜单中选择 Utility Menu>PlotCtrls > Symbols 命令，会弹出如图 7-29 所示的 Symbols 对话框。单击 Boundary condition symbol 栏中的 All Applied BCs 选项，在 Surface Load Symbols 下拉列表中选择 Pressures，在 Show pres and convect as 下拉列表中选择 Arrows，然后单击 OK 按钮。

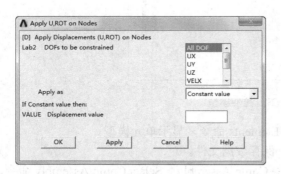

图 7-28　"Apply U, ROT on Nodes" 对话框　　　　图 7-29　Symbols 对话框

2. 在手柄上施加压力

1）从菜单中选择 Utility Menu>Select > Entities 命令，弹出拾取对话框，在顶部的下拉列表中选择 Areas，在第二个下拉列表中选择 By Location，单击 Y coordinates 选项，在 "Min, Max" 栏中输入 "BENDRAD,L_HANDLE"，单击 Apply 按钮。

2）单击 X coordinates 选项和 Reselect 选项，在 "Min, Max" 栏中输入 "W_FLAT/2, W_FLAT"，单击 Apply 按钮。

3）在顶部的下拉列表中选择 Nodes，在第二个下拉列表中选择 Attached to，单击 "Areas, all" 选项和 From Full 选项，单击 Apply 按钮。

4）在第二个下拉列表中选择 By Location，单击 Y coordinates 选项和 Reselect 选项，在 "Min, Max" 栏中输入 "L_HANDLE+TOL,L_HANDLE-(3.0*L_ELEM)-TOL"，单击 OK 按钮。

5）从菜单中选择 Utility Menu>Parameters > Get Scalar Data 命令，会弹出如图 7-30 所示的 Get Scalar Data 对话框。

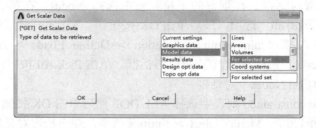

图 7-30　Get Scalar Data 对话框

6）在 Type of data to be retrieved 下拉表框中选择 Model Data，在框中选择 For selected set，单击 OK 按钮。

7）在打开的 Get Data for Selected Entity Set 对话框的 Name of parameter to be defined 文本框中输入 minyval，Data to be retrieved 列表框中选择 Current node set > Min Y coordinate，单击 Apply 按钮，如图 7-31 所示。

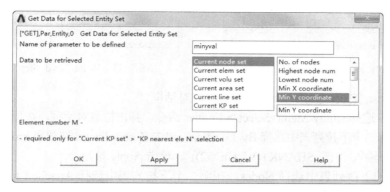

图 7-31 Get Data for selected Entity Set 对话框

弹出 Get Scalar Data 对话框，在 Type of data to be retrieved 下拉表框中选择 Model Data，在框中选择 For selected set，单击 OK 按钮。

8）在打开的 Get Nodal Results 对话框的 Name of parameter to be defined 文本框中输入 maxyval，Data to be retrieved 列表框中选择 Current node set > Max Y coordinate，单击 OK 按钮。

9）单击菜单栏中 Parameters > Scalar Parameters 命令，打开 Scalar Parameters 对话框。在 Select 文本框中输入以下参数：

PTORQ=100/(W_HEX*(MAXYVAL-MINYVAL))

10）单击 Close 按钮，关闭 Scalar Parameters 对话框。

11）从主菜单中选择 Main Menu > Solution > Define Loads > Apply > Structural > Pressure > On Nodes 命令，弹出拾取对话框，单击 Pick All 按钮，系统弹出如图 7-32 所示的 Apply PRES on nodes 对话框。

12）在 Load PRES value 文本框中输入 PTORQ，然后单击 OK 按钮。

13）从菜单中选择 Utility Menu>Select > Everything 命令。

14）从菜单中选择 Utility Menu>Plot > Nodes 命令，显示模型的节点。

15）单击工具栏中的 SAVE_DB 按钮，保存数据文件。

16）从主菜单中选择 Main Menu > Solution > Load Step Opts > Write LS File 命令，系统弹出如图 7-33 所示的 Write Load Step File 对话框。

17）在 Load step file number n 文本框中输入 1，然后单击 OK 按钮。

3．定义向下的压力

1）单击菜单栏中 Parameters > Scalar Parameters 命令，打开 Scalar Parameters 对话框。在 Select 文本框中输入以下参数：

PDOWN=20/(W_FLAT*(MAXYVAL-MINYVAL))

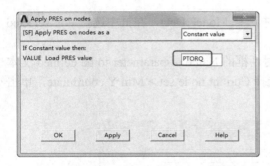

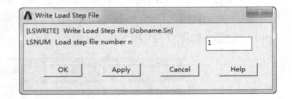

图 7-32 Apply PRES on nodes 对话框　　　　图 7-33 Write Load Step File 对话框

2）单击 Close 按钮，关闭 Scalar Parameters 对话框。

3）从菜单中选择 Utility Menu>Select > Entities 命令，弹出拾取对话框，在顶部的下拉列表中选择 Areas，在第二个下拉列表中选择 By Location，单击 Z coordinates 选项和 From Full 选项，在"Min, Max"栏中输入"-(L_SHANK+(W_HEX/2))"，单击 Apply 按钮。

4）在顶部的下拉列表中选择 Nodes，在第二个下拉列表中选择 Attached to，单击"Areas, all"选项，单击 Apply 按钮。

5）单击 X coordinates 选项和 From Full 选项，在"Min, Max"栏中输入"W_FLAT/2, W_FLAT"，单击 Apply 按钮。

6）在第二个下拉列表中选择 By Location，单击 Y coordinates 选项和 Reselect 选项，在"Min, Max"栏中输入"L_HANDLE+TOL,L_HANDLE-(3.0*L_ELEM)-TOL"，单击 OK 按钮。

7）从主菜单中选择 Main Menu > Solution > Define Loads > Apply > Structural > Pressure > On Nodes 命令，弹出拾取对话框，单击 Pick All 按钮，系统弹出 Apply PRES on Nodes 对话框。

8）在 Load PRES value 文本框中输入 PDOWN，然后单击 OK 按钮。

9）从菜单中选择 Utility Menu>Select > Everything 命令。

10）从菜单中选择 Utility Menu>Plot > Nodes 命令，显示模型的节点，结果如图 7-34 所示。

11）单击工具栏中的 SAVE_DB 按钮，保存数据文件。

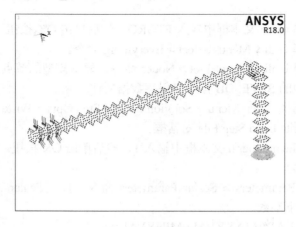

图 7-34 施加载荷

12）从主菜单中选择 Main Menu > Solution > Load Step Opts > Write LS File 命令，系统弹出 Write Load Step File 对话框。

13）在 Load step file number n 文本框中输入 2，然后单击 OK 按钮。

14）单击工具栏中的 SAVE_DB 按钮，保存数据文件。

4. 求解

1）从主菜单中选择 Main Menu > Solution > Solve > From LS Files 命令，系统弹出如图 7-35 所示的 Solve Load Step Files 对话框。

2）在 Starting LS file number 文本框中输入 1，在 Ending LS file number 文本框中输入 2，然后单击 OK 按钮，开始求解。

3）求解完成后打开如图 7-36 所示的提示求解完成对话框。

4）单击 Close 按钮，关闭提示求解完成对话框。

图 7-35 Solve Load Step Files 对话框　　　　　图 7-36 提示求解完成

7.2.4 查看结果

1. 读取第一个载荷步计算结果

1）从主菜单中选择 Main Menu > General Postproc > Read Results > First Set 命令，读取第一个载荷步计算结果。

2）从主菜单中选择 Main Menu > General Postproc > List Results > Reaction Solu 命令，系统弹出如图 7-37 所示的 List Reaction Solution 对话框。单击 OK 按钮接受默认的设置：显示所有选项。列表显示的计算结果如图 7-38 所示。

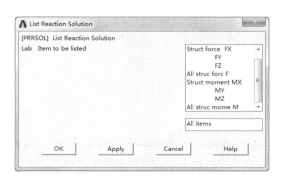

图 7-37 List Reaction Solution 对话框　　　　　图 7-38 计算结果

3）从菜单中选择 Utility Menu>PlotCtrls > Symbols 命令，会弹出 Symbols 对话框。单击 Boundary condition symbol 栏中的 None 选项，然后单击 OK 按钮。

4）从菜单中选择 Utility Menu>PlotCtrls > Style > Edge Options 命令，会弹出如图 7-39 所示的 Edge Options 对话框。选择 Element outlines for non-contour/contour plots 下拉列表中的 Edge Only/All 选项，然后单击 OK 按钮。

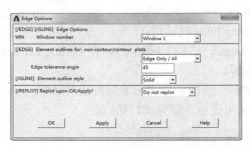

图 7-39　Edge Options 对话框

5）从主菜单中选择 Main Menu > General Postproc > Plot Results > Deformed Shape 命令，弹出如图 7-40 所示的 Plot Deformed Shape 对话框，选择 Def + undeformed，单击 OK 按钮。物体变形图如图 7-41 所示。

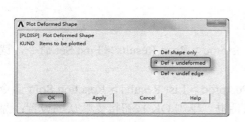

图 7-40　Plot Deformed Shape 对话框

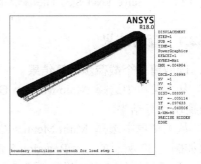

图 7-41　物体变形图

6）从菜单中选择 Utility Menu>PlotCtrls > Save Plot Ctrls 命令，会弹出如图 7-42 所示的 Save Plot Controls 对话框。在 Save Plot Ctrls on file 文本框中输入 "pldisp.gsa"，然后单击 OK 按钮。

图 7-42　Save Plot Controls 对话框

7）从菜单栏中选择 PlotCtrls > View Settings > Angle of Rotation 命令，打开 Angle of Rotation 对话框。在 Angle in degrees 文本框中输入 120，在 Relative/absolute 下拉列表中选择 Relative angle，在 Axis of rotation 下拉列表中选择 Global Cartes Y，其余选项采用系统默认设置，单击 OK 按钮关闭该对话框。

8）从主菜单中选择 Main Menu > General Postproc > Plot Results > Contour Plot > Nodal Solu 命令，打开如图 7-43 所示的 Contour Nodal Solution Data 对话框。选择 Stress 和 Stress intensity，单击 OK 按钮。得到的应力强度分布云图如图 7-44 所示。

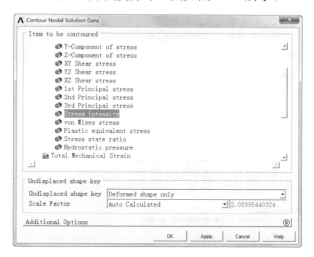

图 7-43　Contour Nodal Solution Data 对话框

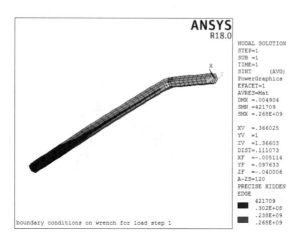

图 7-44　应力强度分布云图

9）从菜单中选择 Utility Menu>PlotCtrls > Save Plot Ctrls 命令，弹出 Save Plot Controls 对话框。在 Selection box 文本框中输入 "plnsol.gsa"，然后单击 OK 按钮。

2. 读取第二载荷步计算结果

1）从主菜单中选择 Main Menu > General Postproc > Read Results > Next Set 命令，读取第二个载荷步计算结果。

2）从主菜单中选择 Main Menu > General Postproc > List Results > Reaction Solu 命令，系统弹出 List Reaction Solution 对话框，单击 OK 按钮接受默认的设置：显示所有选项。列表显示的计算结果如图 7-45 所示。

图 7-45 节点计算结果

3）从菜单中选择 Utility Menu>PlotCtrls > Restore Plot Ctrls 命令，会弹出 Restore Plot Controls 对话框，在 Selection box 文本框中输入 "plnsol.gsa"，然后单击 OK 按钮，得到的物体变形图如图 7-46 所示。

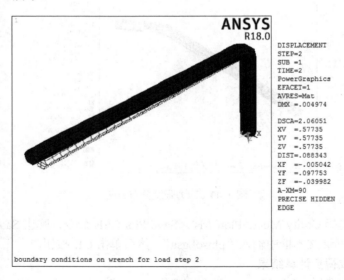

图 7-46　物体变形图

4）从主菜单中选择 Main Menu > General Postproc > Plot Results > Contour Plot > Nodal Solu 命令，打开 Contour Nodal Solution Data 对话框。选择 Stress 和 Stress intensity，单击 OK 按钮。得到的应力强度分布云图如图 7-47 所示。

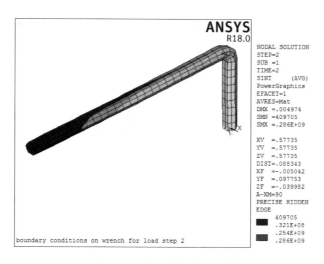

图 7-47　应力强度分布云图

3. 放大横截面

1）从菜单中选择 Utility Menu>WorkPlane > Offset WP by Increments 命令，打开如图 7-48 所示的 Offset WP 对话框。

2）在移动栏中，在"X,Y,Z offsets"文本框中输入"0,0,-0.067"，单击 OK 按钮。

3）从菜单中选择 Utility Menu > PlotCtrls > Style > Hidden Line Options 命令，打开如图 7-49 所示的 Hidden-Line Options 对话框。在 Type of Plot 下拉列表中选择 Capped hidden 选项，在 Cutting plane is 下拉列表中选择 Working plane 选项，然后单击 OK 按钮。

图 7-48　移动工作平面

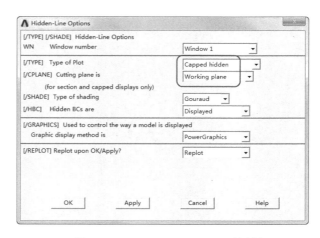

图 7-49　Hidden-Line Options 对话框

4）从菜单中选择 Utility Menu>PlotCtrls > Pan-Zoom-Rotate 命令，打开如图 7-50 所示的 Pan-Zoom-Rotate 拾取对话框。

5）单击 WP 按钮，拖动 Rate 滑动条到 10，然后多次单击"放大"按钮，直到截面清晰显示。得到的放大截面云图如图 7-51 所示。

图 7-50　Pan-Zoom-Rotate 拾取对话框

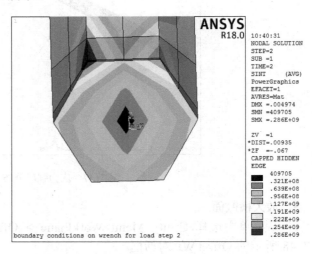

图 7-51　放大截面云图

📖 7.2.5　命令流方式

略，见随书电子资料包文档。

第8章 模态分析

本章导读

模态分析是所有动力学分析类型的基础内容。本章介绍 ANSYS 模态分析的全流程步骤，详细讲解其中各种参数的设置方法与功能，最后通过实例对 ANSYS 模态分析功能进行具体演示。

通过本章的学习，读者可以完整深入地掌握 ANSYS 模态分析的各种功能和应用方法。

8.1 模态分析概论

模态分析是用来确定结构振动特性的一种技术，通过它可以确定自然频率、振型和振型参与系数（即在特定方向上某个振型在多大程度上参与了振动）。

进行模态分析有许多好处：可以使结构设计避免共振或以特定频率进行振动（例如扬声器）；使工程师认识到结构对于不同类型的动力载荷是如何响应的；有助于在其他动力分析中估算求解控制参数（如时间步长）。由于结构的振动特性决定结构对于各种动力载荷的响应情况，所以在准备进行其他动力分析之前首先要进行模态分析。

使用 ANSYS 的模态分析来决定一个结构或者机器部件的振动频率（固有频率和振形）。模态分析也可以是另一个动力学分析的出发点，例如，瞬态动力学分析、谐响应分析或者谱分析等。

用模态分析可以确定一个结构的固有频率和振型。固有频率和振型是承受动态载荷结构设计中的重要参数。如果要进行模态叠加法谐响应分析或瞬态动力学分析，固有频率和振型也是必要的。

可以对有预应力的结构进行模态分析，例如旋转的涡轮叶片。另一个有用的分析功能是循环对称结构模态分析，该功能允许通过只对循环对称结构的一部分进行建模而分析产生整个结构的振型。

ANSYS 产品家族的模态分析是线性分析。任何非线性特性，如塑性和接触（间隙）单元，即使定义了也将被忽略。可选的模态提取方法有 7 种：Block Lanczos（默认）、subspace、PCG Lanczos、Supernode、unsymmetric、damped、QR damped。Damped 和 QR damped 方法允许结构中包含阻尼。

8.2 模态分析的基本步骤

模态分析的基本步骤包括：建模、加载及求解、扩展模态、观察结果和后处理。

8.2.1 建模

在这一步中要指定项目名和分析标题，然后用前处理器 PREP7 定义单元类型、单元实常数、材料性质以及几何模型。这些工作对大多数分析是相似的，这里不再详细介绍。

需要注意如下几点。

1）模态分析中只有线性行为是有效的，如果指定了非线性单元，它们将被认为是线性的。例如，如果分析中包含了接触单元，则系统取其初始状态的刚度值并且不再改变此刚度值。

2）必须指定弹性模量 EX（或某种形式的刚度）和密度 DENS（或某种形式的质量）。材料性质可以是线性的或非线性的，各向同性或正交各向异性的，恒定的或与温度有关的，非线性特性将被忽略。必须对某些指定的单元（COMBIN7、COMBIN14、COMBIN37）进行实常数的定义。

📖 8.2.2　加载及求解

在这一步中要定义分析类型和分析选项、施加载荷、指定加载阶段选项，并进行固有频率的有限元求解，在得到初始解后，应该对模态进行扩展以供查看。扩展模态在"8.2.3　扩展模态"中详细介绍。

1. 进入 ANSYS 求解器

命令：/SOLU。

GUI：Main Menu > Solution。

2. 指定分析类型和分析选项

ANSYS 提供的用于模态分析的选项如表 8-1 所示。

表 8-1　分析类型和分析选项

选　项	命　令	GUI 路径
New Analysis	ANTYPE	Main Menu > Solution > Analysis Type > New Analysis
Analysis Type: Modal (see Note below)	ANTYPE	Main Menu > Solution > Analysis Type > New Analysis > Modal
Mode Extraction Method	MODOPT	Main Menu > Solution > Analysis Type > Analysis Options
Number of Modes to Extract	MODOPT	Main Menu > Solution > Analysis Type > Analysis Options
No. of Modes to Expand (see Note below)	MXPAND	Main Menu > Solution > Analysis Type > Analysis Options
Mass Matrix Formulation	LUMPM	Main Menu > Solution > Analysis Type > Analysis Options
Prestress Effects Calculation	PSTRES	Main Menu > Solution > Analysis Type > Analysis Options

1）New Analysis [ANTYPE]：选择新的分析类型。

2）Analysis Type: Modal [ANTYPE]：用此选项指定分析类型为模态分析。

3）Mode Extraction Method [MODOPT]：可以选择不同的模态提取方法，其对应菜单如图 8-1 所示。

4）Number of Modes to Extract [MODOPT]：指定模态提取的阶数。

注意　除了 Supernode 法，其他所有的模态提取方法都必须设置具体的模态提取阶数。

5）Number of Modes to Expand [MXPAND]：此选项只在采用 Supernode 法、Unsymmetric 法和 Damped 法时要求设置。但如果想得到单元的求解结果，则不论采用何种模态提取方法都需打开 Calculate elem results 项。

图 8-1　模态分析选项

6）Mass Matrix Formulation [LUMPM]：使用该选项可以采用默认的质量矩阵形成方式（和单元类型有关）或者集中质量阵近似方式。建议在大多数情况下应采用默认形成方式。但对有些包含"薄膜"结构的问题，如细长梁或非常薄的壳，采用集中质量矩阵能产生较好的结果。另外，采用集中质量阵求解时间短，需要内存少。

7）Prestress Effects Calculation [PSTRES]：选用该选项可以计算有预应力结构的模态。默认的分析过程不包括预应力，即结构是处于无应力状态的。

8）其他模态分析选项：完成了 Modal Analysis 对话框中的各项设置后，单击 OK 按钮。将会出现一个相应于指定的模态提取方法的对话框，以选择兰索斯模态提取法（Block Lanczos）为例，将弹出 Block Lanczos Method 对话框，如图 8-2 所示，其中 FREQB Start Freq（initial shift）选项表示需要提取模态的最小频率，FREQE End Frequency 选项表示需要提取模态的最大频率，一般按默认选项即可（即：不设定最小和最大频率）。

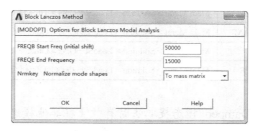

图 8-2　Block Lanczos Method 对话框

3．定义主自由度

只有采用 Supernode 模态提取法时需要定义主自由度。主自由度（MDOF）是结构动力学行为的特征自由度，主自由度的个数至少是所关心模态数的两倍，这里建议尽可能地多定义主自由度[命令：M,MGEN]，并且允许 ANSYS 软件根据结构刚度与质量的比值定义一些额外的主自由度[命令：TOTAL]。可以列表显示定义的主自由度[命令：MLIST]，也可以删除无关的主自由度[命令：MDELE]，参考 ANSYS 在线帮助的相关章节可获得更详细的说明。

命令：M。

GUI：Main Menu > Solution > Master DOFs > user Selected > Define。

4．在模型上加载荷

在典型的模态分析中唯一有效的"载荷"是零位移约束。如果在某个 DOF 处指定了一个非零位移约束，程序将以零位移约束替代该 DOF 处的设置。可以施加除位移约束之外的其他载荷，但它们将被忽略（见下面的说明）。在未加约束的方向上，程序将解算刚体运动（零频）以及高频（非零频）自由体模态。表 8-2 给出了施加位移约束的命令和 GUI 路径。载荷可以加在实体模型（点、线、面）上或加在有限元模型（点和单元）上。

说明　其他类型的载荷（力、压力、温度、加速度等）可以在模态分析中指定，但模态提取时将被忽略。程序会计算出相当于所有载荷的载荷矢量，并将这些矢量写到振型文件 Jobname.MODE 中，以便在模态叠加法谐响应分析或瞬态分析中使用。在分析过程中，可以增加、删除载荷或进行载荷列表，载荷间运算。

表 8-2　施加位移载荷约束

载荷类型	命令	GUI 路径
Displacement (UX, UY, UZ, ROTX, ROTY, ROTZ)	D	Main Menu > Solution > DefineLoads > Apply > Structural > Displacement

5．指定载荷步选项

模态分析中可用的载荷步选项如表 8-3 所示。

表 8-3　载荷步选项

选　项	命　令	GUI 路径
Alpha（质量）阻尼	ALPHAD	Main Menu > Solution > LoadStepOpts > Time/Frequenc > Damping
Beta（刚度）阻尼	BETAD	Main Menu > Solution > LoadStepOpts > Time/Frequenc > Damping
恒定阻尼比	DMPRAT	Main Menu > Solution > LoadStepOpts > Time/Frequenc > Damping
材料阻尼比	MP，DAMP	Main Menu > Solution > LoadStepOpts > Other > Change Mat Props > Polynomial
单元阻尼比	R	Main Menu > Solution > LoadStepOpts > Other > RealConstants > Add/Edit/Delete
输出	OUTPR	Main Menu > Solution > Load StepOpts > Output Ctrls > Solu Printout

注意　阻尼只在用 Damped 模态提取法时有效（在其他模态提取法中阻尼将被忽略）。如果包含阻尼，且采用 Damped 模态提取法，则计算的特征值是复数解。

6．开始求解计算

命令：SOLVE。

GUI：Main Menu > Solution > Solve > Current LS。

7．离开 SOLUTION

命令：FINISH。

GUI：Main Menu > Finish。

8.2.3　扩展模态

从严格意义上来说，"扩展"这个词意味着将减缩解扩展到完整的 DOF 集上。"减缩解"

常用主 DOF 表达。而在模态分析中，用"扩展"这个词指将振型写入结果文件。也就是说，"扩展模态"不仅适用于 Supernode 模态提取方法得到的减缩振型，而且也适用于其他模态提取方法得到的完整振型。因此，如果想在后处理器中查看振型，必须先对其扩展（也就是将振型写入结果文件）。

 模态扩展要求振型文件 Jobname.MODE、文件 Jobname.EMAT、Jobname.ESAV 及 Jobname.TRI（如果采用 Supernode 法）必须存在；数据库中必须包含与计算模态时完全相同的分析模型。

扩展模态的具体操作步骤如下。

（1）进入 **ANSYS** 求解器

命令：/SOLU。

GUI：Main Menu > Solution。

 在扩展处理前必须明确地离开 SOLUTION（用命令 FINISH 和相应 GUI 路径）并重新进入(/SOLU)。

（2）激活扩展处理及相关选项

ANSYS 提供的扩展处理选项如表 8-4 所示。

表 8-4　扩展处理选项

选　项	命　令	GUI 路径
Expansion Pass On/Off	EXPASS	Main Menu > Solution > Analysis Type > Expansion Pass
No. of Modes to Expand	MXPAND	Main Menu > Solution > Load Step Opts > Expansion Pass > Single Expand > Expand Modes
Freq.Range for Expansion	MXPAND	Main Menu > Solution > Load Step Opts > Expansion Pass > Single Expand > Expand Modes
Stress Calc. On/Off	MXPAND	Main Menu > Solution > Load Step Opts > Expansion Pass > Single Expand > Expand Modes

1）Expansion Pass On/Off [EXPASS]：选择 ON（打开）。

2）No. of Modes to Expand [MXPAND]：指定要扩展的模态数，默认为不进行模态扩展，其对应的对话框如图 8-3 所示。

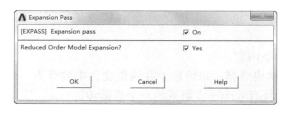

图 8-3　扩展模态选项

 只有经过扩展的模态才可在后处理中进行观察。

3）Fre Range for Expansion [MXPAND]：这是另一种控制要扩展模态数的方法。如果指定了一个频率范围，那么只有该频率范围内的模态会被扩展。

4）Stress Calc On/Off [MXPAND]：是否计算应力选项，默认为不计算。

（3）指定载荷步选项

模态扩展处理中唯一有效的选项是输出控制。

1）Printed Output。

命令：OUTPR。

GUI：Main Menu > Solution > Load Step Opts > Output Ctrls > Solu Printout。

2）Database and results file output 此选项用来控制结果文件 Jobname.RST 中包含的数据。OUTRES 中的 FREQ 域只可为 ALL 或 NONE：即要么输出所有模态要么不输出任何模态的数据。比如，不能输出每隔一阶的模态信息。

命令：OUTRES。

GUI：Main Menu > Solution > Load Step Opts > Output Ctrls > DB/Results File。

（4）开始扩展处理

扩展处理的输出包括已扩展的振型，而且还可以要求包含各阶模态相对应的应力分布。

命令：SOLVE。

GUI：Main Menu > Solution > Current LS。

（5）重复扩展处理

如需扩展另外的模态（如不同频率范围的模态）请重复步骤（2）～步骤（4）。每一次扩展处理的结果文件中存储为单步的载荷步。

（6）离开 SOLUTION

命令：FINISH。

GUI：Main Menu > Finish。

📖 8.2.4 观察结果和后处理

模态分析的结果（即扩展模态处理的结果）被写入到结构分析结果文件 Jobname.RST 中。分析包括：固有频率、已扩展的振型、相对应力和力分布（如果要求输出）。

可以在 POST1 [/POST1] 即普通后处理器中观察模态分析结果。

注意 如果在 POST1 中观察结果，则数据库中必须包含和求解相同的模型；结果文件 Jobname.RST 必须存在。

观察结果数据包括如下内容。

1）读入合适子步的结果数据。每阶模态在结果文件中被存为一个单独的子步。比如扩展了 6 阶模态，结果文件中将有 6 个子步组成的一个载荷步。

命令：SET，SUBSTEP。

GUI：Main Menu > General Postproc > Read Results > By Load Step > Substep。

2）执行任何想做的 POST1 操作，常用的模态分析 POST1 操作如下。

Listing All Frequencies：列出所有已扩展模态对应的频率。

命令：SET，LIST。

GUI：Main Menu > General Postproc > List Results > Detailed Summary。

命令：PLDISP。

GUI：Main Menu > General Postproc > Plot Results > Deformed Shape。

8.3 实例导航——小发电机转子模态分析

本节以小发电机转子的模态分析为例来介绍 ANSYS 的模态分析的具体过程。

8.3.1 分析问题

小发电机驱动主机质量为 m，通过直径为 d 的钢轴驱动。发电机转子的极惯性矩为 J，假设发电机轴固定，质量忽略。几何尺寸及模型如图 8-4 所示。其中材料属性及几何参数见表 8-5。

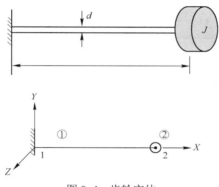

图 8-4　齿轮实体

表 8-5　材料属性及几何参数

材料属性	几何参数
E = 31.2×106 psi	d = 0.375 in
m = 1 lb−sec^2/in	e = 9.00 in
	J = 0.031 lb−in−sec^2

8.3.2 建立模型

建立模型包括设定分析作业名和标题、定义单元类型和实常数、定义材料属性、建立几何模型、划分有限元网格。

1．设定分析作业名和标题

在进行一个新的有限元分析时，通常需要修改数据库名，并在图形输出窗口中定义一个标题来说明当前进行的工作内容。另外，对于不同的分析范畴（结构分析、热分析、流体分析、电磁场分析等），ANSYS 所用主菜单的内容不尽相同，为此，需要在分析开始时选定分析内容的范畴，以便 ANSYS 显示出与其相对应的菜单选项。

1）从实用菜单中选择 Utility Menu > File > Change Jobname 命令，将打开 Change Jobname 对话框，如图 8-5 所示。

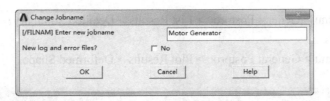

图 8-5 Change Jobname 对话框

2）在 Enter new jobname 文本框中输入本分析实例的数据库文件名 Motor Generator。

3）单击 OK 按钮，完成文件名的修改。

4）从实用菜单中选择 Utility Menu > File > Change Title 命令，将打开 Change Title 对话框，如图 8-6 所示。

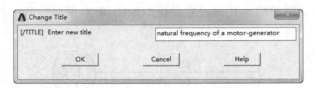

图 8-6 Change Title 对话框

5）在 Enter new title 文本框中输入分析实例的标题名 natural frequency of a motor-generator。

6）单击 OK 按钮，完成对标题名的指定。

7）从实用菜单中选择 Utility Menu >Plot > Replot 命令，指定的标题 dynamic analysis of a gear 将显示在图形窗口的左下角。

8）从主菜单中选择 Main Menu > Preference 命令，将打开 Preference of GUI Filtering 对话框，选中 Structural 复选框，单击 OK 按钮完成设置。

2. 定义单元类型

在进行有限元分析时，首先应根据分析问题的几何结构、分析类型和分析的问题精度要求等，选定适合具体分析的单元类型。本例中选用梁单元 SOLID188。

1）从主菜单中选择 Main Menu>Preprocessor > Element Types > Add/Edit/Delete 命令，将打开 Element Type 对话框。

2）单击 Add 按钮，将打开 Library of Element Type 对话框，如图 8-7 所示。

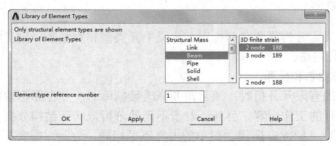

图 8-7 Library of Element Types 对话框

在左边的列表框中选择 Beam 选项，即选择梁单元类型；

在右边的列表框中选择 2node 188 选项，即选择二节点梁单元 BEAM 188。

3）单击 Apply 按钮，将 SOLID 186 单元添加，并返回 Library of Element Types 对话框。
在左边的列表框中选择 Structural Mass 选项；在右边的列表框中选择 3D mass 21 选项。

4）单击 OK 按钮，将 MASS 21 单元添加，并关闭 Library of Element Types 对话框，同时返回到第 1 步打开的 Element Types 对话框，如图 8-8 所示。

图 8-8　Element Types 对话框

5）单击 Close 按钮，关闭 Element Types 对话框，结束单元类型的添加。

3．定义截面类型

定义杆件材料性质：从主菜单中选择 Main Menu > Preprocessor > Sections > Beam > Common Section 命令，弹出如图 8-9 所示的 Beam Tool 对话框，在 Sub-Type 下拉列表中选择实心圆管，在 R 中输入半径 0.1875，在 N 中输入划分段数 20，单击 OK 按钮。

4．定义实常数

1）在主菜单中选择 Main Menu> Preprocessor > Real Constants > Add/Edit/Delete 命令，弹出 Real Constants 对话框。

2）单击 Add 按钮，弹出一个 Element Type 对话框，选择 Type 2 MASS21，单击 OK 按钮，弹出"Real Constant Set Number 2, for　MASS 21"对话框为 MASS 21 单元定义实常数，如图 8-10 所示。

图 8-9　Beam Tool 对话框

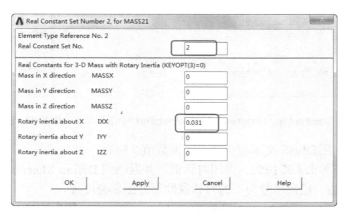

图 8-10　单元定义实常数对话框

3）在 Real constant Set No.文本框中输入 2，在 IXX 文本框中输入 0.031，单击 OK 按钮，回到 Real Constants 对话框，然后单击 Close 按钮关闭此对话框。

5．定义材料属性

考虑惯性力的静力分析中必须定义材料的弹性模量和密度。具体步骤如下。

1）从主菜单中选择 Main Menu >Preprocessor > Material Props > Materia Model 命令，将打开 Define Material Model Behavior 窗口，如图 8-11 所示。

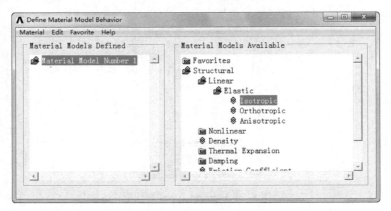

图 8-11　Define Material Model Behavior 窗口

2）依次选择 Structural > Linear > Elastic > Isotropic，展开材料属性的树形结构。将弹出 Linear Isotropic Properties for Material Number1 对话框，如图 8-12 所示。

3）在对话框的 EX 文本框中输入弹性模量"3.12E+007"，在 PRXY 文本框中输入泊松比 0.3。

4）单击 OK 按钮，关闭对话框，并返回到 Define Material Model Behavior 窗口，在此窗口的左边一栏出现刚刚定义的参考号为 1 的材料属性。

5）依次选择 Structural > Density，打开 Density for Material Number1 对话框，如图 8-13 所示。

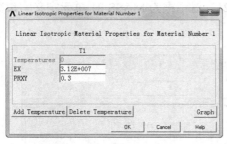

图 8-12　Linear Isotropic Properties for Material Number1 对话框

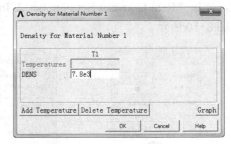

图 8-13　Density for Material Number1 对话框

6）在 DENS 文本框中输入密度数值 7.8e3。

7）单击 OK 按钮，关闭对话框，并返回到 Define Material Model Behavior 窗口，在此窗口的左边一栏参考号为 1 的材料属性下方出现密度项。

8）在 Define Material Model Behavior 窗口中，依次选择 Material > Exit 命令，或者单击右

上角的"退出"按钮 ▇▇▇，退出此窗口，完成对材料模型属性的定义。

6．建立实体模型

1）选择 ANSYS Main Menu > Preprocessor > Modeling > Create > Nodes > In Active CS 命令，打开 Create Nodes in Active Coordinate System 对话框，如图 8-14 所示。在 NODE　Node number 文本框输入 1，在"X,Y,Z　Location in active CS"文本框中依次输入 0 和 0。

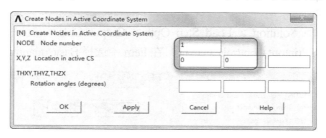

图 8-14　Create Nodes in Active Coordinate System 对话框

2）单击 Apply 按钮会再次打开 Create Nodes in Active Coordinate System 对话框。在 NODE　Node number 文本框输入 2，在"X,Y,Z　Location in active CS"文本框中依次输入 8 和 0，单击 OK 按钮关闭该对话框。

3）选择 ANSYS Main Menu > Preprocessor > Modeling > Create > Elements > Auto Numbered > Thru Nodes 命令，打开 Elements from Nodes 对话框，在文本框输入"1,2"，单击 OK 按钮关闭该对话框。

4）选择菜单栏中的 PlotCtrls > Style > Colors > Reverse Video 命令，ANSYS 窗口将变成白色。单击菜单栏中的 Plot > Elements 命令，ANSYS 窗口会显示模型，如图 8-15 所示。

5）选择 Main Menu > Preprocessor > Modeling > Create > Elements > Elem Attributes 命令，打开 Element Attributes 对话框，如图 8-16 所示。在[TYPE] Element type number 下拉列表框中选择 2 MASS21，在[REAL] Real constant set number 下拉列表框中选择 2，其余选项采用系统默认设置，单击 OK 按钮关闭该对话框。

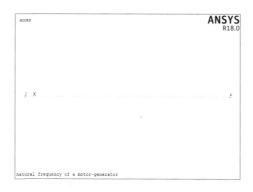

图 8-15　模型

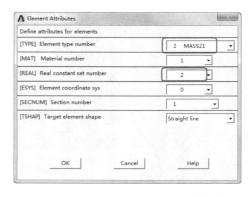

图 8-16　Element Attributes 对话框

6）选择 Main Menu > Preprocessor > Modeling > Create > Elements > Auto Numbered > Thru Nodes 命令，打开 Elements from Nodes 对话框，在文本框输入 2，单击 OK 按钮关闭该对话框。

7）存储数据库 ANSYS，单击 SAVE_DB 按钮，保存数据。

8.3.3　进行模态设置、定义边界条件并求解

在进行模态分析中，建立有限元模型后，就需要进行模态设置、施加边界条件、进行模态扩展设置、进行扩展求解。

1．设置求解选项

选择 Main Menu > Solution > Load Step Opts > Output Ctrls > Solu Printout 命令，弹出如图 8-17 所示的 Solution Printout Conttrols 对话框，在 Item 中选择 Basic quantities，单击 OK 按钮。

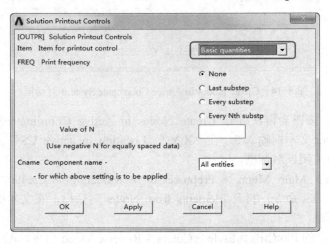

图 8-17　Solution Printout Conttrols 对话框

2．模态分析设置

1）从主菜单中选择 Main Menu >Solution > Analysis Type > New Analysis 命令，打开 New Analysis 对话框，如图 8-18 所示。选择分析的种类，选择 Modal 单选项，单击 OK 按钮。

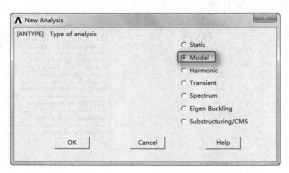

图 8-18　New Analysis 对话框

2）从主菜单中选择 Main Menu >Solution > Analysis Type > Analysis Options 命令，打开 Modal Analysis 设置对话框，要求进行模态分析设置，选择 Block Lanczos 单选项，在 "No. of nodes to extract" 文本框中输入 1，将 Expand mode shaps 设置为 Yes，单击 OK 按钮，如图 8-19 所示。

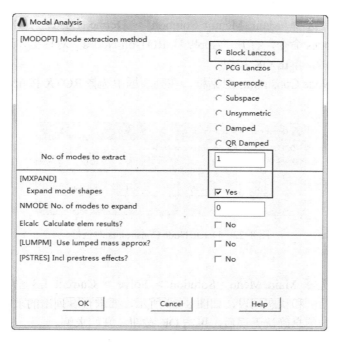

图 8-19　Modal Analysis 对话框

3）打开 Block Lanczos Method 对话框，采取默认设置，单击 OK 按钮。

3．施加边界条件

1）从主菜单中选择 Main Menu >Solution > Define Loads > Apply > Structural > Displacement > on Nodes 命令，打开"Apply U, ROT on Nodes"对话框，选择欲施加位移约束的关键点，单击 Pick All 按钮，如图 8-20 所示。

2）打开约束种类的对话框，在列表框中选择 All DOF 按钮，单击 OK 按钮，如图 8-21 所示。

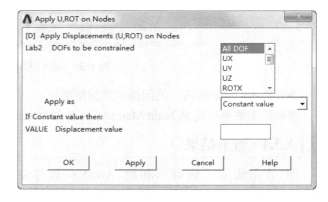

图 8-20　"Apply U, ROT on Nodes"对话框　　　　图 8-21　选择约束的种类

3）从主菜单中选择 Main Menu > Solution > Define Loads > Delete > Structural > Displacement > on Nodes 命令，打开"Apply U, ROT on Nodes"对话框，选择欲删除位移约束的关键点，选择节点 2，单击 OK 按钮。

4）打开 Delete Node Constraints 对话框，在列表框中选择 ROTX 按钮，单击 OK 按钮，如图 8-22 所示。

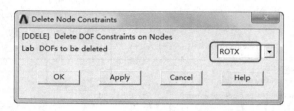

图 8-22　Delete Node Constraints 对话框

4．进行求解

1）从主菜单中选择 Main Menu > Solution > Solve > Current LS 命令，打开一个 Solve Current Load Step 对话框和状态列表，如图 8-23 所示，要求查看列出的求解选项。

2）查看列表中的信息确认无误后，单击 OK 按钮，开始求解。

3）ANSYS 会显示求解过程中的状态，如图 8-24 所示。

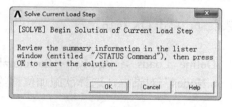

图 8-23　Solve Current Load Step 对话框

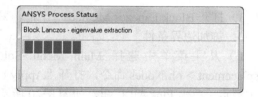

图 8-24　求解状态

4）求解完成后打开如图 8-25 所示的提示求解结束框。

图 8-25　提示求解结束框

5）单击 Close 按钮，关闭提示求解结束框。

6）从主菜单中选择 Main Menu > Finish 命令，退出求解。

📖 8.3.4　查看结果

求解完成后，就可以利用 ANSYS 软件生成的结果文件（对于静力分析，则为 Jobname.RST）进行后处理。静力分析中通常通过 POST1 后处理器就可以处理和显示大多数的结果数据。

列表显示分析的结果。

1）读取一个载荷步的结果，从主菜单中选择 Main Menu >General Postproc > Read Results > Last Set 命令。

2）从主菜单中选择 Main Menu >General Postproc > Results Summary 命令，打开 SET，LIST Command 列表显示结果，如图 8-26 所示。

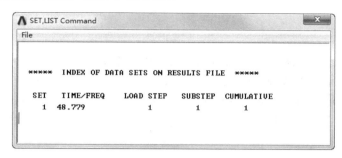

图 8-26　分析结果的列表显示

8.3.5　命令流方式

略，见随书电子资料包文档。

第9章 瞬态动力学分析

本章导读

瞬态动力学分析（也称时间历程分析）用于确定承受任意随时间变化载荷的结构动力学响应的方法。本章介绍 ANSYS 瞬态动力学分析的全流程步骤，详细讲解其中各种参数的设置方法与功能，最后通过实例对 ANSYS 瞬态动力学分析功能进行了具体演示。

通过本章的学习，读者可以完整深入地学习 ANSYS 瞬态动力学分析的各种功能和应用方法。

9.1 瞬态动力学概论

可以用瞬态动力学分析确定结构在静载荷、瞬态载荷和简谐载荷的随意组合作用下随时间变化的位移、应变、应力及力。载荷和时间的相关性使得惯性力和阻尼作用比较显著。如果惯性力和阻尼作用不重要，就可以用静力学分析代替瞬态分析。

瞬态动力学分析比静力学分析更复杂，因为按"工程"时间计算，瞬态动力学分析通常要占用更多的计算机资源和人力。可以先做一些预备工作以节省大量资源。例如：

首先分析一个比较简单的模型。由梁、质量体、弹簧组成的模型可以以最小的代价对问题提供有效深入的理解，简单模型或许正是结构所有的动力学响应所需要的。

如果包含非线性分析，可以首先通过静力学分析尝试了解非线性特性如何影响结构的响应。有时在动力学分析中没必要包括非线性。

了解问题的动力学特性。通过模态分析计算结构的固有频率和振型，便可了解当这些模态被激活时结构如何响应。固有频率同样对计算出正确的积分时间步长有用。

对于非线性问题，应考虑将模型的线性部分进行子结构化以降低分析代价。子结构在帮助文件中的 ANSYS Advanced Analysis Techniques Guide 里有详细的描述。

进行瞬态动力学分析可以采用 3 种方法：Full 法、Reduced 法、Mode Superposition 法。

9.1.1 Full 法

Full 法采用完整的系统矩阵计算瞬态响应（没有矩阵减缩）。它是 3 种方法中功能最强的，允许包含各类非线性特性（塑性，大变形，大应变等）。Full 法的优点如下。

1）容易使用，因为不必关心如何选取主自由度和振型。

2）允许包含各类非线性特性。

3）使用完整矩阵，因此不涉及质量矩阵的近似。

4）在一次处理过程中能计算出所有的位移和应力。

5）允许施加各种类型的载荷：节点力、外加的（非零）约束、单元载荷（压力和温度）。

6）允许采用实体模型上所加的载荷。

Full 法的主要缺点是比其他方法开销大。

9.1.2 Mode Superposition 法

Mode Superposition 法通过对模态分析得到的振型（特征值）乘上因子并求和来计算出结构的响应。它的优点如下。

1）对于许多问题，比 Reduced 或 Full 法更快且开销小。

2）在模态分析中施加的载荷可以通过 LVSCALE 命令用于谐响应分析中。

3）允许指定振型阻尼（阻尼系数为频率的函数）。

Mode Superposition 法的缺点如下。

1）整个瞬态分析过程中时间步长必须保持恒定，因此不允许用自动时间步长。

2）唯一允许的非线性是点点接触（有间隙情形）。

3）不能用于分析"未固定的（floating）"或不连续结构。

4）不接受外加的非零位移。

5）在模态分析中使用 PowerDynamics 法时，初始条件中不能有预加的载荷或位移。

9.1.3 Reduced 法

Reduced 法通常采用主自由度和减缩矩阵来压缩问题的规模。主自由度处的位移被计算出来后，解可以被扩展到初始的完整 DOF 集上。

这种方法的优点是：比 Full 法更快且开销小。

Reduced 法的缺点如下。

1）初始解只计算出主自由度的位移。要得到完整的位移，应力和力的解则需执行被称为扩展处理的进一步处理（扩展处理在某些分析应用中可能不必要）。

2）不能施加单元载荷（压力、温度等），但允许有加速度。

3）所有载荷必须施加在用户定义的自由度上（这就限制了采用实体模型上所加的载荷）。

4）整个瞬态分析过程中时间步长必须保持恒定，因此不允许用自动时间步长。

5）唯一允许的非线性是点-点接触（有间隙情形）。

9.2 瞬态动力学的基本步骤

首先将描述如何用 Full 法来进行瞬态动力学分析，然后会列出用 Reduced 法和 Mode Superposition 法时有差别的步骤。

Full 法瞬态动力学分析的过程由下述 8 个主要步骤完成：前处理（建模和分网）、建立初始条件、设定求解控制器、设定其他求解选项、施加载荷、设定多载荷步、瞬态求解、后处理。

9.2.1 前处理（建模和分网）

在这一步中需指定文件名和分析标题，然后用 PREP7 来定义单元类型、单元实常数、材料特性及几何模型。需要注意的几点如下。

1）可以使用线性和非线性单元。

2）必须指定弹性模量 EX（或某种形式的刚度）和密度 DENS（或某种形式的质量）。材料特性可以是线性的，各向同性的或各向异性的，恒定的或和温度相关的。非线性材料特性将被忽略。

另外，在划分网格时需注意的几点如下。

1）有限元网格需要足够精度以求解所关心的高阶模态。

2）感兴趣的应力-应变区域的网格密度要比只关心位移的区域相对加密一些。

3）如果求解过程包含了非线性特性，那么网格则应该与这些非线性特性相符合。例如，对于塑性分析来说，它要求在较大塑性变形梯度的平面内有一定的积分点密度，所以网格必须加密。

4）如果关心弹性波的传播（例如杆的端部抖动），有限元网格至少要有足够的密度求解波，通常的准则是沿波的传播方向每个波长范围内至少要有 20 个网格。

9.2.2 建立初始条件

在进行瞬态动力学分析之前，必须清楚如何建立初始条件以及使用载荷步。从定义上来说，瞬态动力学包含按时间变化的载荷。为了指定这种载荷，需要将载荷-时间曲线分解成相应的载荷步，载荷-时间曲线上的每一个拐角都可以作为一个载荷步，如图 9-1 所示。

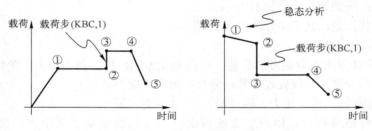

图 9-1 载荷-时间曲线

第一个载荷步通常被用来建立初始条件，然后指定后继的瞬态载荷及加载步选项。对于每一个载荷步，都要指定载荷值和时间值，同时要指定其他的载荷步选项，如载荷是按 Stepped 还是按 Ramped 方式施加，是否使用自动时间步长等。最后将每一个载荷步写入文件并一次性求解所有的载荷步。

施加瞬态载荷的第一步是建立初始关系（即零时刻时的情况）。瞬态动力学分析要求给定两种初始条件：初始位移 u_0 和初始速度 $\dot{u}_0$。如果没有进行特意设置，u_0 和 $\dot{u}_0$ 都被假定为 0。初始加速度 $\ddot{u}_0$ 一般被假定为 0，但可以通过在一个小的时间间隔内施加合适的加速度载荷来指定非零的初始加速度。

非零初始位移及非零初始速度的设置：

命令：IC。

GUI：Main Menu > Solution > Define Loads > Apply > Initial Condit'n > Define。

注意 谨记不要给模型定义不一致的初始条件。比如说，如果在一个自由度（DOF）处定义了初始速度，而在其他所有自由度处均定义为 0，这显然就是一种潜在的互相冲突的初始条件。在多数情况下，可能需要在全部没有约束的自由度处定义初始条件，如果这些初始条件在各个自由度处不相同，用 GUI 路径定义比用 IC 命令定义要容易得多。

9.2.3　设定求解控制器

该步骤跟静力结构分析是一样的，需特别指出的是：如果要建立初始条件，必须是在第一个载荷步上建立，然后可以在后续的载荷步中单独定义其余选项。

1．访问求解控制器（Solution Controls）

选择如下 GUI 路径进入求解控制器。

GUI：Main Menu > Solution > Analysis Type > Sol'n Control，弹出 Solution Controls 对话框，如图 9-2 所示。

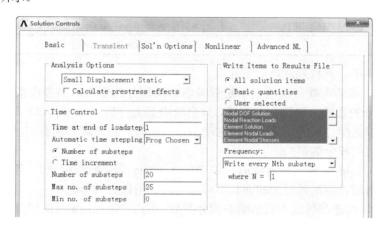

图 9-2　Solution Controls 对话框

此对话框主要包括 5 个选项卡：Basic、Transient、Sol'n Options、Nonlinear 和 Advanced NL。

2．利用基本选项

当进入求解控制器时，Basic 选项卡立即被激活。它的基本功能跟静力学一样，在瞬态动力学中，需特别注意如下几点。

在设置 ANTYPE 和 NLGEOM 时，如果想开始一个新的分析并且忽略几何非线性（例如大转动、大挠度和大应变）的影响，那么选择 Small Displacement Transient 选项；如果要考虑几何非线性的影响（通常是受弯细长梁考虑大挠度或者是金属成型时考虑大应变），则选择 Large Displacement Transient 选项；如果想重新开始一个失败的非线性分析或者是将刚做完的静力分析结果作为预应力或者刚做完瞬态动力学分析想要扩展其结果，选择 Restart Current Analysis 选项。

在设置 AUTOTS 时，需记住该载荷步选项（通常被称为瞬态动力学最优化时间步）是根据结构的响应来确定是否开启。对于大多数结构而言，推荐打开自动调整时间步长选项，并利用 DELTIM 和 NSUBST 设定时间积分步的最大和最小值。

默认情况下，在瞬态动力学分析中，结果文件（Jobname.RST）只有最后一个子步的数据。如果要记录所有子步的结果，则须重新设定 Frequency 的值。另外，默认情况下，ANSYS 最多只允许在结果文件中写入 1000 个子步，超过时会报错，可以用命令"/CONFIG，NRES"更改这个限定。

3．利用瞬态选项

ANSYS 求解控制器中包含的 Transient 选项如表 9-1 所示。

表 9-1　Transient 选项

选　　项	具体信息可参阅 ANSYS 帮助
指定是否考虑时间积分的影响 (TIMINT)	ANSYS Structural Analysis Guide 中的 Performing a Nonlinear Transient Analysis
指定在载荷步（或者子步）的载荷发生变化时是采用阶越载荷还是斜坡载荷 (KBC)	ANSYS Basic Analysis Guide 中的 Stepped Versus Ramped Loads ANSYS Basic Analysis Guide 中的 Stepping or Ramping Loads
指定质量阻尼和刚度阻尼(ALPHAD, BETAD)	ANSYS Structural Analysis Guide 中的 Damping
定义积分参数(TINTP)	ANSYS, Inc. Theory Reference

在瞬态动力学中，需特别注意如下几点。

1）TIMINT，该动态载荷选项表示是否考虑时间积分的影响。当考虑惯性力和阻尼时，必须考虑时间积分的影响（否则，ANSYS 只会给出静力分析解），所以默认情况下，该选项就是打开的。从静力学分析的结果开始瞬态动力学分析时，该选项特别有用，也就是说，第一个载荷步不考虑时间积分的影响。

2）ALPHAD（alpha 表示质量阻尼）和 BETA（beta 表示刚度阻尼），该动态载荷选项表示阻尼项。很多时候，阻尼是已知的而且不可忽略的，所以必须考虑。

3）TINTP，该动态载荷选项表示瞬态积分参数，用于 Newmark 时间积分方法。

4．利用其他选项

该求解控制器中还包含其他选项，诸如求解选项（Sol'n Options）、非线性选项（Nonlinear）和高级非线性选项（Advanced NL），它们跟静力分析是一样的，该处不再赘述。需强调的是，瞬态动力学分析中不能采用弧长法（arc-length）。

📖 9.2.4　设定其他求解选项

在瞬态动力学中的其他求解选项（比如应力刚化效应、牛顿-拉夫森（Newton-Raphson）选项、蠕变选项、输出控制选项、结果外推选项）跟静力学是一样的，与静力学不同的有如下几项。

1．预应力影响（Prestress Effects）

ANSYS 允许在分析中包含预应力，比如可以将先前的静力分析或者动力分析结果作为预应力施加到当前分析上，它要求必须存在先前结果文件。

命令：PSTRES。

GUI：Main Menu > Solution > Unabridged Menu > Analysis Type > Analysis Options。

2．阻尼选项（Damping Option）

利用该选项加入阻尼。在大多数情况下，阻尼是已知的，不能忽略。可以在瞬态动力学分析中设置材料阻尼（MP,DAMP）、单元阻尼（COMBIN7）等阻尼形式。

施加材料阻尼的方法如下。

命令：MP,DAMP。

GUI：Main Menu > Solution > Load Step Opts > Other > Change Mat Props > Material Models > Structural > Damping。

3. 质量阵的形式（Mass Matrix Formulation）

利用该选项指定使用集中质量矩阵。通常，ANSYS 推荐使用默认选项（协调质量矩阵），但对于包含薄膜构件（例如细长梁或者薄板等）的结构，集中质量矩阵往往能得到更好的结果。同时，使用集中质量矩阵也可以缩短求解时间和降低求解内存。

命令：LUMPM。

GUI：Main Menu > Solution > Unabridged Menu > Analysis Type > Analysis Options。

9.2.5 施加载荷

表 9-2 概括了适用于瞬态动力学分析的载荷类型。除惯性载荷外，可以在实体模型（由关键点、线、面组成）或有限元模型（由节点和单元组成）上施加载荷。

表 9-2 瞬态动力学分析中可施加的载荷

载荷形式	范　畴	命　令	GUI 路径
位移约束（UX, UY, UZ, ROTX, ROTY, ROTZ）	约束	D	Main Menu > Solution > DefineLoads > Apply > Structural > Displacement
集中力或者力矩　（FX, FY, FZ, MX, MY, MZ）	力	F	Main Menu > Solution > DefineLoads > Apply > Structural > Force/Moment
压力（PRES）	面载荷	SF	Main Menu > Solution > Define Loads > Apply > Structural > Pressure
温度（TEMP），流体（FLUE）	体载荷	BF	Main Menu > Solution > Define Loads > Apply > Structural > Temperature
重力，向心力等	惯性载荷	—	Main Menu > Solution > Define Loads > Apply > Structural > Other

在分析过程中，可以施加，删除载荷或对载荷进行操作或列表。

表 9-3 所示概括了瞬态动力学分析中可用的载荷步选项。

表 9-3 载荷步选项

选　项	命　令	GUI 途径
普通选项（General Options）		
时间	TIME	Main Menu >Solution>Load Step Opts > Time/Frequenc > Time - Time Step
阶跃载荷或者倾斜载荷	KBC	Main Menu > Solution > LoadStepOpts > Time/Frequenc > Time−Time Step or Freq and Substeps
积分时间步长	NSUBST DELTIM	Main Menu>Solution >Load Step Opts > Time/Frequenc > Time and Substps
开关自动调整时间步长	AUTOTS	Main Menu>Solution >Load Step Opts > Time/Frequenc > Time and Substps
动力学选项（Dynamics Options）		
时间积分影响	TIMINT	Main Menu > Solution > Load Step Opts > Time/Frequenc > Time Integration > Newmark Parameters
瞬态时间积分参数（用于 Newmark 方法）	TINPT	Main Menu > Solution > Load Step Opts > Time/Frequenc > Time Integration > Newmark Parameters
阻尼	ALPHAD BETAD DMPRAT	Main Menu > Solution > Load Step Opts > Time/Frequenc > Damping

选　项	命　令	GUI 途径
非线性选项(Nonlinear Option)		
最多迭代次数	NEQIT	Main Menu > Solution > Load Step Opts > Nonlinear > Equilibrium Iter
迭代收敛精度	CNVTOL	Main Menu > Solution > Load Step Opts > Nonlinear > Transient
预测校正选项	PRED	Main Menu > Solution > Load Step Opts > Nonlinear > Predictor
线性搜索选项	LNSRCH	Main Menu > Solution > Load Step Opts > Nonlinear > LineSearch
蠕变选项	CRPLIM	Main Menu > Solution > Load Step Opts > Nonlinear > Creep Criterion
终止求解选项	NCNV	Main Menu > Solution > Analysis Type > Sol'n Controls > Advanced NL
输出控制选项（Output Control Options）		
输出控制	OUTPR	Main Menu > Solution > Load Step Opts > Output Ctrls > Solu Printout
数据库和结果文件	OUTRES	Main Menu >Solution > Load Step Opts > Output Ctrls > DB/ Results File
结果外推	ERESX	Main Menu >Solution > Load Step Opts > Output Ctrls > Integration Pt

9.2.6　设定多载荷步

重复以上步骤，可定义多载荷步，对于每一个载荷步，都可以根据需要重新设定载荷求解控制和选项，并且可以将所有信息写入文件。

在每一个载荷步中，可以重新设定的载荷步选项包括：TIMINT、TINTP、ALPHAD、BETAD、MP、DAMP、TIME、KBC、NSUBST、DELTIM、AUTOTS、NEQIT、CNVTOL、PRED、LNSRCH、CRPLIM、NCNV、CUTCONTROL、OUTPR、OUTRES、ERESX 和RESCONTROL。

保存当前载荷步设置到载荷步文件中。

命令：LSWRITE。

GUI：Main Menu > Solution > Load Step Opts > Write LS File。

下面给出一个载荷步操作的命令流示例：

```
TIME, ...            ! Time at the end of 1st transient load step
Loads  ...           ! Load values at above time
KBC, ...             ! Stepped or ramped loads
LSWRITE              ! Write load data to load step file
TIME, ...            ! Time at the end of 2nd transient load step
Loads  ...           ! Load values at above time
KBC, ...             ! Stepped or ramped loads
LSWRITE              ! Write load data to load step file
TIME, ...            ! Time at the end of 3rd transient load step
Loads  ...           ! Load values at above time
KBC, ...             ! Stepped or ramped loads
LSWRITE              ! Write load data to load step file
Etc.
```

9.2.7　瞬态求解

（1）只求解当前载荷步

命令：SOLVE。

GUI：Main Menu > Solution > Solve > Current LS。

（2）求解多载荷步

命令：LSSOLVE。

GUI：Main Menu > Solution > Solve > From LS Files。

9.2.8 后处理

瞬态动力学分析的结果被保存到结构分析结果文件 Jobname.RST 中，可以用 POST26 和 POST1 观察结果。

POST26 用于观察模型中指定点处呈现为时间函数的结果。

POST1 用于观察在给定时间整个模型的结果。

1．使用 POST26

POST26 要用到结果项/频率对应关系表，即"variables（变量）"。每一个变量都有一个参考号，1 号变量被内定为频率。

1）用以下选项定义变量。

命令：NSOL 用于定义基本数据（节点位移）。

　　　ESOL 用于定义派生数据（单元数据，如应力）。

　　　RFORCE 用于定义反作用力数据。

　　　FORCE（合力，或合力的静力分量，阻尼分量，惯性力分量）。

　　　SOLU（时间步长，平衡迭代次数，响应频率等）。

GUI：Main Menu > Time Hist Postpro > Define Variables。

 在 Reduced 法或 Mode Superposition 法中，用命令 FORCE 只能得到静力。

2）绘制变量变化曲线或列出变量值。通过观察整个模型关键点处的时间历程分析结果，就可以找到用于进一步的 POST1 后处理的临界时间点。

　　命令：PLVAR 用于绘制变量变化曲线。

　　　　　"PLVAR，EXTREM"用于创建变量值列表。

GUI：Main Menu > Time Hist Postpro > Graph Variables。

　　　Main Menu > Time Hist Postpro > List Variables。

　　　Main Menu > Time Hist Postpro > List Extremes。

2．使用 POST1

（1）从数据文件中读入模型数据

命令：RESUME。

GUI：Utility Menu > File > Resume from。

（2）读入需要的结果集

用 SET 命令根据载荷步及子步序号或根据时间数值指定数据集。

命令：SET。

GUI：Main Menu > General Postproc > Read Results > By Time/Freq。

如果指定的时刻没有可用结果，得到的结果将是和该时刻相距最近的两个时间点对应结果之间的线性插值。

（3）显示结构的变形状况、应力、应变等的等值线，或者向量的向量图[PLVECT]

要得到数据的列表表格，请用 PRNSOL、PRESOL、PRRSOL 等。

1）显示变形形状。

命令：PLDISP。

GUI：Main Menu > General Postproc > Plot Results > Deformed Shape。

2）显示变形云图。

命令： PLNSOL 或 PLESOL。

GUI：Main Menu > General Postproc > Plot Results > Contour Plot > Nodal Solu or Element Solu。

注意 在 PLNSOL 和 PLESOL 命令的 KUND 参数可用来选择是否将未变形的形状叠加到显示结果中。

3）显示反作用力和力矩。

命令：PRRSOL。

GUI：Main Menu > General Postproc > List Results > Reaction Solu。

4）显示节点力和力矩。

命令：PRESOL，F 或 M。

GUI：Main Menu > General Postproc > List Results > Element Solution。

可以列出选定的一组节点的总节点力和总力矩。这样，就可以选定一组节点并得到作用在这些节点上的总力的大小，命令方式和 GUI 方式如下。

命令：FSUM。

GUI：Main Menu > General Postproc > Nodal Calcs > Total Force Sum。

同样，也可以察看每个选定节点处的总力和总力矩。对于处于平衡态的物体，除非存在外加的载荷或反作用载荷，所有节点处的总载荷应该为零。命令方式和 GUI 方式如下。

命令：NFORCE。

GUI：Main Menu > General Postproc > Nodal Calcs > Sum @ Each Node。

还可以设置要观察的是力的哪个分量：合力（默认）、静力分量、阻尼力分量、惯性力分量。命令如下。

命令：FORCE。

GUI：Main Menu > General Postproc > Options for Outp。

5）显示线单元（例如梁单元）结果。

命令：ETABLE。

GUI：Main Menu > General Postproc > Element Table > Define Table。

对于线单元，如梁单元、杆单元及管单元，用此选项可得到派生数据（应力、应变等）。细节可查阅 ETABLE 命令。

6）绘制矢量图。

命令：PLVECT。

GUI：Main Menu > General Postproc > Plot Results > Vector Plot > Predefined。

7）列表显示结果。

命令：PRNSOL（节点结果）。

PRESOL（单元-单元结果）。

PRRSOL（反作用力数据）等。

NSORT，ESORT（对数据进行排序）。

GUI：Main Menu > General Postproc > List Results > Nodal Solution。

Main Menu > General Postproc > List Results > Element Solution。

Main Menu > General Postproc > List Results > Reaction Solution。

Main Menu > General Postproc > List Results > Sorted Listing > Sort Nodes。

9.3 实例导航——弹簧振子瞬态动力学分析

瞬态动力分析是确定随时间变化载荷（例如爆炸）作用下结构响应的技术。它的输入数据是作为时间函数的载荷；输出数据是随时间变化的位移和其他的导出量，如：应力和应变。

瞬态动力分析可以应用在以下设计中。

1）承受各种冲击载荷的结构，如汽车的门和缓冲器、建筑框架以及悬挂系统等。

2）承受各种随时间变化载荷的结构，如桥梁、地面移动装置以及其他机器部件。

3）承受撞击和颠簸的家庭和办公设备，如移动电话、笔记本电脑和真空吸尘器等。

瞬态动力分析主要考虑的问题如下。

1）运动方程。

2）求解方法。

3）积分时间步长。

本节通过对弹簧、质量、阻尼振动系统进行瞬态动力分析，来介绍 ANSYS 的瞬态动力分析过程。

9.3.1 分析问题

如图 9-3 所示振动系统，由 4 个系统组成，在质量块上施加随时间变化的载荷，计算在振动系统的瞬态响应情况，比较不同阻尼下系统的运动情况，并与理论计算值相比较，如表 9-4 所示。

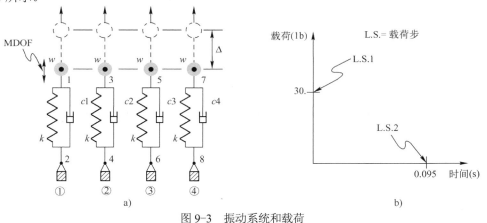

图 9-3 振动系统和载荷

a) 振动系统模型 b) 载荷-时间关系

阻尼 1：ξ = 2.0

阻尼 2：ξ = 1.0 （critical）

阻尼 3：ξ = 0.2

阻尼 4：ξ = 0.0 （undamped）

位移：w = 10 lb

刚度：k = 30 lb/in

质量：m = w/g = 0.02590673 lb-sec2/in

位移：Δ = 1 in

重力加速度：g = 386 in/sec2

表 9-4　不同阻尼下的计算值

t = 0.09 sec	Target	ANSYS	Ratio
u, in （for damping ratio = 2.0）	0.47420	0.47637	1.005
u, in （for damping ratio = 1.0）	0.18998	0.19245	1.013
u, in （for damping ratio = 0.2）	−0.52108	−0.51951	0.997
u, in （for damping ratio = 0.0）	−0.99688	−0.99498	0.998

9.3.2　建立模型

1. 设定分析作业名和标题

在进行一个新的有限元分析时，通常需要修改数据库名，并在图形输出窗口中定义一个标题来说明当前进行的工作内容。另外，对于不同的分析范畴（结构分析、热分析、流体分析、电磁场分析等），ANSYS 所用的主菜单的内容不尽相同，为此，需要在分析开始时选定分析内容的范畴，以便 ANSYS 显示出与其相对应的菜单选项。

1）从实用菜单中选择 Utility Menu > File > Change Jobname 命令，将打开 Change Jobname 对话框，如图 9-4 所示。

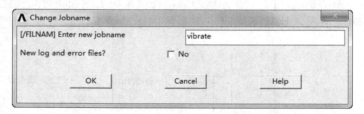

图 9-4　Change Jobname 对话框

2）在 Enter new jobname 文本框中输入 vibrate，为本分析实例的数据库文件名。

3）单击 Add 按钮，完成文件名的修改。

4）从实用菜单中选择 Utility Menu > File > Change Title 命令，将打开 Change Title 对话框，如图 9-5 所示。

5）在 Enter new title 文本框中输入分析实例的标题名 transient response of a spring-mass-damper system。

6）单击 OK 按钮，完成对标题名的指定。

7）从实用菜单中选择 Utility Menu >Plot > Replot 命令，指定的标题 transient response of a spring-mass-damper system 将显示在图形窗口的左下角。

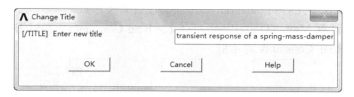

图 9-5　Change Title 对话框

8）从主菜单中选择 Main Menu >Preference 命令，将打开 Preference of GUI Filtering 对话框，选中 Structural 复选框，单击 OK 按钮确定。

2．定义单元类型

在进行有限元分析时，首先应根据分析问题的几何结构、分析类型和所分析的问题精度要求等，选定适合具体分析的单元类型。本例中选用复合单元 Combination 40。

1）从主菜单中选择 Main Menu >Preprocessor > Element Type > Add/Edit/Delete 命令，将打开 Element Types 对话框。

2）单击 OK 按钮，将打开 Library of Element Types 对话框，如图 9-6 所示。

3）在左边的列表框中选择 Combination 选项，选择复合单元类型。

4）在右边的列表框中选择 Combination 40 选项，选择复合单元 Combination 40。

5）单击 OK 按钮，将 Combination 40 单元添加，并关闭 Library of Element Types 对话框，同时返回到第 1）步打开的 Element Types 对话框，如图 9-7 所示。

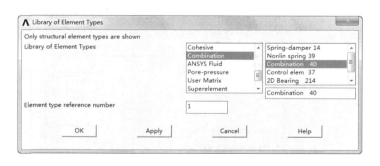

图 9-6　Library of Element Types 对话框　　　　图 9-7　Element Types 对话框

6）在对话框中单击 Options 按钮，打开如图 9-8 所示的 COMBIN 40 element type option 对话框，对 Combination 40 单元进行设置，使其可用于计算模型中的问题。

7）在 Element degree(s) of freedom K3 下拉列表框中选择 UY 选项。

8）单击 OK 按钮，接受选项，关闭 COMBIN 40 element type options 对话框，返回到 Element Types 对话框。

9）单击 Close 按钮，关闭 Element Types 对话框，结束单元类型的添加。

3．定义实常数

本实例中选用复合单元 Combination 40，需要设置其实常数。

1）从主菜单中选择 Main Menu>Preprocessor > Real Constants > Add/Edit/Delete 命令，打开如图 9-9 所示的 Real Constants 对话框。

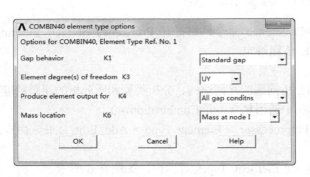

图 9-8　COMBIN40 element type options 对话框　　　图 9-9　Real Constants 对话框

2）单击 Add 按钮，打开如图 9-10 所示的 Element Type for Real Constants 对话框，要求选择欲定义实常数的单元类型。

3）本例中定义了一种单元类型，在已定义的单元类型列表中选择 Type 1 COMBIN 40，将为复合单元 COMBIN 40 类型定义实常数。

4）单击 OK 按钮确定，关闭选择 Element Type for Real Constants 对话框，打开该单元类型 Real Constant Set 对话框，如图 9-11 所示。

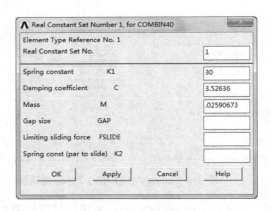

图 9-10　Element Type for Real Constants 对话框　　　图 9-11　为 COMBIN40 设置实常数

5）在 Real Constant Set No.文本框中输入 1，设置第一组实常数。

在 K1 文本框中输入 30；在 C 文本框中输入 3.52636；在 M 文本框中输入.02590673。

6）单击 Apply 按钮，进行第 2、3、4 组的实常数设置，其与第 1 组只在 C（阻尼）处有区别，分别为 1.76318，.352636，0。

7）单击 OK 按钮，关闭 Real Constart Set 对话框，返回 Real Constarts 对话框，显示已经定义了 4 组实常数，如图 9-12 所示。

8）单击 Close 按钮，关闭 Real Constants 对话框。

4．定义材料属性

本例中不涉及应力应变的计算，采用的单元是复合单元，且不用设置材料属性。

5．建立弹簧、质量、阻尼振动系统模型

（1）定义两个节点 1 和 8

从主菜单中选择 Main Menu>Preprocessor > Modeling > Create > Nodes > In Active CS，弹出 Create Nodes in Active Coordinate System 对话框，如图 9-13 所示。在 Node number 文本框中输入 1，单击 Apply 按钮。在 Node number 文本框中输入 8，单击 OK 按钮。

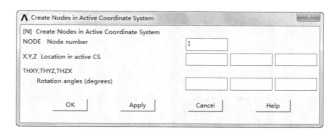

图 9-12　已经定义的实常数　　　　图 9-13　Create Nodes in Active Coordinate System 对话框

（2）定义其他节点 2～7

1）从主菜单中选择 Main Menu> Preprocessor > Modeling > Create > Nodes > Fill between nds，弹出 Fill between Nds 对话框，如图 9-14 所示。在文本框中输入"1，8"，单击 OK 按钮。

2）在打开的 Create Nodes Between 2 Nodes 对话框中，单击 OK 按钮，如图 9-15 所示。

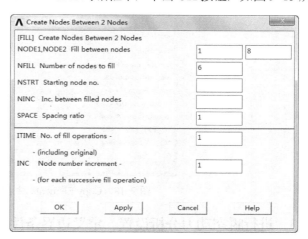

图 9-14　选择节点　　　　　　　　　图 9-15　填充节点

（3）定义一个单元

从主菜单中选择 Main Menu >Preprocessor > Modeling > Create > Elements > AutoNumbered > ThruNodes，弹出 Elements from Nodes 对话框，如图 9-16 所示。

在文本框中输入"1，2"，用节点 1 和节点 2 创建一个单元，单击 OK 按钮。

（4）创建其他单元

从主菜单中选择 Main Menu > Preprocessor > Modeling > Copy > Elements > Auto Numbered，弹出 Copy Elems Auto-Num 对话框，如图 9-17 所示。

在文本框中输入 1，选择第一个单元，单击 OK 按钮。

图 9-16　Elements from Nodes 对话框

图 9-17　Copy Elems Auto-Num 对话框

3）在打开的 Copy Elements 对话框中，Total number of copies 文本框中输入 4，Node number increment 文本框中输入 2，Real constant no. incr 文本框中输入 1，单击 OK 按钮，如图 9-18 所示。

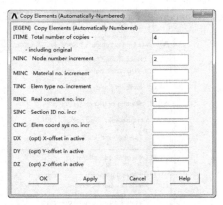

图 9-18　Copy Elements 对话框

9.3.3　进行瞬态动力分析设置、定义边界条件并求解

在进行瞬态动力分析中，建立有限元模型后，就需要进行瞬态动力分析设置、施加边界

条件并求解。

1．选择分析类型

1）从主菜单中选择 Main Menu > Solution > Analysis Type > New Analysis，打开 New Analysis 对话框，如图 9-19 所示。选择 Transient 单选项，然后单击 OK 按钮。

2）这时会打开 Transient Analysis 对话框，采取默认设置，单击 OK 按钮。

2．设置主自由度

1）从主菜单中选择 Main Menu > Solution > Master DOFs > User Selected > Define 命令，弹出 Define Master DOFS 对话框，选中"Min, Max, Inc"单选项，在文本框中输入"1, 7, 2"，单击 OK 按钮，如图 9-20 所示。

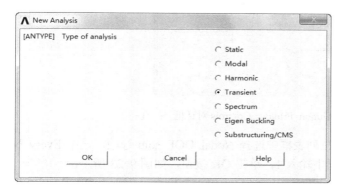

图 9-19　New Analysis 对话框　　　　　　图 9-20　Define Master DOFS 对话框

2）在 1st degree of freedom 下拉列表框中选择 UY，单击 OK 按钮，如图 9-21 所示。

3．瞬态动力分析设置

1）从主菜单中选择 Main Menu>Solution > Load Step Opts > Time/Frequenc > Time Time Step 命令，打开 Time and Time Step Options"对话框，如图 9-22 所示。

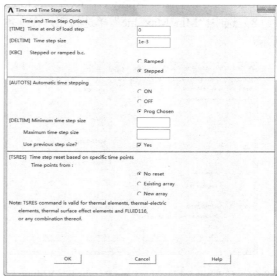

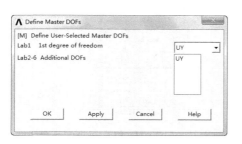

图 9-21　设置主自由度　　　　　　图 9-22　Time and Time Step Options 对话框

2）在 Time step size 文本框中输入 1e-3；选中 Stepped or ramped b. c 中的 stepped 单选按钮，单击 OK 按钮。

3）从主菜单中选择 Main Menu>Solution > Load Step Opts > Output Ctrls > Solu Printout 命令，打开 Solution Printout Controls 对话框。如图 9-23 所示。

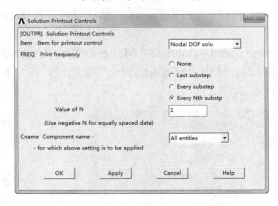

图 9-23　Solution Printout Controls 对话框

4）在 Item for printout control 下拉列表框中选择 Nodal DOF solu 选项，选中 Every Nth substp 单选按钮，在 Value of N 文本框中输入 1，单击 OK 按钮，如图 9-23 所示。

5）从主菜单中选择 Main Menu> Solution > Load Step Opts > Output Ctrls > DB/Results File 命令。

6）打开 Controls for Database and Results File Writing 对话框，在 Item to be ontrolled 下拉列表框中选择 Nodal DOF solu 选项，选中 Every Nth substp 单选按钮，在 Value of N 文本框中输入 1，单击 OK 按钮，如图 9-24 所示。

7）从主菜单中选择 Main Menu>Solution > Define Loads > Apply > Structural > Displacement > On Nodes 命令，打开 "Apply U，ROT on Nodes" 对话框，要求选择欲施加位移约束的节点。

8）选中 "Min, Max, Inc" 单选按钮，在文本框中输入 "2, 8, 2"，单击 OK 按钮，如图 9-25 所示。

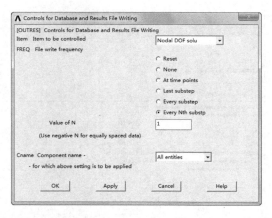 

图 9-24　Controls for Database and Results File Writing 对话框　　图 9-25　Apply U，ROT on Nodes 对话框

9）打开 "Apply U, ROT on Nodes" 对话框，如图 9-26 所示。在 DOFS to be constrained

列表中选择 UY（单击一次使其高亮度显示，确保其他选项未被高亮度显示）。单击 OK 按钮。

10）从主菜单中选择 Main Menu>Solution > Define Loads > Apply > Structure > Force/Moment > On Nodes 命令。打开 Apply F/M on Nodes 拾取对话框。

11）选中"Min, Max, Inc"单选框，在文本框中输入"1, 7, 2"，单击 OK 按钮，如图 9-27 所示。

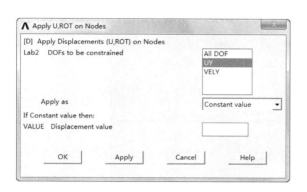

图 9-26 "Apply U, ROT on Nodes"对话框　　　图 9-27 Apply F/M on Nodes 拾取对话框

12）单击 OK 按钮，弹出 Apply F/M on Nodes 对话框，在 Direction of force/mom 下拉列表框中选择 FY，在 Force/moment value 文本框中输入 30，单击 OK 按钮，如图 9-28 所示。

4. 进行求解

1）从主菜单中选择 Main Menu>Solution > Solve > Current LS 命令，打开一个确认对话框和状态列表，如图 9-29 所示，要求查看列出的求解选项。

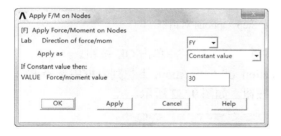

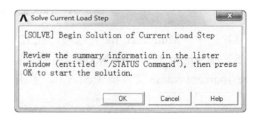

图 9-28 Apply F/M on Nodes 对话框　　　图 9-29 Solve Cument Load Step 对话框

2）查看列表中的信息确认无误后，单击 OK 按钮，开始求解。

3）求解完成后打开如图 9-30 所示的提示求解结束框。

图 9-30 提示求解结束框

4）单击"Close"按钮，关闭提示求解结束框。

5. 分析设置并求解

1）从主菜单中选择 Main Menu>Solution > Load Step Opts > Time/Frequenc > Time‐Time Step 命令，打开 Time and Time Step Options 对话框，如图 9-31 所示。

2）在 Time at end of load step 文本框中输入 95e-3，单击 OK 按钮，如图 9-31 所示。

3）从主菜单中选择 Main Menu>Solution >Define Loads > Apply > Structure > Force/Moment > On Nodes，打开"Apply F/M on Nodes"拾取对话框。

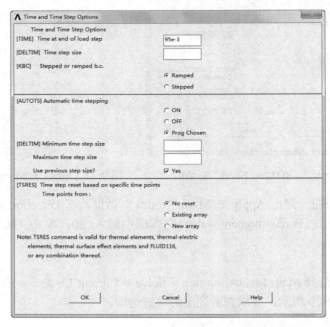

图 9-31　Time and Time Step Options 对话框

4）选中"Min, Max, Inc"选项，在文本框中输入"1, 7, 2"，单击 OK 按钮。

5）在 Apply F/M on Nodes 对话框的 Direction of force/mom 下拉列表框中选择 FY，在 Force/moment value 文本框中输入 0，单击 OK 按钮，如图 9-32 所示。

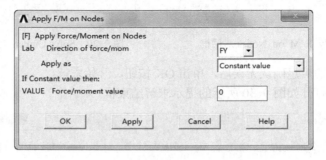

图 9-32　Apply F/M on Nodes 对话框

6）从主菜单中选择 Main Menu >Solution > Solve > Current LS 命令。

7）打开一个确认对话框和状态列表，要求查看列出的求解选项。

8）查看列表中的信息确认无误后，单击 OK 按钮，开始求解。

9）求解完成后提示求解结束对话框，单击 Close 按钮，关闭提示求解结束框。

9.3.4 查看结果

1. POST26 观察结果（节点 1、3、5、7 的位移时间历程结果）的曲线

1）从主菜单中选择 Main Menu > Time Hist Postpro 命令，打开 Time History Variables 对话框，如图 9-33 所示。

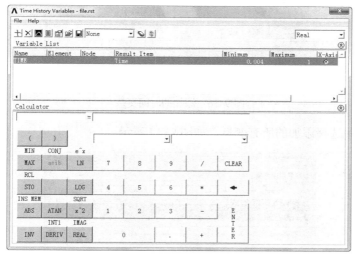

图 9-33　Time History Variables 对话框

2）单击按钮 ⊔，打开 Add Time-History Variable 对话框，如图 9-34 所示。

3）选择 Nodal Solution > DOF Solution > Y-component of displacement 选项，单击 OK 按钮，打开 Node for Data 对话框，如图 9-35 所示。

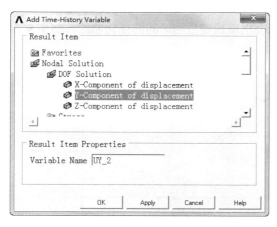

图 9-34　Add Time-History Variable 对话框　　图 9-35　Node for Data 对话框

4）在文本框中输入 1，单击 OK 按钮。

5）用同样的方法选择节点 3、5、7，结果如图 9-36 所示。

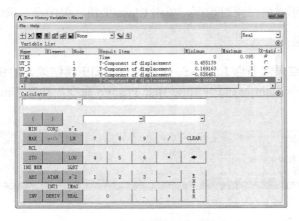

图 9-36　添加的时间变量

6）在列表框中选择添加的所有变量，如图 9-37 所示。

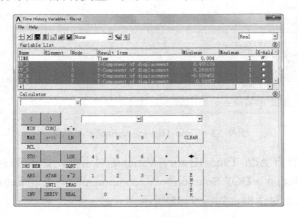

图 9-37　选择变量

7）单击按钮，在图形窗口中就会出现该变量随时间的变化曲线，如图 9-38 所示。

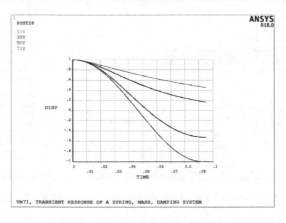

图 9-38　变量随时间的变化曲线

2．POST26 观察结果列表显示

在 Time-History Variables 对话框中，单击按钮 ▣，进行列表显示，会出现变量与时间的值列表，如图 9-39 所示。

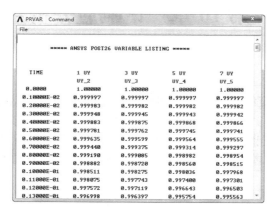

图 9-39　变量与时间的值列表

9.3.5　命令流实现

略，见随书电子资料包文档。

第 10 章　谐响应分析

本章导读

谐响应分析用于确定线性结构在承受随时间按正弦（简谐）规律变化载荷时的稳态响应的技术。本章介绍 ANSYS 谐响应分析的全流程步骤，详细讲解其中各种参数的设置方法与功能，最后通过悬臂梁谐响应实例对 ANSYS 谐响应分析功能进行具体演示。

通过本章的学习，读者可以完整深入地掌握 ANSYS 谐响应分析的各种功能和应用方法。

10.1 谐响应分析概论

谐响应分析是确定一个结构在已知频率的正弦（简谐）载荷作用下结构响应的技术。其输入为已知大小和频率的谐波载荷（力、压力和强迫位移）；或同一频率的多种载荷，可以是相同或不相同的。其输出为每一个自由度上的谐位移，通常和施加的载荷不相同；或其他多种导出量，例如应力和应变等。

谐响应分析用于设计的多个方面，例如：旋转设备（如压缩机、发动机、泵、涡轮机械等）的支座、固定装置和部件；受涡流（流体的漩涡运动）影响的结构，例如涡轮叶片、飞机机翼、桥和塔等。

任何持续的周期载荷将在结构系统中产生持续的周期响应（谐响应）。谐响应分析使设计人员能预测结构的持续动力特性，从而使设计人员能够验证其设计是否成功地克服共振、疲劳及其他受迫振动引起的有害效果。

谐响应分析的目的是计算出结构在几种频率下的响应，并得到一些响应值（通常是位移）对频率的曲线。从这些曲线上可以找到"峰值"响应，并进一步观察峰值频率对应的应力。

这种分析技术只计算结构的稳态受迫振动，发生在激励开始时的瞬态振动不在谐响应分析中考虑，如图 10-1 所示。

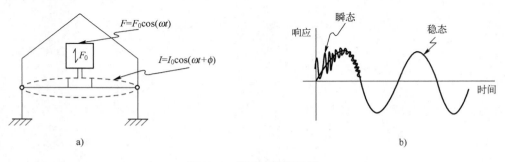

图 10-1　谐响应分析示例

a) 标准谐响应分析系统　b) 结构的稳态和瞬态谐响应分析

184

谐响应分析是一种线性分析。任何非线性特性，如塑性和接触（间隙）单元，即使被定义了也将被忽略。但在分析中可以包含非对称矩阵，如分析在流体-结构相互作用中的问题。谐响应分析同样也可以用以分析有预应力的结构，如小提琴的弦（假定简谐应力比预加的拉伸应力小得多）。

谐响应分析可以采用 3 种方法：Full 法、Reduced 法、Mode Superposition 法。当然，还有另外一种方法，就是将简谐载荷指定为有时间历程的载荷函数而进行瞬态动力学分析，这是一种相对开销较大的方法。

但 3 种方法都有局限性，具体如下。

- 所有载荷必须随时间按正弦规律变化。
- 所有载荷必须有相同的频率。
- 不允许有非线性特性。
- 不计算瞬态效应。

可以通过进行瞬态动力学分析来克服这些限制，这时应将简谐载荷表示为有时间历程的载荷函数。

10.2 谐响应分析的基本步骤

描述如何用 Full 法来进行谐响应分析，然后会列出用 Reduced 法和 Mode Superposition 法时有差别的步骤。

Full 法谐响应分析的过程由 3 个主要步骤组成。

1）建模。

2）加载并求解。

3）观察结果以及后处理。

10.2.1 建立模型（前处理）

在这一步中需指定文件名和分析标题，然后用 PREP7 来定义单元类型、单元实常数、材料特性及几何模型。需注意的要点如下。

1）在谐响应分析中，只有线性行为是有效的。如果有非线性单元，它们将被按线性单元处理。例如如果分析中包含接触单元，则它们的刚度取初始状态值并在计算过程中不再发生变化。

2）必须指定弹性模量 EX（或某种形式的刚度）和密度 DENS（或某种形式的质量）。材料特性可以是线性的，各向同性的或各向异性的，恒定的或与温度相关的。非线性材料特性将被忽略。

10.2.2 加载和求解

在这一步中，要定义分析类型和选项、加载、指定载荷步选项，并开始有限元求解。

注意 峰值响应分析发生在力的频率和结构的固有频率相等时。在得到谐响应分析解之前，应该首先做一下模态分析，以确定结构的固有频率。

1. 进入求解器

命令：/SOLU。

GUI：Main Menu > Solution。

2. 定义分析类型和载荷选项

ANSYS 提供用于谐响应分析类型和求解选项见表 10-1。

表 10-1　分析类型和求解选项

选　项	命　令	GUI 路径
新的分析	ANTYPE	Main Menu > Solution > Analysis Type > New Analysis
分析类型：谐响应分析	ANTYPE	Main Menu > Solution > Analysis Type > New Analysis > Harmonic
求解方法	HROPT	Main Menu > Solution > Analysis Type > Analysis Options
输出格式	HROUT	Main Menu > Solution > Analysis Type > Analysis Options
质量矩阵	LUMPM	Main Menu > Solution > Analysis Type > Analysis Options
方程求解器	EQSLV	Main Menu > Solution > Analysis Type > Analysis Options
模态数	HROPT	Main Menu > Solution > Analysis Type > Analysis Options
输出选项	HROUT	Main Menu > Solution > Analysis Type > Analysis Options
预应力	PSTRES	Main Menu > Solution > Analysis Type > Analysis Options

下面对表中各项进行详细的解释。

1）New Analysis [ANTYPE]：选 New Analysis（新的分析）。在谐响应分析中 Restart 不可用；如果需要施加另外的简谐载荷，可以另进行一次新分析。

2）Analysis Type: Harmonic Response [ANTYPE]：选分析类型为 Harmonic Response（谐响应分析），弹出如图 10-2 所示的 Harmonic Analysis 对话框。

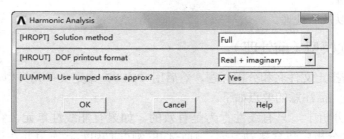

图 10-2　Harmonic Analysis 对话框

3）[HROPT] Solution method：选择下列求解方法中的一种：Full 法、Reduced 法、Mode Superposition 法。

4）Solution Listing Format [HROUT]：此选项确定在输出文件 Jobname.Out 中谐响应分析的位移解如何列出。可以选的方式有 real and imaginary（默认）形式和 amplitudes and phase angles 形式。

5）Mass Matrix Formulation [LUMPM]：此选项用于指定是采用默认的质量阵形成方式（取决于单元类型）还是用集中质量阵近似。

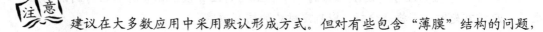

建议在大多数应用中采用默认形成方式。但对有些包含"薄膜"结构的问题，

如细长梁或者非常薄的壳，采用集中质量矩阵近似经常产生较好的结果。另外，采用集中质量阵求解时间短，需要内存少。

设置完 Harmonic Analysis 对话框后单击 OK 按钮，则会根据设置的[HROPT] Solution Method 弹出相应的菜单，如果 Solution Method 设置为 Full，那么会弹出 Full Harmonic Analysis 对话框，如图 10-3 所示，此对话框用于选择方程求解器和预应力；如果 Solution Method 设置为 Mode Superposition，那么会弹出 Mode Sup Harmonic Analysis 对话框，如图 10-4 所示，此对话框用于设置最多模态数、最少模态数以及模态输出选项；如果 Solution Method 设置为 Reduced，会弹出 Reduced Harmonic Analysis 对话框，如图 10-5 所示，此对话框用于设置预应力。

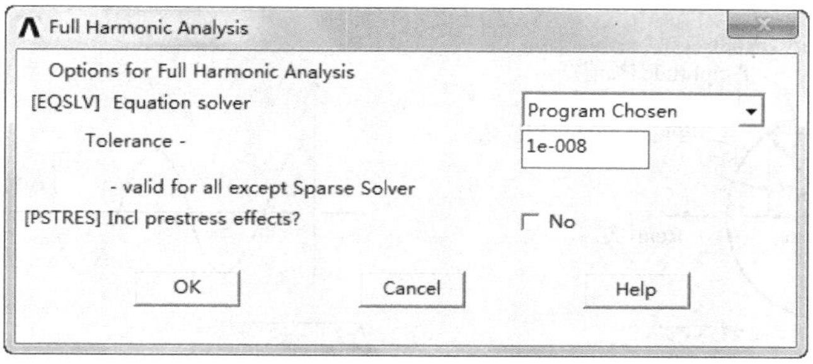

图 10-3　Full Harmonic Analysis 对话框

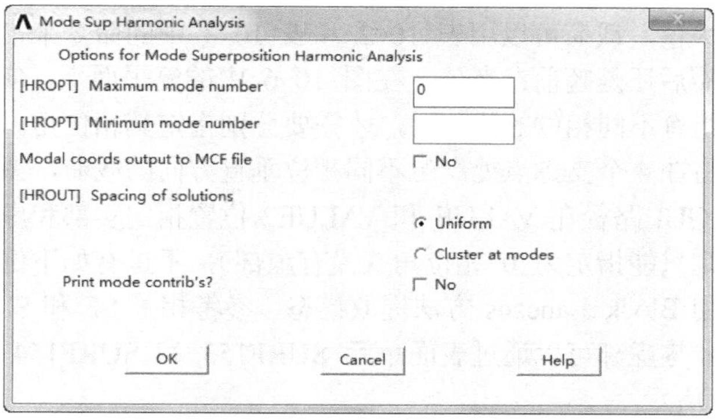

图 10-4　Mode Sup Harmonic Analysis 对话框

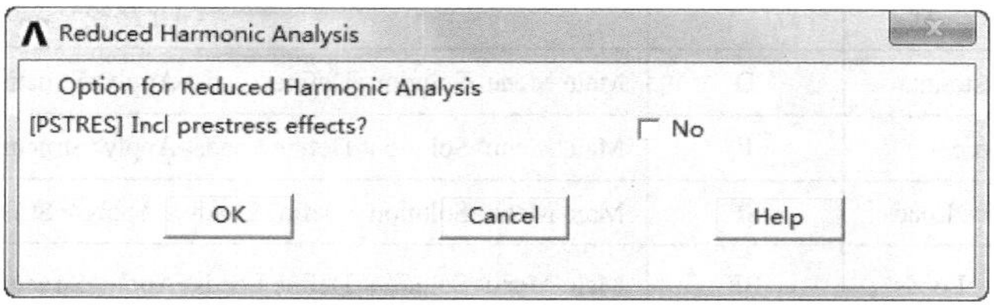

图 10-5　Reduced Harmonic Analysis 对话框

6）Equation Solver [EQSLV]：可选的求解器有：Frontal 求解器（默认）、Sparse Direct（SPARSE）求解器、Jacobi Conjugate Gradient（JCG）求解器以及 Incomplete Cholesky

Conjugate Gradient（ICCG）求解器。对大多数结构模型，建议采用 Frontal 求解器或者 SPARSE 求解器。

7）Maximum/Minimum mode number [HROPT]：设置模态叠加法时的最多模态数和最少模态数。

8）Spacing of solutions [HROUT]：设置模态输出格式。

9）Incl prestress effects [PSTRES]：选择是否考虑预应力。

3. 在模型上加载

根据定义，谐响应分析假定所施加的所有载荷随时间按简谐（正弦）规律变化。指定一个完整的简谐载荷需输入 3 条信息：Amplitude（幅值）、Phase angle（相位角）和 forcing frequency range（强制频率范围），如图 10-6 所示。

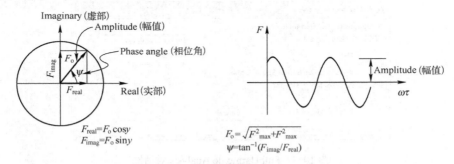

图 10-6　实部/虚部和幅值/相位角的关系

幅值是载荷的最大值，载荷可以用表 10-2 和表 10-3 中的命令来指定。相位角是时间的度量，它表示载荷是滞后还是超前参考值，在图 10-6 中的复平面上，实轴（Real）就表示相位角。只有当施加多组有不同相位的载荷时，才需要分别指定其相位角。如图 10-7 所示的不平衡的旋转天线，它将在 4 个支撑点处产生不同相位垂直方向的载荷，图中实轴表示角度；用户可以通过命令或者 GUI 路径在 VALUE 和 VALUE2 位置指定实部和虚部值，而对于其他表面载荷和实体载荷，则只能指定为 0 相位角（没有虚部），不过有如下例外情况：在用完全法或者振型叠加法（利用 Block Lanczos 方法提取模态，参考相关 SF 和 SFE 命令）求解谐响应问题时，表面压力的非零虚部可以通过表面单元 SURF153 和 SURF154 来指定。实部和虚部的计算参考如图 10-6 所示。

表 10-2　在谐响应分析中施加载荷

载荷类型	类　　别	命　　令	GUI 路径
位移约束	Constraints	D	Main Menu>Solution>Define Loads>Apply>Structural>Displacement
集中力或者力矩	Forces	F	Main Menu>Solution>Define Loads>Apply>Structural>Force/Moment
压力（PRES）	Surface Loads	SF	Main Menu>Solution >Define Loads > Apply > Structural > Pressure
温度（TEMP）流体（FLUE）	Body Loads	BF	Main Menu>Solution>Define Loads>Apply>Structural>Temperature
重力，向心力等	Inertia Loads	–	Main Menu > Solution > Define Loads > Apply > Structural > Other

在分析中，用户可以施加、删除、修正或者显示载荷。

表 10-3 谐响应分析的载荷命令

载荷类型	实体模型或有限元模型	图元	施加载荷	删除载荷	列表显示载荷	对载荷操作	设定载荷
位移约束	实体	Keypoints	DK	DKDELE	DKLIST	DTRAN	–
	实体	Lines	DL	DLDELE	DLLIST	DTRAN	–
	实体	Areas	DA	DADELE	DALIST	DTRAN	–
	有限元	Nodes	D	DDELE	DLIST	DSCALE	DSYM, DCUM
集中力	实体	Keypoints	FK	FKDELE	FKLIST	FTRAN	
	有限元	Nodes	F	FDELE	FLIST	FSCALE	FCUM
压力	实体	Lines	SFL	SFLDELE	SFLLIST	SFTRAN	SFGRAD
	实体	Areas	SFA	SFADELE	SFALIST	SFTRAN	SFGRAD
	有限元	Nodes	SF	SFDELE	SFLIST	SFSCALE	SFGRAD, SFCUM
	有限元	Elements	SFE	SFEDELE	SFELIST	SFSCALE	SFGRAD, SFBEAM, SFFUN, SFCUM
温度或者流体	实体	Keypoints	BFK	BFKDELE	BFKLIST	BFTRAN	
	实体	Lines	BFL	BFLDELE	BFLLIST	BFTRAN	
	实体	Areas	BFA	BFADELE	BFALIST	BFTRAN	
	实体	Volumes	BFV	BFVDELE	BFVLIST	BFTRAN	
	有限元	Nodes	BF	BFDELE	BFLIST	BFSCALE	BFCUM
	有限元	Elements	BFE	BFEDELE	BFELIST	BFSCALE	BFCUM
惯性力	–	–	ACEL OMEGA DOMEGA CGLOC CGOMGA DCGOMG	–	–	–	

载荷的频带是指谐波载荷（周期函数）的频率范围，可以利用 HARFRQ 命令将它作为一个载荷步选项来指定。

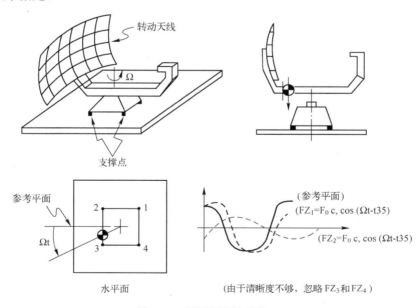

图 10-7　不平衡旋转天线

注意 谐响应分析不能计算频率不同的多个强制载荷同时作用产生的响应。这种情况的实例是两个具有不同转速的机器同时运转的情形。但在 POST1 中可以对两种载荷状况进行叠加以得到总体响应。在分析过程中，可以施加、删除载荷或对载荷进行操作或列表。

4．指定载荷步选项

表 10-4 是可以在谐响应分析中使用的选项。

表 10-4　载荷步选项

选　项	命　令	GUI 路径
		普通选项
谐响应分析的 子步数	NSUBST	Main Menu > Solution > Load Step Opts > Time/Frequenc > Freq and Substeps
阶越载荷或者 连续载荷	KBC	Main Menu > Solution > Load Step Opts > Time/Frequenc > Time - Time Step or Freq and Substeps
		动力选项
载荷频带	HARFRQ	Main Menu>Solution>Load Step Opts>Time/Frequenc>Freq and Substeps
阻尼	ALPHAD, BETAD, DMPRAT	Main Menu > Solution > Load Step Opts > Time/Frequenc > Damping
		输出控制选项
输出	OUTPR	Main Menu > Solution > Load Step Opts > Output Ctrls > Solu Printout
数据库和结果 文件输出	OUTRES	Main Menu >Solution>Load Step Opts > Output Ctrls > DB/ Results File
结果外推	ERESX	Main Menu>Solution >Load Step Opts > Output Ctrls > Integration Pt

（1）普通选项

如图 10-8 所示，具体说明如下。

● Number of Harmonic Solutions [NSUBST]：可用此选项计算任何数目的谐响应解。解（或子步）将均布于指定的频率范围内[HARFRQ]（详细说明见后）。例如，如果在 30～40Hz 范围内要求出 10 个解，程序将计算出在频率 31Hz，32Hz，…，40Hz 处的响应，而不计算在其他频率处的响应。

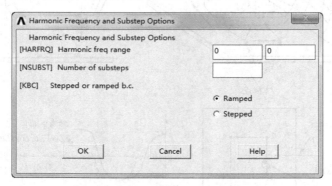

图 10-8　谐响应分析频率和子步选项

● Stepped or Ramped Loads [KBC]：载荷可以 Stepped 或 Ramped 方式变化，默认是 Ramped。即载荷的幅值随各子步逐渐增长。而如果用命令[KBC，1]设置了 Stepped 载荷，则在频率范围内的所有子步载荷将保持恒定的幅值。

（2）动力选项

动力选项具体说明如下。

- Forcing Frequency Range [HARFRQ]：在谐响应分析中必须指定强制频率范围（以周/单位时间为单位）。然后指定在此频率范围内要计算处的解数目。
- Damping：必须指定某种形式的阻尼，否则在共振处的响应将无限大。Alpha（质量）阻尼 [ALPHAD]；Beta（刚度）阻尼[BETAD]；恒定阻尼比 [DMPRAT]。

注意 在直接积分谐响应分析（用 Full 法或 Reduced 法）中如果没有指定阻尼，程序将默认采用零阻尼。

（3）输出控制选项

输出控制选项具体说明如下。

- Printed Output [OUTPR]：指定输出文件 Jobname.OUT 中要包含的结果数据。
- Database and Results File Output [OUTRES]：控制结果文件 Jobname.RST 中包含的数据。
- Extrapolation of Results [ERESX]：设置采用将结果复制到节点处方式而默认的外插方式得到单元积分点结果。

5．保存模型

命令：SAVE。

GUI：Utility Menu > File > Save as。

6．开始求解

命令：SOLVE。

GUI：Main Menu > Solution > Solve > Current LS。

7．对于多载荷步可重复以上步骤

如果有另外的载荷和频率范围（即另外的载荷步），重复 3～6 步。如果要做时间历程后处理（POST26），则一个载荷步和另一个载荷步的频率范围间不能存在重叠。

8．离开求解器

命令：FINISH。

GUI：Close the Solution menu。

10.2.3 观察模型（后处理）

谐响应分析的结果被保存到结构分析结果文件 Jobname.RST 中。如果结构定义了阻尼，响应将与载荷异步。所有结果将是复数形式的，并以实部和虚部存储。

通常可以用 POST26 和 POST1 观察结果。一般的处理顺序是首先用 POST26 找到临界强制频率：模型中所关注的点产生最大位移（或应力）时的频率，然后用 POST1 在这些临界强制频率处处理整个模型。

- POST1：在指定频率点观察整个模型的结果。
- POST26：观察在整个频率范围内模型中指定点处的结果。

1．利用 POST26

POST26 描述不同频率对应的结果值，每个变量都有一个响应的数字标号。

1）用如下方法定义变量：

命令：NSOL 用于定义基本数据（节点位移）。

ESOL 用于定义派生数据（单元数据，如应力）。

RFORCE 用于定义反作用力数据。

GUI：Main Menu > Time Hist Postpro > Define Variables。

FORCE 命令允许选择全部力，总力的静力项、阻尼项或者惯性项。

2）绘制变量表格（例如不同频率或者其他变量），然后利用 PLCPLX 命令绘制幅值、相位角、实部或者虚部。

命令：PLVAR, PLCPLX。

GUI：Main Menu > Time Hist Postpro > Graph Variables。

Main Menu > Time Hist Postpro > Settings > Graph。

3）列表显示变量，利用 EXTREM 命令显示极值，然后利用 PRCPLX 命令显示幅值、相位角、实部或者虚部。

命令：PRVAR, EXTREM, PRCPLX。

GUI：Main Menu > TimeHist Postpro > List Variables > List Extremes。

Main Menu > TimeHist Postpro > List Extremes。

Main Menu > TimeHist Postpro > Settings > List。

另外，POST26 里面还有许多其他函数，例如对变量进行数学运算、将变量移动到数组参数里面等，详细信息可参考 ANSYS 在线帮助文档。

如果想要观察在时间历程里面特殊时刻的结果，可利用 POST1 后处理器。

2. 利用 POST1

可以用 SET 命令读取谐响应分析的结果，不过它只会读取实部或者虚部，不能两者同时读取。结果的幅值是实部和虚部的平方根。

用户可以显示结构变形形状、应力应变云图等，还可以图形显示矢量，另外还可以利用"PRNSOL，PRESOL，PRRSOL"等命令列表显示结果。

（1）显示变形图

命令：PLDISP。

GUI：Main Menu > General Postproc > Plot Results > Deformed Shape。

（2）显示变形云图

命令：PLNSOL or PLESOL。

GUI：Main Menu > General Postproc > Plot Results > Contour Plot > Nodal Solu or Element Solu。

该命令可以显示所有变量的云图，例如应力（SX, SY, SZ...）、应变（EPELX, EPELY, EPELZ...）和位移（UX, UY, UZ...）等。

PLNSOL 和 PLESOL 命令的 KUND 项表示是否要在变形图中同时显示变形前的图形。

（3）绘制矢量

命令：PLVECT。

GUI：Main Menu > General Postproc > Plot Results > Vector Plot > Predefined。

（4）列表显示

命令：PRNSOL （节点结果）。

　　　PRESOL（单元结果）。

　　　PRRSOL（反作用力等）。

　　　NSORT, ESORT。

GUI：Main Menu > General Postproc > List Results > Nodal Solution。

　　　Main Menu > General Postproc > List Results > Element Solution。

　　　Main Menu > General Postproc > List Results > Reaction Solution。

在列表显示之前，可以利用 NSORT 和 ESORT 命令对数据进行分类。

另外，POST1 后处理器里面还包含很多其他的功能，例如将结果映射到路径来显示、将结果转换坐标系显示、载荷工况叠加显示等，详细信息可参考 ANSYS 在线帮助文档。

10.3　实例导航——悬臂梁谐响应分析

本节通过对一根悬臂梁进行谐响应分析，来介绍 ANSYS 的谐响应分析过程。

10.3.1　分析问题

如图 10-9 所示，悬臂梁长为 L=0.6，宽 b=0.06，高 h=0.03，材料的弹性模量 E=70 GPa，泊松比 ν =0.33，密度 $\rho = 2800\,\mathrm{kg/m^3}$，一端固定，另一端有一水平作用力 84 N。受迫振动位置为 0.48 处。分析弦的响应，谐响应是所有响应的基础，可以先分析谐响应。

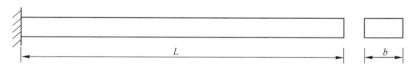

图 10-9　悬臂梁示意图

10.3.2　建立模型

建立模型包括设定分析作业名和标题；定义单元类型和实常数；定义材料属性；建立几何模型；划分有限元网格。

1．设定分析作业名和标题。

在进行一个新的有限元分析时，通常需要修改数据库名，并在图形输出窗口中定义一个标题来说明当前进行的工作内容。另外，对于不同的分析范畴（结构分析、热分析、流体分析、电磁场分析等），ANSYS 所用主菜单的内容不尽相同，为此，我们需要在分析开始时选定分析内容的范畴，以便 ANSYS 显示出与其相对应的菜单选项。

1）选择菜单栏中的 Utility Menu > File > Change Jobname 命令，将打开 Change Jobname 对话框，如图 10-10 所示。

2）在 Enter new jobname 文本框中输入 cantilever，为本分析实例的数据库文件名。

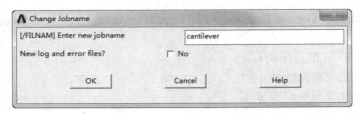

图 10-10　Change Jobname 对话框

3）单击 OK 按钮，完成文件名的修改。

4）选择菜单栏中的 Utility Menu > File > Change Title 命令，将打开 Change Title 对话框，如图 10-11 所示。

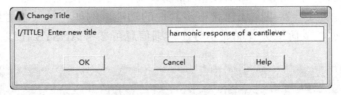

图 10-11　Change Title 对话框

5）在 Enter new title 文本框中输入 harmonic response of a cantilever，为本分析实例的标题名。

6）单击 OK 按钮，完成对标题名的指定。

7）选择菜单栏中的 Utility Menu > Plot > Replot 命令，指定的标题 harmonic response of a cantilever 将显示在图形窗口的左下角。

8）选择菜单栏中的 Main Menu > Preference 命令，将打开 Preferences for GOI Filtering 对话框，选中 Structural 复选框，单击 OK 按钮完成设置。

2．定义单元类型

在进行有限元分析时，首先应根据分析问题的几何结构、分析类型和所分析问题精度要求等，选定适合具体分析的单元类型。本例中选用二节点线单元 Link 180。

1）选择菜单栏中的 Main Menu > Preprocessor > Element Type > Add/Edit/Delete 命令，将打开 Element Types 对话框。

2）单击 Add 按钮，将打开 Library of Element Types 对话框，如图 10-12 所示。

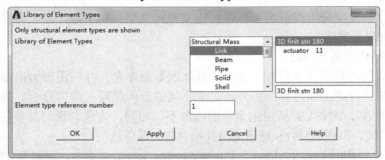

图 10-12　Library of Element Types 对话框

3）在左边的列表框中选择 Link 选项，选择线单元类型。

4）在右边的列表框中选择 3D finit stn 180 选项，选择二节点线单元 Link 180。

5）单击 OK 按钮，将 Link 180 单元添加，并关闭 Library of Element Types 对话框，同时返回到第 1）步打开的 Element Types 对话框，如图 10-13 所示。

6）单击 Close 按钮，关闭 Library of Element Types 对话框，结束单元类型的添加。

3．定义实常数

本实例中选用线单元 Link 180，需要设置其实常数。

1）选择主菜单中的 Main Menu > Preprocessor > Real Constants > Add/Edit/Delete 命令，打开如图 10-14 所示的 Real Constants 对话框。

2）单击 Add 按钮，打开如图 10-15 所示的 Element Type for Real Constants 对话框，要求选择定义实常数的单元类型。

图 10-13　Element Types 对话框　　　图 10-14　Real Constants 对话框 1　　　图 10-15　Element Type for Real Constants 对话框

3）本例中定义了一种单元类型，在已定义的单元类型列表中选择 Type 1 Link 180，将为复合单元 Link 180 类型定义实常数。

4）单击 OK 按钮，关闭 Element Type for Real Constants 对话框，打开该单元类型 Real Constant Set 对话框，如图 10-16 所示。

5）在 Real Constant Set No. 文本框中输入 1，设置第一组实常数，单击 Apply 按钮，如图 10-17 所示。

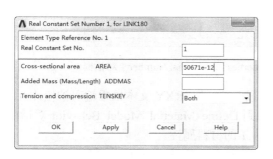

图 10-16　Real Constant Set 对话框　　　　　图 10-17　Real Constants 对话框 2

195

6）在 AREA 文本框中输入 1.8e-9。

7）单击 OK 按钮，关闭 Real Constant Set 对话框，返回到 Real Constants 对话框，显示已经定义了 4 组实常数。

8）单击 Close 按钮，关闭 Real Constants 对话框。

4．定义材料属性

考虑谐响应分析中必须定义材料的弹性模量和密度，具体步骤如下。

1）选择主菜单中的 Main Menu > Preprocessor > Material Props > Materia Model 命令，将打开 Define Material Model Behavior 对话框，如图 10-18 所示。

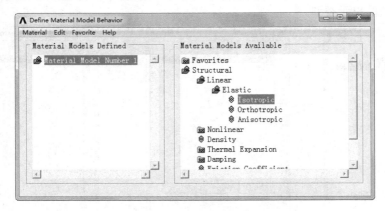

图 10-18　Define Material Model Behavior 对话框

2）依次单击列表框中的 Structural > Linear > Elastic > Isotropic 选项，展开材料属性的树形结构。将打开 Linear Isotropic Properties for Material Number 1 对话框，如图 10-19 所示，在此设置 1 号材料的弹性模量 EX 和泊松比 PRXY。

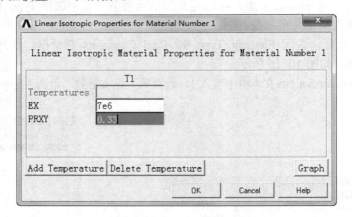

图 10-19　Linear Isotropic Properties for Material Number 1 对话框

3）在对话框的 EX 文本框中输入弹性模量 7e6，在 PRXY 文本框中输入泊松比 0.33。

4）单击 OK 按钮，关闭对话框，并返回到 Define Material Model Behavior 对话框，在此对话框的左侧列表框出现刚刚定义的参考号为 1 的材料属性。

5）依次单击列表框中的 Structural→Density 选项，打开 Density for Material Number 1 对话

框，如图 10-20 所示。

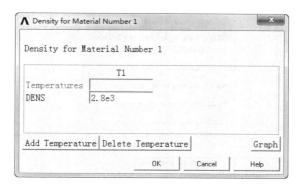

图 10-20　Density for Material Number 1 对话框

6）在 DENS 文本框中输入密度值 2.8e3。

7）单击 OK 按钮，关闭对话框，并返回到 Define Material Model Behavior 对话框，左侧列表框中的参考号为 1 的材料属性下方出现密度项。

8）在 Define Material Model Behavior 对话框中，从菜单选择 Material > Exit 命令，或者单击右上角的"X"按钮，退出对话框，完成对材料模型属性的定义。

5．建立弹簧、质量、阻尼振动系统模型

（1）定义两个节点 1 和 11

1）选择主菜单中的 Main Menu > Preprocessor > Modeling > Create > Nodes > In Active CS…命令，弹出 Create Nodes in Active Coordinate System 对话框，如图 10-21 所示。

2）在 Node number 文本框中输入 1，单击 Apply 按钮。

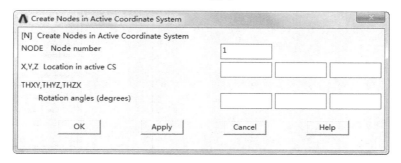

图 10-21　Create Nodes in Active Coordinate System 对话框

3）在 Node number 文本框中输入"11，X=0.6"，单击 OK 按钮。

（2）定义其他节点 2～10

1）选择主菜单中的 Main Menu > Preprocessor > Modeling > Create > Nodes > Fill between nds 命令，弹出 Fill between Nds 对话框，如图 10-22 所示。

2）在文本框中输入"1,11"，单击 OK 按钮。

3）打开 Create Nodes Between 2 Nodes 对话框中，单击 OK 按钮，如图 10-23 所示。所得结果如图 10-24 所示。

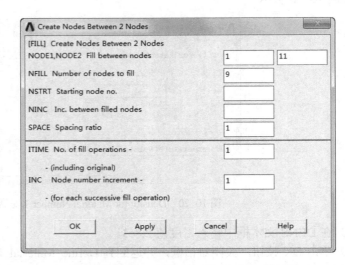

图 10-22　Fill between Nds 对话框　　　　　图 10-23　Create Nodes Between 2 Nodes 对话框

（3）定义一个单元

1）选择主菜单中的 Main Menu > Preprocessor > Modeling > Create > Elements > Auto Numbered > Thru Nodes 命令，弹出 Elements from Nodes 对话框，如图 10-25 所示。

2）在文本框中输入"1,2"，用节点 1 和节点 2 创建一个单元，单击 OK 按钮。

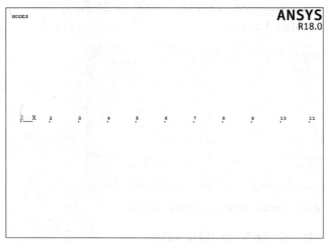

图 10-24　创建的结点　　　　　　　　　图 10-25　Elements from Nodes 对话框

（4）创建其他单元

1）选择主菜单中的 Main Menu > Preprocessor > Modeling > Copy > Elements > Auto Numbered 命令，弹出 Copy Elems Auto-Num 对话框，如图 10-26 所示。

2）在文本框中输入 1，选择第一个单元，单击 OK 按钮。

3）打开 Copy Elements（Automatically-Numbered）对话框中，在 Total number of copies

文本框中输入 10，Node number increment 文本框中输入 1，单击 OK 按钮，如图 10-27 所示。

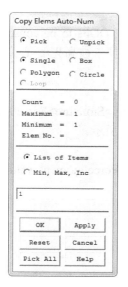

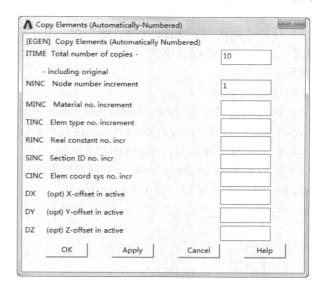

图 10-26　Copy Elems Auto-Num 对话框　　　图 10-27　Copy Elements（Automatically-Numbered）对话框

（5）施加位移约束

1）选择主菜单中的 Main Menu > Solution > Define Loads > Apply > Structural > Displacement > On Nodes 命令，打开 Apply U，ROT on Nodes 拾取对话框，如图 10-28 所示，选择欲施加位移约束的节点。

2）在文本框中输入 1，单击 OK 按钮。

3）打开 Apply U，ROT on Nodes 对话框，如图 10-29 所示，在 DOFs to be constrained 下拉列表中选择 All DOF 选项（单击一次使其高亮度显示，确保其他选项未被高亮度显示）。单击 Apply 按钮。

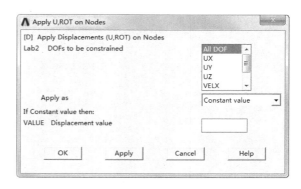

图 10-28　Apply U，ROT on Nodes 拾取对话框　　　图 10-29　Apply U，ROT on Nodes 对话框

4）在 Elements from Nodes（见图 10-25）对话框中，选择"Min,Max,inc"方式，在文本框中输入"2,11,1"，单击 OK 按钮。

5）打开"Apply U，ROT on Nodes"对话框（见图 10-29），在 DOFs to be constrained 下拉列表中选择 UY 选项（单击一次使其高亮度显示，确保其他选项未被高亮度显示），单击 OK 按钮。

（6）施加力约束

1）执行主菜单中的 Main Menu>Solution>Define Loads>Apply>Structure>Force/Moment>On Nodes 命令，打开 Apply F/M on Nodes 拾取对话框，如图 10-30 所示。

2）在文本框中输入 11，单击 OK 按钮。

3）在 Direction of force/mom 下拉列表框中选择 FX 选项，在 Force/moment value 文本框中输入 84，单击 OK 按钮，如图 10-31 所示。

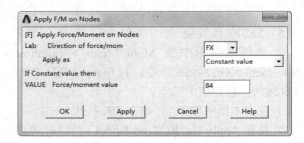

图 10-30　Apply F/M on Nodes 拾取对话框　　　　　图 10-31　Apply F/M on Nodes 对话框

4）施加载荷后的结果如图 10-32 所示。

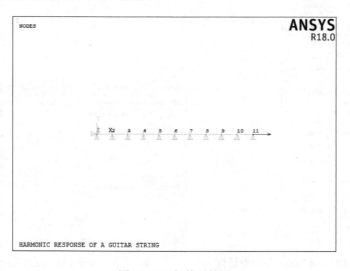

图 10-32　加载后的图

（7）求解控制

1）执行主菜单中的 Main Menu > Solution > Analysis Type > Sol'n Controls 命令，弹出 Solution Controls 对话框，如图 10-33 所示。

2）在 Basic 选项卡选中 Calculate prestress effects 复选框，使求解过程包含预应力。单击 OK 按钮，关闭对话框。

图 10-33　Solution Controls 对话框

3）执行主菜单中的 Main Menu > Solution > Load Step Opts > Output Ctrls > Solu Printout 命令，打开 Solution Printout Controls 对话框，如图 10-34 所示。

4）在 Item for printout control 下拉列表框中选择 Basic quantities 选项，选中 Every Nth substp 单选项，在 Value of N 文本框中输入 1，单击 OK 按钮。

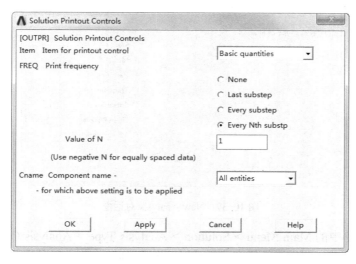

图 10-34　Solution Printout Controls 对话框

5）执行主菜单中的 Main Menu > Solution > Solve > Current LS 命令，打开 Solve Current Load Step 对话框和状态列表，如图 10-35 所示，要求查看列出的求解选项。

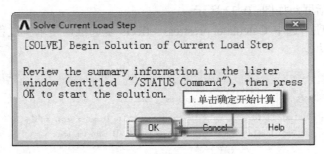

图 10-35　Solve Current Load Step 对话框

6）查看列表中的信息确认无误后，单击 OK 按钮，开始求解。

7）求解完成后打开如图 10-36 所示的 Note 提示框。

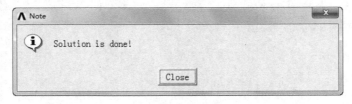

图 10-36　Note 提示框

8）单击 Close 按钮，关闭 Note 提示框。

9）执行主菜单中的 Main Menu > Finish 命令，结束求解控制。

（8）模态分析

1）执行主菜单中的 Main Menu > Solution > Analysis Type > New Analysis 命令，打开 New Analysis 对话框，如图 10-37 所示，选中 Modal 单选项，单击 OK 按钮。

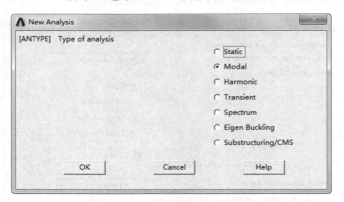

图 10-37　New Analysis 对话框

2）执行主菜单中的 Main Menu > Solution > Analysis Type > Analysis Options 命令，打开 Modal Analysis 对话框，要求进行模态分析设置，选择 Block Lanczos 单选项，在 No. of modes to extract 文本框中输入 6，将 Expand mode shapes 设置为 Yes，在 No. of modes to expand 文本

框中输入 6，单击 OK 按钮，如图 10-38 所示。

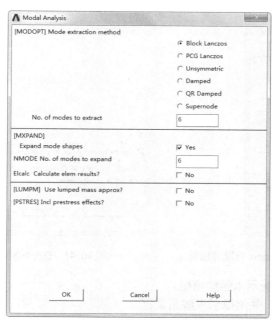

图 10-38　Modal Analysis 对话框

3）打开 Block Lanczos Method 对话框，在 Start Freq 文本框中输入 0，在 End Frequency 文本框中输入 100000，单击 OK 按钮，如图 10-39 所示。

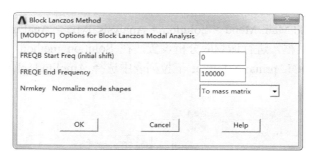

图 10-39　Block Lanczos Method 对话框

4）执行主菜单中的 Main Menu > Solution > Define Loads > Delete > Structural > Displacement > on Nodes 命令，弹出 Delete Node Constraints 拾取对话框，要求选择欲施加位移约束的节点，在文本框中输入"11"，选择 11 号节点，单击 OK 按钮，如图 10-40 所示。

5）打开 Delete Node Constraints 对话框，在列表框中选择 UY 选项，单击 OK 按钮，如图 10-41 所示。

6）执行主菜单中的 Main Menu > Solution > Solve > Current LS 命令，打开一个确认对话框和状态列表，要求查看列出的求解选项。

7）查看列表中的信息确认无误后，单击 OK 按钮，开始求解。

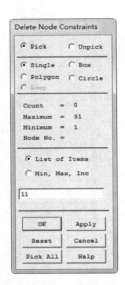

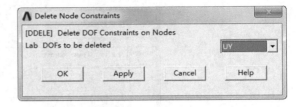

图 10-40　Delete Node Constraints 拾取对话框　　　　图 10-41　Delete Node Constraints 对话框

8）求解完成后打开提示求解结束框。

9）单击 Close 按钮，关闭提示求解结束框。

10）执行主菜单中的 Main Menu > Finish 命令，结束求解过程。

（9）谐响应分析

1）执行主菜单中的 Main Menu > Solution > Analysis Type > New Analysis 命令，打开 New Analysis 对话框，进行模态分析设置，在 Type of analysis 中选择 Harmonic 单选框，单击 OK 按钮，如图 10-42 所示。

2）执行主菜单中的 Main Menu > Solution > Analysis Type > Analysis Options 命令，打开 Harmonic Analysis 对话框，进行谐响应分析设置，在 Solution method 下拉列表中选择 Mode Superpos'n 选项，在 DOF printout format 下拉列表中选择 Amplitud+phase 选项，单击 OK 按钮，如图 10-43 所示。

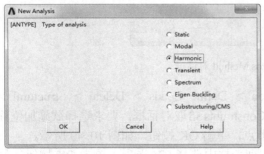

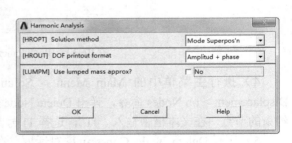

图 10-42　New Analysis 对话框　　　　　　　图 10-43　Harmonic Analysis 对话框

3）弹出 Mode Sup Harmonic Analysis 对话框，在 Maximum mode number 文本框中输入 6，单击 OK 按钮，如图 10-44 所示。

4）执行主菜单中的 Main Menu > Solution > Define Loads > Delete > Structure > Force/Moment > On Nodes 命令，打开 Delete F/M on Nodes 拾取对话框。

5）在文本框中输入 11，单击 OK 按钮，如图 10-45 所示。

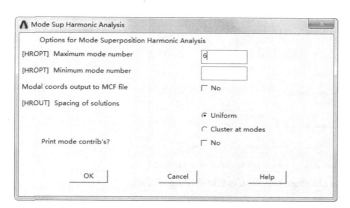

图 10-44　Mode Sup Harmonic Analysis 对话框　　　图 10-45　Delete F/M on Nodes 拾取对话框

6）打开 Delete F/M on Nodes 对话框，在列表框中选择 FX 选项，单击 OK 按钮，如图 10-46 所示。

7）执行主菜单中的 Main Menu > Solution > Define Loads > Apply > Structural > Force/Moment > On Nodes 命令。打开 Apply F/M on Nodes 拾取对话框。

8）在文本框中输入 10，单击 OK 按钮。

9）在 Direction of force/mom 下拉列表框中选择 FY 选项，在 Force/moment value 文本框中输入-1，单击 OK 按钮完成节点力的设置。

10）执行主菜单中的 Main Menu > Solution > Load Step Opts > Time/Frequenc > Freq and Substps 命令，弹出 Harmonic Frequency and Subsep Options 对话框。

11）在 Harmonic freq range 文本框中输入 0 和 2000，在 Number of substeps 文本框中输入 250，在 Stepped or ramped b.c.中选择 Stepped 选项，单击 OK 按钮，如图 10-47 所示。

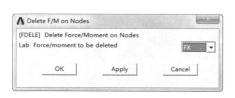

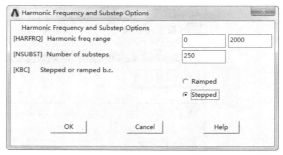

图 10-46　Delete F/M on Nodes 对话框　　　图 10-47　Harmonic Frequency and Subsep Options 对话框

12）执行主菜单中的 Main Menu > Solution > Load Step Opts > Output Ctrls > DB/Results Files 命令，打开 Controls for Database and Results File Writing 对话框，在 Item to be controlled 列表框中选择 All Items 选项，在 File write frequency 中选择 Every substep 选项，单击 OK 按钮，如图 10-48 所示。

13）执行主菜单中的 Main Menu > Solution > Solve > Current LS 命令，打开一个确认对话框和状态列表，查看列出的求解选项。

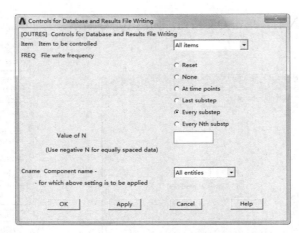

图 10-48　Controls for Database and Results File Writing 对话框

14）查看列表中的信息确认无误后，单击 OK 按钮，开始求解。

15）求解完成后打开提示求解结束对话框。单击 Close 按钮，关闭提示求解结束对话框。

16）执行主菜单中的 Main Menu > Finish 命令，完成求解过程。

10.3.3　查看结果

求解完成后，就可以利用 ANSYS 软件生成的结果文件（对于静力分析，就是 Jobname.RST）进行后处理。动态分析中通常通过 POST26 时间历程后处理器就可以处理和显示大多数感兴趣的结果数据。

1. 图形显示

1）执行主菜单中的 Main Menu > TimeHist Postpro 命令，弹出 Time History Variables 对话框，如图 10-49 所示。

2）选择菜单 Open file 命令，打开 example.rfrq 结果文件，同时打开 example.db 数据文件。

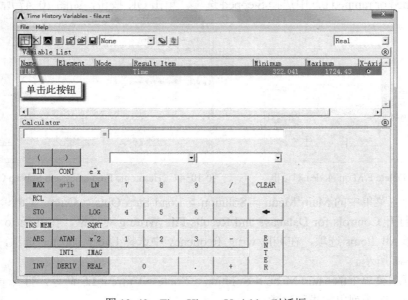

图 10-49　Time History Variables 对话框

3）单击"加"按钮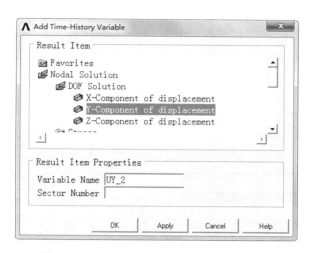，打开 Add Time-History Variable 对话框，如图 10-50 所示。

4）选择 Nodal Solution > DOF Solution > Y-component of displacement 选项，单击 OK 按钮，打开 Node for Data 拾取对话框，如图 10-51 所示。

图 10-50　Add Time-History Variable 对话框　　　图 10-51　Node for Data 拾取对话框

5）在文本框中输入 5，单击 OK 按钮。返回到 Time History Variables 对话框，结果如图 10-52 所示。

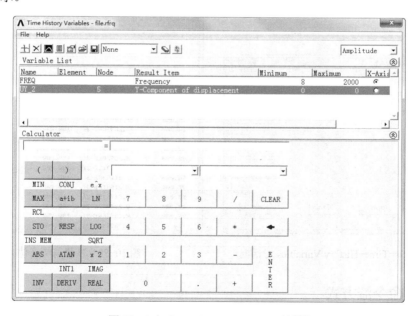

图 10-52　Time History Variables 对话框

6）单击按钮，出现该变量随时间的变化曲线，如图 10-53 所示。

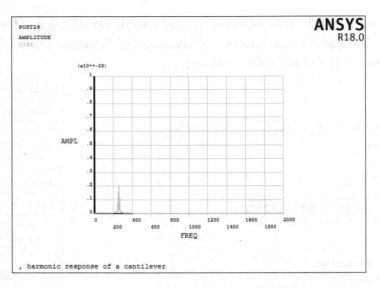

图 10-53　变量随频率的变化曲线

2．列表显示

1）执行主菜单中的 Main Menu > TimeHist Postpro > List Variables 命令，弹出 List Time-History Variables 对话框。

2）在 1st variable to list 文本框中输入 2，单击 OK 按钮，如图 10-54 所示。

3）ANSYS 进行列表显示，会出现变量与频率值列表，如图 10-55 所示。

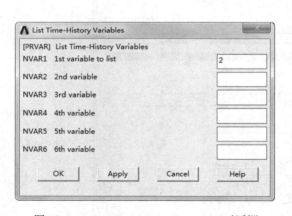

图 10-54　List Time-History Variables 对话框

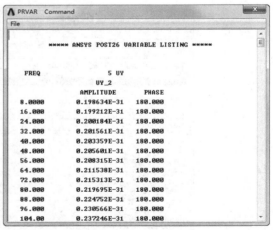

图 10-55　变量与频率值列表

10.3.4　命令流方式

略，见随书电子资料包文档。

第11章 结构屈曲分析

本章导读

屈曲分析是一种用于确定结构的屈曲载荷（使结构开始变得不稳定的临界载荷）和屈曲模态（结构屈曲响应的特征形态）的技术。

本章介绍 ANSYS 屈曲分析的全流程步骤，详细讲解其中各种参数的设置方法与功能，最后通过实例对 ANSYS 屈曲分析功能进行具体演示。

通过本章的学习，读者可以完整深入地掌握 ANSYS 屈曲分析的各种功能和应用方法。

11.1 结构屈曲概论

ANSYS 提供两种分析结构屈曲的技术。

1）非线性屈曲分析：该方法是逐步地增加载荷，对结构进行非线性静力学分析，然后在此基础上寻找临界点，如图 11-1a 所示。

2）特征值屈曲分析（线性屈曲分析）：该方法用于预测理想弹性结构的理论屈曲强度（即通常所说的欧拉临界载荷），如图 11-1b 所示。

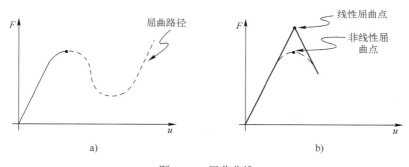

图 11-1　屈曲曲线

a) 非线性屈曲载荷-位移曲线　b) 线性（特征值）屈曲曲线

11.2 结构屈曲分析的基本步骤

11.2.1 前处理

该过程跟其他分析类型类似，但应注意以下两点。

1）前处理只允许线性行为，如果定义了非线性单元，也会按线性处理。

2）必须定义材料的弹性模量 EX（或者某种形式的刚度），材料性质可以是线性、各向同性或各向异性、恒值或者与温度相关的。

11.2.2　获得静力解

该过程与一般的静力分析类似，只须记住以下几点。

1）必须激活预应力影响（PSTRESS 命令或者相应 GUI）。

2）通常只需施加一个单位载荷即可，不过 ANSYS 允许的最大特征值是 1 000 000，若求解时特征值超过了这个限度，则须施加一个较大的载荷。当施加单位载荷时，求解得到的特征值就表示临界载荷，当施加非单位载荷时，求解得到的特征值乘以施加的载荷就得到临界载荷。

3）特征值相当于对所有施加载荷的放大倍数。如果结构上既有恒载荷作用（例如重力载荷）又有变载荷作用（例如外加载荷），需要确保在特征值求解时，由恒载荷引起的刚度矩阵没有乘以放大倍数。通常，为了做到这一点，采用迭代方法。根据迭代结果，不断地调整外加载荷，直到特征值变成 1（或者在误差允许范围内接近 1）。

如图 11-2 所示：一根木桩同时受到重力 W_o 和外加载荷 A 作用，为了找到结构特征值屈曲分析的极限载荷 A，可以用不同的 A 进行迭代求解直到特征值接近于 1。

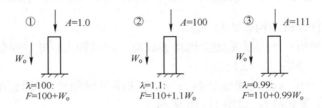

图 11-2　调整外加载荷直到特征值为 1

4）可以施加非零约束作为静载荷来模拟预应力，特征值屈曲分析将会考虑这种非零约束（即考虑了预应力），屈曲模态不考虑非零约束（即屈曲模态依然是参考零约束模型）。

5）在求解完成后，必须退出求解器（FINISH 命令或者相应 GUI 路径）。

11.2.3　获得特征值屈曲解

该步骤需要静力求解所得的两个文件 Jobname.EMAT 和 Jobname.ESAV，同时，数据库必须包含模型文件（必要时执行 RESUME 命令）。以下是获得特征值屈曲解的详细步骤。

1）进入求解器。

命令：/SOLU。

GUI：Main Menu > Solution。

2）指定分析类型。

命令：ANTYPE,BUCKLE。

GUI：Main Menu > Solution > Analysis Type > New Analysis。

注意　重启动（Restarts）对特征值分析无效。当指定特征值屈曲分析（eigenvalue buckling）之后，会出现相应的求解菜单（Solution menu），该菜单会根据最近的操作，有简化

（abridged）和完整（unabridged）两种形式。简化形式的菜单仅包含对于屈曲分析需要或者有效的选项。如果当前显示的是简化菜单而又想获得其他的求解选项（那些选项对于分析来说是有用的，但对于当前分析类型却没有被激活），可以在 Solution menu 中选择 Unabridged Menu 选项，更详细的说明可以参考帮助文档。

3）指定分析选项。

命令：BUCOPT, Method, NMODE, SHIFT。

GUI：Main Menu > Solution > Analysis Type > Analysis Options。

无论是命令还是 GUI 路径，都可以指定如下选项（参见图 11-3）。

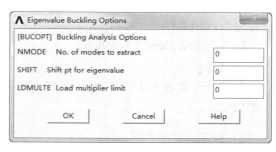

- 屈曲阶数（NMODE）：指定提取特征值的阶数。该变量默认值是 1，因为通常最关心的是第一阶屈曲。
- 策略（SHIFT），指定特征值要乘的载荷因子（load factor）。该因子在求解遇到数值问题（例如特征值为负值）有用，默认值为 0。

图 11-3　特征值屈曲分析选项

- 方法（Method）：指定特征值提取方法。可以选择子空间方法（Subspace）和兰索斯分块方法（Block Lanczos），均使用完全矩阵。可在帮助文档中查看选项（Mode-Extraction Method [MODOPT]）以获得更详细的信息。

4）指定载荷步选项。对于特征值屈曲问题唯一有效的载荷步选项是"输出控制和扩展"选项。

命令：OUTPR，NSOL，ALL。

GUI：Main Menu > Solution > Load Step Opts > Output Ctrls > Solu Printout。

扩展求解可以被设置成特征值屈曲求解的一部分也可以另外单独执行。

5）保存结果。

命令：SAVE。

GUI：Utility Menu > File > Save As。

6）开始求解。

命令：SOLVE。

GUI：Main Menu > Solution > Solve > Current LS。

求解输出项主要包括特征值（eigenvalues），它被写入输出文件中（Jobname.OUT）。特征值表示屈曲载荷因子，如果施加的是单位载荷，它就表示临界屈曲载荷。数据库或者结果文件中不会写入屈曲模态，所以不能对此进行后处理，如果想对其进行后处理，必须执行扩展解（后面会详细说明）。

特征值可以是正数也可以是负数，如果是负数，则表示应该施加相反方向的载荷。

7）退出求解器。

命令：FINISH。

GUI：Close the Solution menu。

📖 11.2.4 扩展解

不论采用哪种特征值提取方法，如果想得到屈曲模态的形状，就必须执行扩展解。如果是子空间迭代法，可以把"扩展"简单理解为将屈曲模态的形状写入结果文件。

在扩展解中，需要记住以下两点。

1）必须有特征值屈曲求解得到的屈曲模态文件（Jobname.MODE）。

2）数据库必须包含跟特征值求解同样的模型。

执行扩展解的具体步骤如下。

1）重新进入求解器。

命令：/SOLU。

GUI：Main Menu > Solution。

注意 在执行扩展解之前必须先离开求解器（利用 FINISH 命令），然后重新进入（/SOLU）。

2）指定为扩展求解。

命令：EXPASS,ON。

GUI：Main Menu > Solution > Analysis Type > ExpansionPass。

3）指定扩展求解选项。

命令：MXPAND, NMODE, , , Elcalc。

GUI：Main Menu > Solution > Load Step Opts > ExpansionPass > Single Modes > Expand Modes。

无论是通过命令还是 GUI 路径，扩展求解都需要指定如下选项。

● 模态阶数（MODE）：指定扩展模态的阶数。默认值是特征值求解时所提取的阶数。

● 相对应力（Elcalc）：指定是否需要进行应力计算，如图 11-4 所示。特征值屈曲分析中的应力并非真正的应力，而是相对于屈曲模态的相对应力分布，默认时不计算应力。

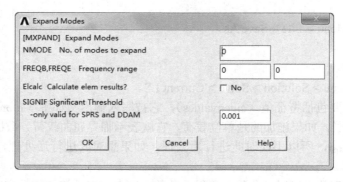

图 11-4 Expand Modes 对话框

4）指定载荷步选项。在屈曲扩展求解里唯一有效的载荷步选项是输出控制选项，该选项包括输出文件（Jobname.OUT）中的任何结果数据。

命令：OUTPR。

GUI：Main Menu > Solution > Load Step Opts > Output Ctrl > Solu Printout。

5）数据库和结果文件输出。该选项控制结果文件（Jobname.RST）里面的数据。

命令：OUTRES。

GUI：Main Menu > Solution > Load Step Opts > Output Ctrl > DB/Results File。

注意 OUTPR 和 OUTRES 上的 FREQ 域只能是 ALL 或者 NONE，也就是说，要么针对所有模态，要么不针对任何模态，不能只写入部分模态信息。

6）开始扩展求解。输出数据包含屈曲模态形状，并且，如果需要的话，还可以包含每一阶屈曲模态的相对应力。

命令：SOLVE。

GUI：Main Menu > Solution > Solve > Current LS。

7）离开求解器。这时候可以对结果进行后处理。

命令：FINISH。

GUI：Close the Solution menu.。

注意 该处的扩展解是单独作为一个步骤列出，也可以利用 MXPAND 命令（GUI: Main Menu > Solution > Load Step Opts > ExpansionPass > Expand Modes）将它放在特征值求解步骤里面执行。

11.2.5 后处理（观察结果）

屈曲扩展求解的结果被写入结构结果文件（Jobname.RST），包括屈曲载荷因子、屈曲模态形状和相对应力分布，可以在通用后处理（POST1）中观察这些结果。

注意 为了在 POST1 中观察结果，数据库必须包含跟屈曲分析相同的结构模型（必要时可执行 RESUME 命令），同时，数据库还必须包含扩展求解输出的结果文件（Jobname.RST）。

1）列出现在所有的屈曲载荷因子。

命令：SET,LIST。

GUI：Main Menu > General Postproc > Results Summary。

2）读取指定的模态来显示屈曲模态的形状。每一种屈曲模态都储存在独立的结果步（substep）中。

命令：SET,SUBSTEP。

GUI：Main Menu > General Postproc > Read Results > By Load Step。

3）显示屈曲模态形状。

命令：PLDISP。

GUI：Main Menu > General Postproc > Plot Results > Deformed Shape。

4）显示相对应力分布云图。

命令：PLNSOL or PLESOL。

GUI：Main Menu > General Postproc > Plot Results > Contour Plot > Nodal Solution。

Main Menu > General Postproc > Plot Results > Contour Plot > Element Solution。

11.3 实例导航——薄壁圆筒屈曲分析

在本节实例分析中，我们将进行一个薄壁圆筒的几何非线性分析，用轴对称单元模拟薄壁圆筒，求解通过单一载荷步来实现。

11.3.1 问题描述

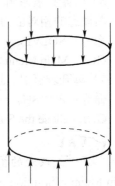

如图 11-5 所示，薄壁圆筒的半径 $R=2540$ mm，高 $h=20320$ mm，壁厚 $t=12.35$ mm，在圆筒的顶面上受到均匀的压力作用，压力的大小为 1e6Pa。材料的弹性模量 $E=200$GPa，泊松比 $\nu=0.3$，计算薄壁圆筒的屈曲模式及临界载荷。其计算分析过程如下。

11.3.2 GUI 路径模式

1. 前处理

1）定义工作标题。执行菜单栏中的 Utility Menu > File > Change Title 命令，弹出 Change Title 对话框。在其中输入 Buckling of a thin cylinder，单击 OK 按钮。

图 11-5　薄壁圆筒的示意图

2）定义单元类型。Mail Menu > Preprocessor > Element Type > Add/Edit/Delete 命令，出现 Element Types 对话框，单击 Add 按钮，弹出 Library of Element Types 对话框，如图 11-6 所示，在靠近左边的列表框中，单击 Structural Beam，在靠近右边的列表框中，单击 3D 2 node 188，单击 OK 按钮。最后单击 Element Types 对话框的 OK 按钮，关闭该对话框。

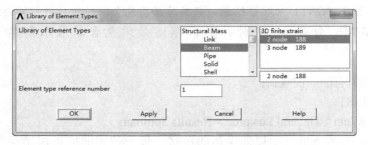

图 11-6　Library of Element Types 对话框

3）定义材料性质。执行主菜单中的 Main Menu > Preprocessor > Material Props > Material Models 命令，弹出如图 11-7a 所示的 Define Material Model Behavior 对话框，在 Material Models Available 栏目中依次选择 Favorites→Linear Static→Linear Isotropic，弹出如图 11-7b 所示的 Linear Isotropic Properties for Material Number 1 对话框，在 EX 文本框中输入 2e5，在 PRXY 文本框中输入 0.3，单击 OK 按钮。最后在 Define Material Model Behavior 对话框中，选

择菜单 Material > Exit 命令，退出此对话框。

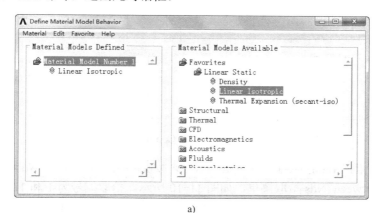

a)

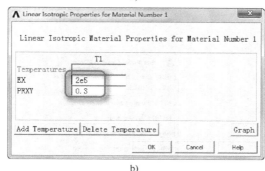

b)

图 11-7　定义材料性质

a) Define Material Model Behavior 对话框　　b) Linear Isotropic Properties for Material Number 1 对话框

4）定义杆件材料性质。执行主菜单中的 Main Menu > Preprocessor > Sections > Beam > Common Section 命令，弹出如图 11-8 所示的 Beam Tool 对话框，在 Sub-Type 下拉列表中选择空心圆管，在 Ri 中输入内半径 2527.65，在 Ro 中输入外半径 2540，单击 OK 按钮。

2. 建立实体模型

1）选择 ANSYS Main Menu > Preprocessor > Modeling > Create > Nodes > In Active CS 命令，打开 Create Nodes in Active Coordinate System 对话框，如图 11-9 所示。在 NODE　Node number 文本框输入 1，在"X,Y,Z　Location in active CS"文本框中输入 0 和 0。

2）单击 Apply 按钮会再次打开 Create Nodes in Active Coordinate System 对话框。在 NODE　Node number 文本框输入 11，在"X,Y,Z　Location in active CS"文本框中依次输入 0 和 20320，单击 OK 按钮关闭该对话框。

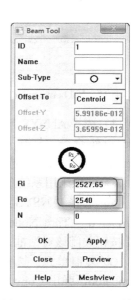

图 11-8　Beam Tool 对话框

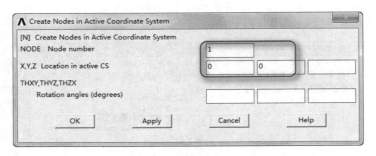

图 11-9　Create Nodes in Active Coordinate System 对话框

3）插入新节点：Main Menu > Preprocessor > Modeling > Create > Nodes > Fill between Nds，弹出 Fill between Nds 拾取菜单，如图 11-10 所示。拾取编号为 1 和 11 的两个节点，单击 OK 按钮，弹出 Create Nodes Between 2 Nodes 对话框，如图 11-11 所示，单击 OK 按钮接受默认设置。

图 11-10　Fill between Nds 拾取菜单

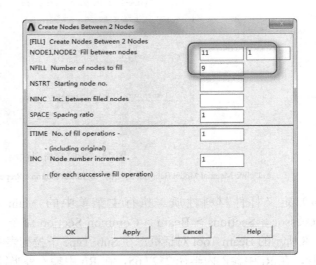

图 11-11　Create Nodes Between 2 Nodes 对话框

4）选择 ANSYS Main Menu → Preprocessor → Modeling → Create → Elements → Elem Attributes 命令，打开 Element Attributes 对话框，如图 11-12 所示。在[TYPE] Element type number 下拉列表框中选择"1 BEAM188"，在[SECNUML] Section number 下拉列表框中选择 1，其余选项采用系统默认设置.，单击 OK 按钮关闭该对话框。

5）选择 ANSYS Main Menu > Preprocessor > Modeling > Create > Elements > Auto Numbered > Thru Nodes 命令，打开 Elements from Nodes 对话框，在文本框输入"1,2"，单击 OK 按钮关闭该对话框。

① 复制单元：选择 Main Menu > Preprocessor > Modeling > Copy > Elements > Auto Numbered，弹出 Copy Elems Auto-Num 拾取菜单，如图 11-13 所示，选取所创建的单元，单击 OK 按钮。

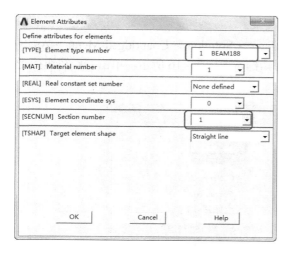

图 11-12　Element Attributes 对话框

图 11-13　Copy Elems Auto-Num 拾取菜单

② 弹出 Copy Elements 对话框，如图 11-14 所示，在 ITIME Total number of copies 文本框输入 10，在 NINC Node number increment 输入 1，单击 OK 按钮。

6）选择菜单栏中的 PlotCtrls > Style > Colors > Reverse Video 命令，ANSYS 窗口将变成白色。选择菜单栏中的 Plot > Elements 命令，ANSYS 窗口会显示模型，如图 11-15 所示。

7）存储数据库 ANSYS。单击 SAVE_ DB 按钮，保存数据库。

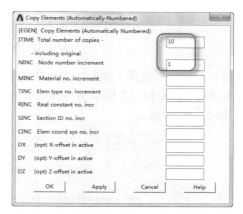

图 11-14　Copy Elements 对话框

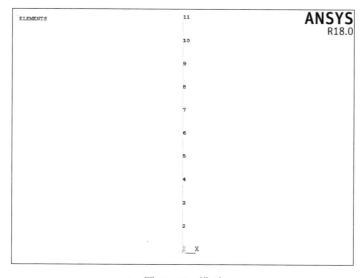

图 11-15　模型

3. 获得静力解

1）设定分析类型。执行主菜单中的 Main Menu > Solution > Unabridged Menu > Analysis Type > New Analysis 命令，弹出 New Analysis 对话框，如图 11-16 所示，单击 OK 按钮接受默认设置（Static）。

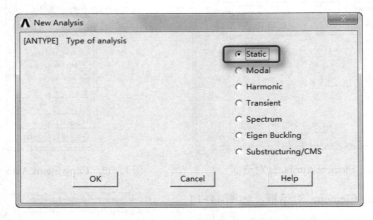

图 11-16　New Analysis 对话框

2）设定分析选项。执行主菜单中的 Main Menu > Solution > Analysis Type > Sol'n Controls 命令，弹出如图 11-17 所示的 Solution Controls 对话框，选中 Calculate prestress effects 复选框，单击 OK 按钮。

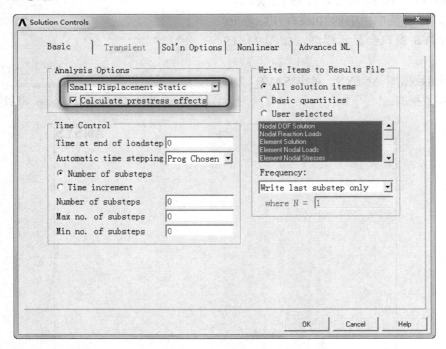

图 11-17　Solution Controls 对话框

3）打开节点编号显示。执行菜单栏中的 Utility Menu > PlotCtrls > Numbering 命令，弹出

Plot Numbering Controls 对话框，如图 11-18 所示，选中 NODE 后面的 on 复选框，单击 OK 按钮。

4）定义边界条件。执行主菜单中的 Main Menu > Solution > Define Loads > Apply > Structural > Displacement > On Nodes 命令，弹出"Apply U，ROT on Nodes"拾取对话框。拾取节点 1，单击 OK 按钮，弹出如图 11-19 所示的"Apply U，ROT on Nodes"对话框，在 Lab2 后面的列表中单击 All DOF 选项，单击 OK 按钮，结果如图 11-20 所示。

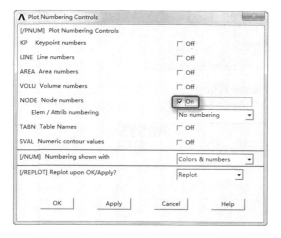

图 11-18　Plot Numbering Controls 对话框

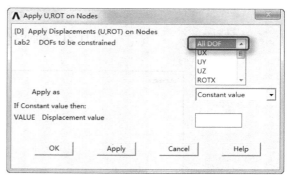

图 11-19　"Apply U，ROT on Nodes"对话框

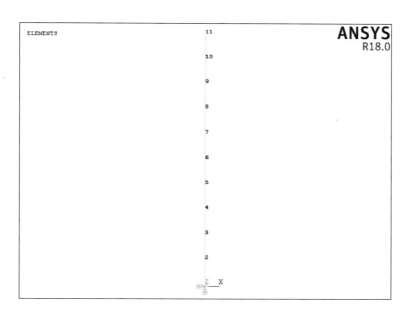

图 11-20　框架端部施加约束

5）施加载荷。执行主菜单中的 Main Menu > Solution > Define Loads > Apply > Structural > Force/ Moment > On Nodes 命令，弹出"Apply U，ROT on Nodes"拾取对话框。单击节点 11，单击 OK 按钮，弹出"Apply U，ROT on Nodes"对话框，如图 11-21 所示。在 Lab

Direction of force/mom 后面的下拉列表中选择 FY 选项，在 VALUE Force/moment value 文本框中输入-1e6，单击 OK 按钮。结果如图 11-22 所示。

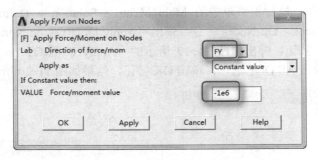

图 11-21　Apply F/M on Nodes 对话框

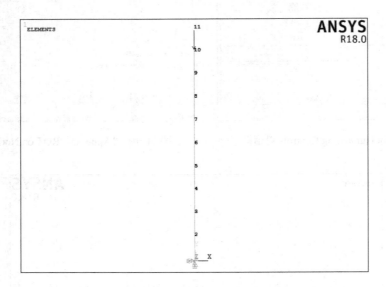

图 11-22　施加位载荷

6）静力分析求解。执行主菜单中的 Main Menu > Solution > Solve > Current LS 命令，弹出/STATUS 命令信息提示窗口和 Solve Current Load Step 对话框，仔细浏览信息提示窗口中的信息，如果无误则选择 File > Close 命令关闭。单击 OK 按钮开始求解。当静力求解结束时，会弹出 Solution is done 提示框，单击 Close 按钮。

7）退出静力求解。执行主菜单中的 Main Menu > Finish 命令，退出求解过程。

4. 获得特征值屈曲解

1）屈曲分析求解。执行主菜单中的 Main Menu > Solution > Analysis Type > New Analysis 命令，如图 11-23 所示的 New Analysis 对话框，选中 Eigen Buckling 单选框，单击 OK 按钮。

2）设定屈曲分析选项。执行主菜单中的 Main Menu > Solution > Analysis Type > Analysis Options 命令，弹出 Eigenvalue Buckling Options 对话框，如图 11-24 所示，在 NMODE No. of modes to extract 文本框中输入 10，单击 OK 按钮。

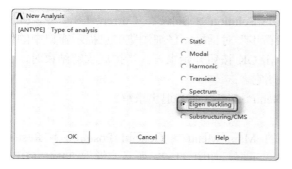

图 11-23　New Analysis 对话框

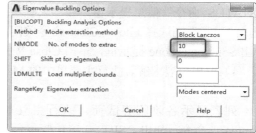

图 11-24　Eigenvalue Buckling Options 对话框

3）屈曲求解。执行主菜单中的 Main Menu > Solution > Solve > Current LS 命令，弹出 /STATUS 命令信息提示窗口和 Solve Current Load Step 对话框。仔细浏览信息提示窗口中的信息，如果无误则选择 File > Close 命令关闭。单击 OK 按钮开始求解。当屈曲求解结束时，屏幕上会弹出 Solution is done 提示框，单击 Close 按钮关闭它。

4）退出屈曲求解。执行主菜单中的 Main Menu > Finish 命令。

5. 扩展解

1）激活扩展过程。执行主菜单中的 Main Menu > Solution > Analysis Type > ExpansionPass 命令，弹出 Expansion pass 对话框，如图 11-25 所示，选中[EXPASS] Expansion pass" 选项后面的 On 复选框，单击 OK 按钮。

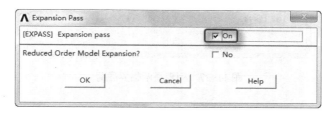

图 11-25　Expansion pass 对话框

2）设定扩展解。设定扩展模态选项：执行主菜单中的 Main Menu > Solution > Load Step Opts > ExpansionPass > Single Expand > Expand Modes 命令，弹出如图 11-26 所示的 Expand Modes 对话框，在 NMODE No. of modes to expand 后面输入 10，选中 Elcalc 选项后面的 Yes 复选框，单击 OK 按钮。

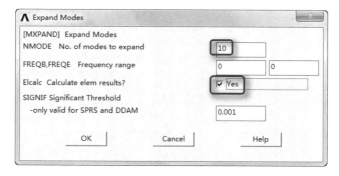

图 11-26　Expand Modes 对话框

3）扩展求解。执行主菜单中的 Main Menu > Solution > Solve > Current LS 命令，弹出"/STATUS 命令"信息提示窗口和"求解当前载荷步"对话框。仔细浏览信息提示窗口中的信息，如果无误则选择 File > Close 命令关闭。单击 OK 按钮开始求解。当扩展求解结束时，会弹出 Solution is done 提示框，单击 Close 按钮关闭它。

4）退出扩展求解。执行主菜单中的 Main Menu > Finish 命令退出求解。

6. 后处理

列表显示各阶临界载荷。执行主菜单中的 Main Menu > General Postproc > Results Summary 命令，弹出"SET，LIST Command"显示框，如图 11-27 所示。框中 TIME/FREQ 列对应的数值表示载荷的放大倍数。

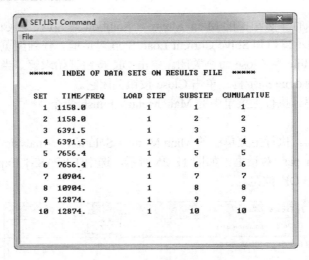

图 11-27　列表显示临界载荷

📖 11.3.3　命令流方式

略，见随书电子资料包文档。

第12章 谱 分 析

本章导读

　　谱分析是模态分析的扩展，用于计算结构对地震及其他随机激励的响应。本章介绍了 ANSYS 谱分析的全流程，讲解了其中各种参数的设置方法与功能，最后通过支撑平板的动力效果分析实例对 ANSYS 谱分析功能进行了具体演示。

　　通过本章的学习，读者可以完整深入地掌握 ANSYS 谱分析的各种功能和应用方法。

12.1　谱分析概论

　　谱是指频率与谱值的曲线，它表征时间历程载荷的频率和强度特征。谱分析包括以下内容。

1）响应谱：单点响应谱（SPRS）和多点响应谱（MPRS）。

2）动力设计分析方法（DDAM）。

3）功率谱密度（PSD）。

12.1.1　响应谱

　　响应谱表示单自由度系统对时间历程载荷的响应，它是响应与频率的曲线，这里的响应可以是位移、速度、加速度或者力。响应谱包括以下两种。

1. 单点响应谱（SPRS）

　　在单点响应谱分析（SPRS）中，只可以给节点指定一种谱曲线（或者一族谱曲线），例如在支撑处指定一种谱曲线，如图 12-1a 所示。

2. 多点响应谱（MPRS）

　　在多点响应谱分析（MPRS）中可在不同节点处指定不同的谱曲线，如图 12-1b 所示。

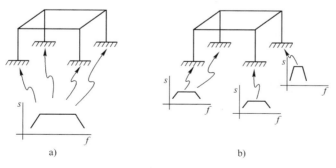

a)　　　　　　　　　　　　　　　　b)

图 12-1　响应谱分析示意图

S—谱值　　f—频率

a) 单点响应谱　b) 多点响应谱

📖 12.1.2 动力设计分析方法（DDAM）

该方法是一种用于分析船装备抗震性的技术，它本质上来说也是一种响应谱分析，该方法中用到的谱曲线是根据一系列经验公式和美国海军研究实验报告（NRL-1396）所提供的抗震设计表格得到的。

📖 12.1.3 功率谱密度（PSD）

功率谱密度（PSD）是针对随机变量在均方意义上的统计方法，用于随机振动分析，此时，响应的瞬态数值只能用概率函数来表示，其数值的概率对应一个精确值。

功率密度函数表示功率谱密度值与频率的曲线，这里的功率谱可以是位移功率谱、速度功率谱、加速度功率谱或者力功率谱。从数学意义上来说，功率谱密度与频率所围成的面积就等于方差。跟响应谱分析类似，随机振动分析也可以是单点或者多点。对于单点随机振动分析，在模型的一组节点处指定一种功率谱密度；对于多点随机振动分析，可以在模型不同节点处指定不同的功率谱密度。

12.2 实例导航——简单梁结构响应谱分析

本节对一简单的梁结构进行响应分析，分别采用 GUI 方式和命令流方式。

📖 12.2.1 问题描述

某梁结构，计算在 Y 方向的地震位移响应谱作用下整个结构的响应情况，梁结构的基本尺寸如图 12-2 所示，地震谱如表 12-1 所示，数据如下。

$E = 30 \times 10^6$ psi

$m = 0.2$ lb–sec^2/in^2

$I = (1000/3)$ in^4

$A = 273.9726$ in^2

$l = 240$ in

$h = 14$ in

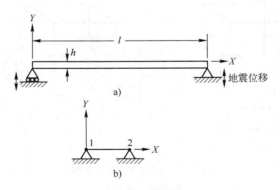

图 12-2　梁简图

a) 简化草图　b) 关键点和线模型

224

表 12-1　频率-谱值表

响应谱	
频率/Hz	位移/10^3m
0.1	0.44
10.0	0.44

12.2.2　GUI 操作方法

1. 创建物理环境

（1）过滤图形界面

从主菜单中选择 Main Menu > Preferences 命令，弹出 Preferences for GUI Filtering 对话框，选中 Structural 选项来对后面的分析进行菜单及相应的图形界面过滤。

（2）定义工作标题

执行菜单栏中的 File > Change Title 命令，在弹出的 Change Title 对话框中输入"Seismic Response of a Beam Structure"，如图 12-3 所示。单击 OK 按钮。

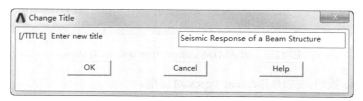

图 12-3　Change Title 对话框

（3）定义单元类型

从主菜单中选择 Main Menu > Preprocessor > Element Type > Add/Edit/Delete 命令，弹出 Element Types 对话框，单击 Add 按钮，弹出 Library of Element Types 对话框，如图 12-4 所示。

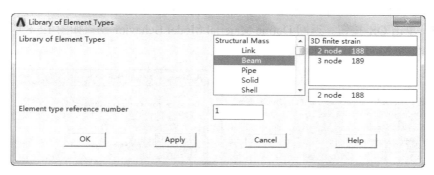

图 12-4　Library of Element Types 对话框

在该对话框左侧栏中选择 Structural Beam，在右边的滚动栏中选择 2 node 188，定义了 BEAM188 单元。

在 Element Types 对话框中选择BEAM188单元，单击 Options 按钮打开如图 12-5 所示的

BEAM188 element type options 对话框，将其中的 K3 设置为 Cubic Form，单击 OK 按钮。

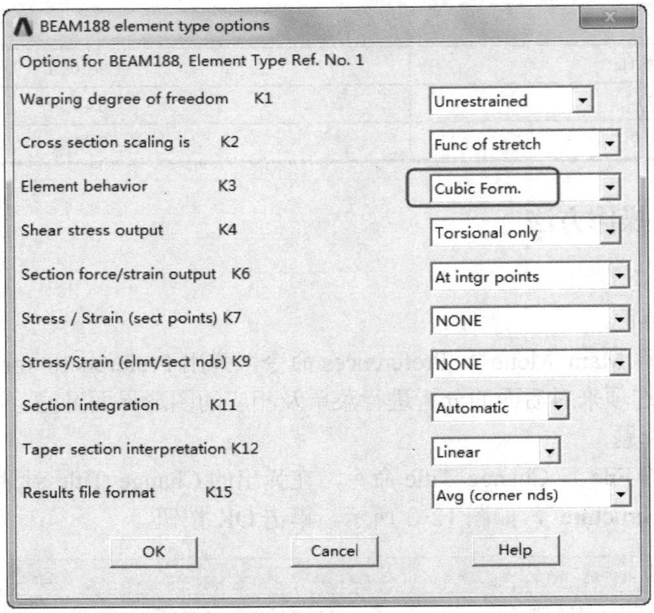

图 12-5   BEAM188 element type options 对话框

最后单击 Close 按钮，关闭 Element Types 对话框。

（4）指定材料属性

从主菜单中选择 Main Menu > Preprocessor > Material Props > Material Models 命令，弹出 Define Material Model Behavior 窗口，在右边的栏中选择 Structural > Linear > Elastic > Isotropic 命令后，弹出 Linear Isotropic Properties for Material Number 1 对话框，如图 12-6 所示，在该对话框的 EX 文本框输入 "30e6"，PRXY 文本框输入 0.3，单击 OK 按钮。

继续在 Define Material Model Behavior 窗口，在右边的栏中选择 Structural > Density 命令，弹出 Density for Material Number 1 对话框，如图 12-7 所示，在该对话框的 DENS 文本框输入 73E-5，单击 OK 按钮。返回 Define Material Model Behavior 窗口如图 12-8 所示。最后关闭 Define Material Model Behavior 窗口。

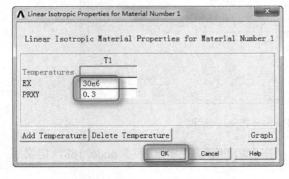

图 12-6   Linear Isotropic Properties for Material
Number 1 对话框

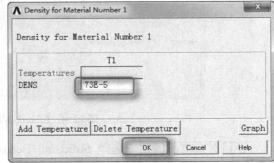

图 12-7   Density for Material Number 1
对话框

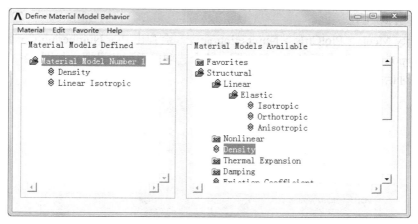

图 12-8　Define Material Model Behavior 窗口

（5）定义梁单元截面

从主菜单中选择 Main Menu > Preprocessor > Sections > Beam > Common Sections 命令，弹出 Beam Tool 选择对话框，如图 12-9 所示填写。然后单击 Apply 按钮，最后单击 OK 按钮。

定义好截面之后，单击 Preview 按钮可以观察截面特性。在本模型中截面及其特性如图 12-10 所示。

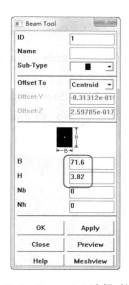

图 12-9　Beam Tool 选择对话框

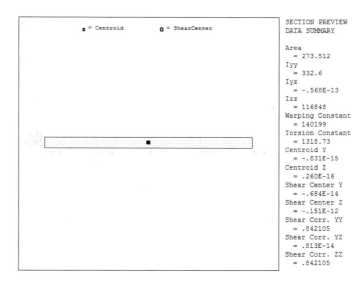

图 12-10　截面图及其特性

2. 建立有限元模型

（1）建立框架柱

从主菜单中选择 Main Menu > Preprocessor > Modeling > Create > Keypoints > In Active CS 命令，弹出 Create Keypoints in Active CS 对话框，在 NPT 中输入 1，在 "X，Y，Z" 输入 "0，0，0"，单击 Apply 按钮；在 NPT 中输入 2，在 "X，Y，Z" 输入 "240，0，0"，单击 Apply 按钮；在 NPT 输入行中输入 3，在 "X，Y，Z" 输入 "0，1，0"，单击 OK 按钮。

（2）设置数据

执行 Utility Menu > PlotCtrls > Numbering 命令，会弹出 Plot Numbering Controls 对话框，勾选 KP　Keypoint numbers 后的 On 复选框，其余选项采用默认设置，如图 12-11 所示，单击 OK 按钮关闭对话框。

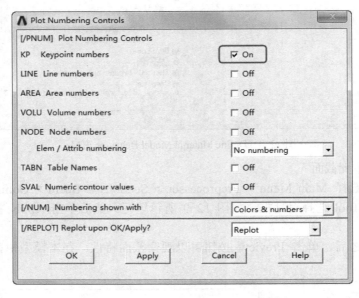

图 12-11　Plot Numbering Controls 对话框

从主菜单中选择 Main Menu > Preprocessor > Modeling > Create > lines > lines > Straight Line 命令，选择 1 和 2 点画出直线，单击 OK 按钮。

从主菜单中选择 Main Menu > Preprocessor > Meshing > Size Cntrls > ManualSize >Global > Size 命令，弹出 Global Element Sizes 对话框，如图 12-12 所示。在 NDIV　No. of element divisions 文本框中输入 8，其余选项采用系统默认设置，单击 OK 按钮关闭该对话框。

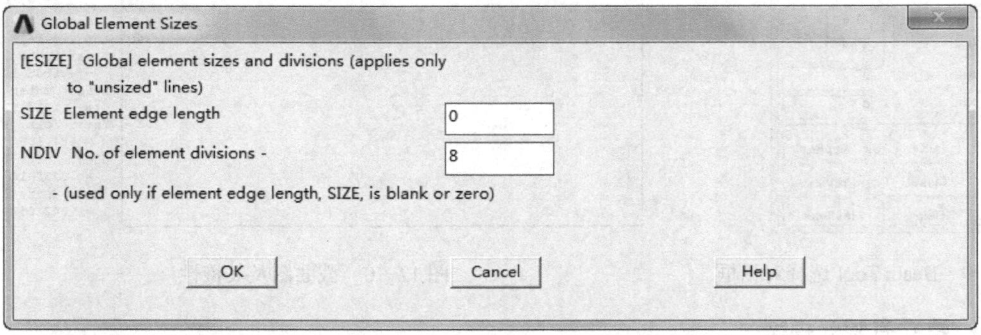

图 12-12　Global Element Sizes 对话框

从主菜单中选择 Main Menu > Preprocessor > Meshing > Mesh Attributes > All ALL Lines 命令，弹出 Line Attributes 对话框，如图 12-13 所示，选中 Pick Orientation Keypoint(s)后的 Yes 复选框，单击 OK 按钮，弹出拾取对话框，拾取 3 号点，然后单击 OK 按钮。

从主菜单中选择 Main Menu > Preprocessor > Meshing > Mesh > Lines 命令，在选择对话框中单击 Pick All。

（3）施加位移约束。

从主菜单中选择 Main Menu > Solution > Define Loads > Apply > Structual > Displacement > On Nodes 命令，弹出节点选取对话框，拾取梁左端的节点，单击 OK 按钮。弹出"Apply U，ROT Nodes"对话框，在 DOFs to be constrained 项中选择 UY，单击 OK 按钮关闭窗口，如图 12-14 所示。加约束之后的模型如图 12-15 所示。

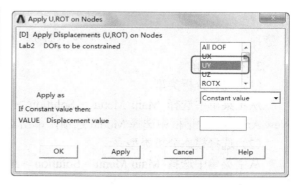

图 12-13　Line Attributes 对话框　　　　　图 12-14　约束节点自由度

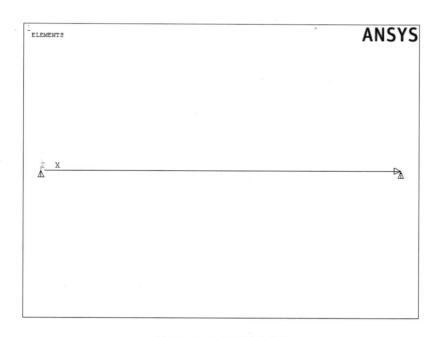

图 12-15　加约束后的模型

选择 Main Menu > Solution > Define Loads > Apply > Structural > Displacement > Symmetry B.C. > On Nodes 命令，弹出如图 12-16 所示的 Apply SYMM on Nodes 对话框，选择 Z-axis 选项，单击 OK 按钮。

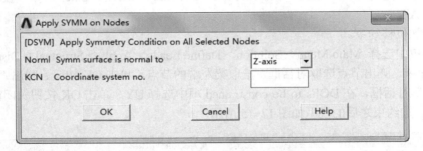

图 12-16　Apply SYMM on Nodes 对话框

3. 模态求解

（1）选择分析类型

从主菜单中选择 Main Menu > Solution > Analysis Type > New Analysis 命令，在弹出的 New Analysis 对话框中选择 Modal 选项，单击 OK 按钮关闭对话框。

（2）选择模态分析类型

从主菜单中选择 Main Menu > Solution > Analysis Type > Analysis Options 命令，在弹出的 Modal Analysis 对话框，"MODOPT" 项选择 Block Lanczos 选项，在 "No. of modes to extract" 项中输入 3，NMODE No. of modes to expand 项中输入 1，如图 12-17 所示。单击 OK 按钮关闭对话框。接着弹出 Block Lanczos Method 对话框，采取默认设置，单击 OK 按钮关闭对话框，如图 12-18 所示。

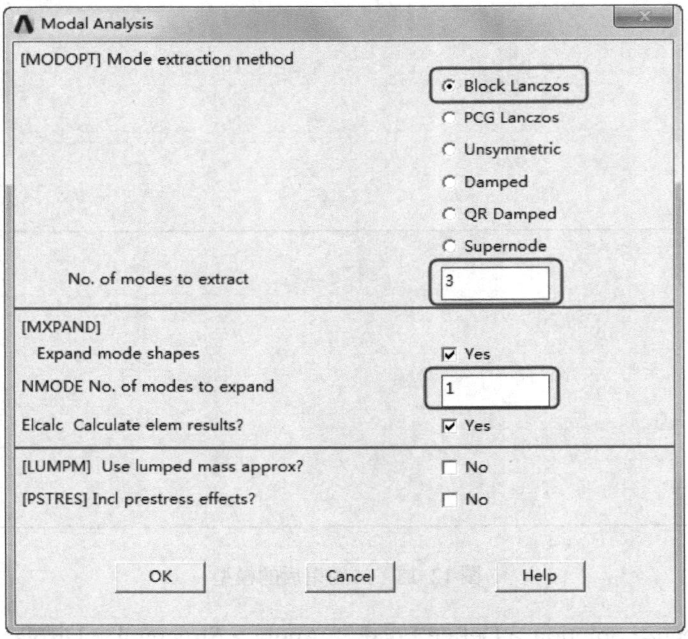

图 12-17　Modal Analysis 对话框

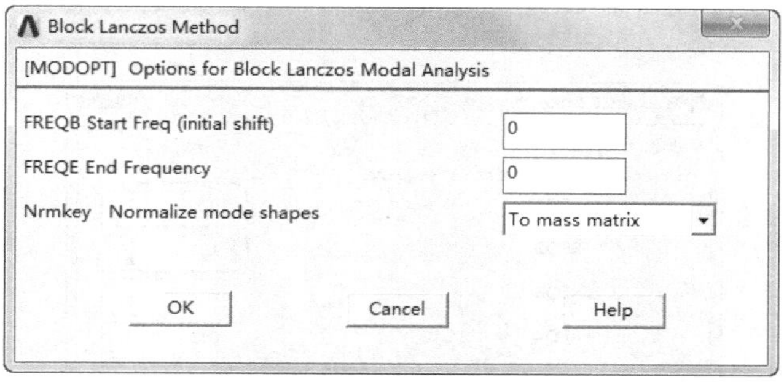

图 12-18 Block Lanczos Method 对话框

（3）开始求解

从主菜单中选择 Main Menu > Solution > Solve > Current LS 命令，弹出一个名为/STATUS Command 的文本框，检查无误后，单击 Close 按钮。在弹出的另一个 Solve Current Load Step 对话框中单击 OK 按钮开始求解。求解结束后，关闭 Solution is done 对话框。

4．获得谱解

（1）关闭主菜单中求解器菜单，再重新打开

从主菜单中选择 Main Menu > Solution > Analysis Type > New Analysis 命令，在弹出的 New Analysis 对话框中选择 Spectrum 选项，单击 OK 按钮关闭对话框。

（2）设置反应谱

从主菜单中选择 Main Menu > Solution > Load Step Opts > Spectrum > Single Point > Setting 命令，在弹出的 Setting for single-Point Response Spectrum 对话框中，SVTYP 中选择 Seismic displac 选项，激励方向 SED 项填写 "0, 1, 0"，如图 12-19 所示，单击 OK 按钮。

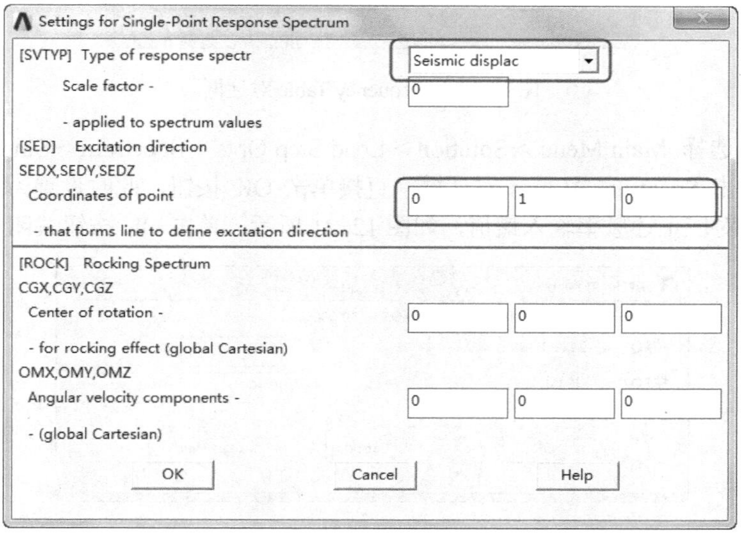

图 12-19 Setting for single-Point Response Spectrum 对话框

从主菜单中选择 Main Menu > Solution > Load Step Opts > Spectrum > Single Point > Freq Table 命令，弹出 Frequency Table 对话框，按照频率-谱值表依次输入频率值，如图 12-20 所

示，单击 OK 按钮。

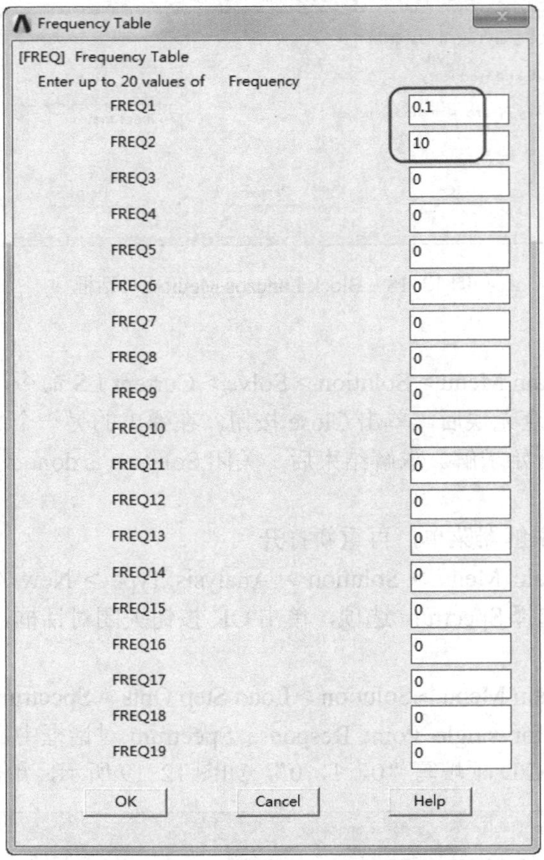

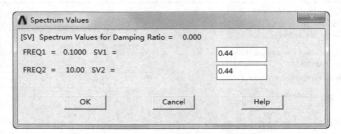

图 12-20 Frequency Table 对话框

从主菜单中选择 Main Menu > Solution > Load Step Opts > Spectrum > Single Point > Spectr Values 命令，弹出 Spectrum Values 对话框，直接单击 OK 按钮，此时设置为默认状态，既无阻尼。然后依次对应上述频率输入谱值，如图 12-21 所示。单击 OK 按钮关闭对话框。

图 12-21 Spectrum Values 对话框

从主菜单中选择 Main Menu > Solution > Load Step Opts > Spectrum > Single Point > Mode Combine > SRSS Method 命令，弹出如图 12-22 所示的 SRSS Mode Combination 对话框，Significant threshold 项填写 0.15，单击 OK 按钮关闭对话框。

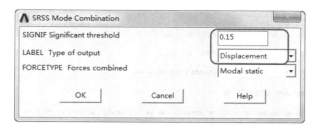

图 12-22　SRSS Mode Combination 对话框

（3）开始求解

从主菜单中选择 Main Menu > Solution > Solve > Current LS 命令，弹出/STATUS Command 文本框，检查无误后，单击 Close 按钮。弹出 Solve Current Load Step 对话框，单击 OK 按钮开始求解。求解结束后，关闭 Solution is done 对话框。

5. 查看结果

（1）查看 SET 列表

列表显示各阶临界载荷：Main Menu > General Postproc > Results Summary，弹出 SET，LIST Command 显示框，如图 12-23 所示。

图 12-23　列表显示临界载荷

（2）读取结果文件

执行菜单栏中的 File > Read Input from 命令，在 Read File 对话框右侧的滚动栏中选择包含结果文件的路径；在左侧的滚动栏中选择 Jobname.mcom 文件。单击 OK 按钮关闭对话框。

（3）列表显示节点结果

从主菜单中选择 Main Menu > General Postproc > List Results > Nodal Solution 命令，在 List Nodal Solution 对话框中，选择 Nodal Solution > DOF Solution > Displacement vector sum 命令，单击 OK 按钮。弹出节点位移列表结果，如图 12-24 所示，浏览后关闭窗口。

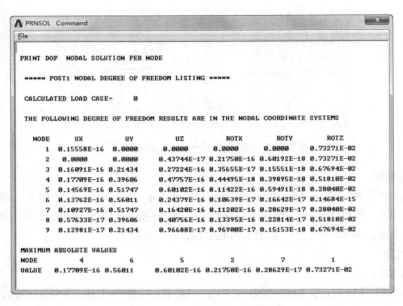

图 12-24　节点位移列表结果

（4）列表显示单元结果

从主菜单中选择 Main Menu > General Postproc > List Results > Element Solution 命令，弹出 List Element Solution 对话框，在其中选择 Element Solution > All Available force items 命令，单击 OK 按钮。弹出单元结果列表，如图 12-25 所示，浏览后关闭窗口。

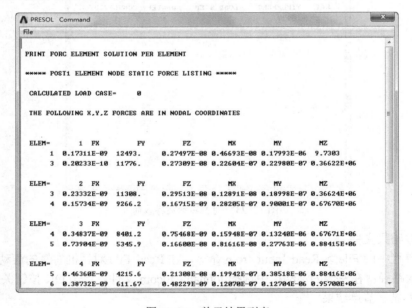

图 12-25　单元结果列表

（5）列表显示反力

从主菜单中选择 Main Menu > General Postproc > List Results > Reaction Solu 命令，在 List Reaction Solution 对话框中，选择 All items 选项，单击 OK 按钮。弹出被约束的节点反力列表

结果，如图 12-26 所示，浏览后关闭窗口。

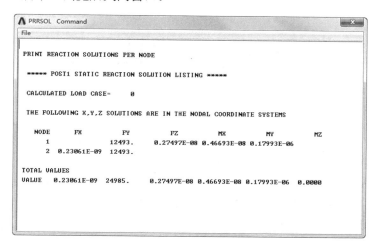

图 12-26　节点支反力列表结果

6. 退出程序

单击工具条上的 Quit 按钮，弹出 Exit from ANSYS 对话框，选取一种保存方式，单击 OK 按钮，则退出 ANSYS 软件。

12.2.3　命令流方式

略，见随书电子资料包文档。

第13章 接触问题分析

本章导读

接触问题是一种高度非线性行为，需要较大的计算资源，为了进行有效的计算，理解问题的特性和建立合理的模型是很重要的。

本章介绍 ANSYS 接触分析的全流程，讲解其中各种参数的设置方法与功能，最后通过实例对 ANSYS 接触分析功能进行具体演示。通过本章的学习，读者可以完整深入地掌握 ANSYS 接触分析的各种功能和应用方法。

13.1 接触问题概论

接触问题存在两个较大的难点，具体如下。

1）在求解问题之前不知道接触区域，表面之间是接触的还是分开的，突然变化的，这些随载荷、材料、边界条件和其他因素而定。

2）大多的接触问题需要计算摩擦，有几种摩擦和模型可供挑选，它们都是非线性的，摩擦使问题的收敛性变得困难。

13.1.1 一般分类

接触问题分为两种基本类型：刚体-柔体的接触和半柔体-柔体的接触。在刚体-柔体的接触问题中，接触面的一个或多个被当作刚体（与它接触的变形体相比，有大得多的刚度），一般情况下，一种软材料和一种硬材料接触时，问题可以被假定为刚体-柔体的接触，许多金属成形问题归为此类接触；另一类，柔体-柔体的接触，是一种更普遍的类型，在这种情况下，两个接触体都是变形体（有近似的刚度）。

ANSYS 支持 3 种接触方式：点-点、点-面和面-面，每种接触方式使用的接触单元适用于某类问题。

13.1.2 接触单元

为了给接触问题建模，首先必须认识到模型中的哪些部分可能会相互接触，如果相互作用的其中之一是一个点，模型的对应组元是一个节点。如果相互作用的其中之一是一个面，模型的对应组元是单元，例如梁单元、壳单元或实体单元，有限元模型通过指定的接触单元来识别可能的接触匹对，接触单元是覆盖在分析模型接触面之上的一层单元，ANSYS 使用的接触单元和使用它们的过程如下。

1. 点-点接触单元

点-点接触单元主要用于模拟点-点的接触行为，为了使用点-点的接触单元，需要预先知道接触位置，这类接触问题只能适用于接触面之间有较小的相对滑动情况（即使在几何非线性情况下）。

如果两个面上的节点一一对应，相对滑动又可以忽略不计，两个面挠度（转动）保持小量，那么可以用点-点的接触单元来求解面-面的接触问题，过盈装配问题是一个用点-点的接触单元来模拟点-面的接触问题的典型例子。

2．点-面接触单元

点-面接触单元主要用于给点-面的接触行为建模，例如两根梁的相互接触。

如果通过一组节点来定义接触面，生成多个单元，那么可以通过点-面的接触单元来模拟面-面的接触问题，面即可以是刚性体也可以是柔性体，这类接触问题的一个典型例子是插头插到插座里。使用这类接触单元，不需要预先知道确切的接触位置，接触面之间也不需要保持一致的网格，并且允许有大的变形和大的相对滑动。

CONTA175 是点-面的接触单元，它支持大滑动、大变形和不同网格之间连接的组件。接触时发生单元渗透从一个目标表面到一个指定的目标表面。

3．面-面的接触单元

ANSYS 支持刚体-柔体的面-面的接触单元，刚性面被当作"目标"面，分别用 TARGE169 和 TARGE170 来模拟 2D 和 3D 的"目标"面，柔性体的表面被当作"接触"面，用 CONTA171、CONTA172、CONTA173、CONTA174 来模拟。一个目标单元和一个接触单元叫作一个"接触对"，程序通过一个共享的实常号来识别"接触对"，为了建立一个"接触对"给目标单元和接触单元指定相同的实常号。

与点-面接触单元相比，面-面接触单元有以下优点。

- 支持低阶和高阶单元。
- 支持有大滑动和摩擦的大变形，能协调刚度阵计算和不对称单元刚度阵的计算。
- 提供典型项目分析所需的更好的接触结果，例如法向压力和摩擦应力。
- 没有刚体表面形状的限制，刚体表面的光滑性不是必需的，允许有自然的或网格离散引起的表面不连续。
- 与点-面接触单元相比，需要较多的接触单元，因而只需要较小的磁盘空间和较少的 CPU 运行时间。
- 允许多种建模控制，例如：绑定接触、渐变初始渗透、目标面自动移动到补始接触、平移接触面（老虎梁和单元的厚度）等；支持死活单元、耦合场分析、磁场接触分析等。

13.2 接触问题分析的步骤

在涉及两个边界的接触问题中，很自然把一个边界作为"目标"面而把另一个作为"接触"面。对刚体-柔体的接触，"目标"面总是刚性的，"接触"面总是柔性面，这两个面合起来叫作"接触对"。使用 TARGE169 和 CONTA171 或 CONTA172 来定义 2D 接触对，使用 TARGE170 和 CONTA173 或 CONTA174 来定义 3D 接触对，程序通过相同的实常数号来识别"接触对"。

执行一个典型的面-面接触分析的基本步骤如下。

1）建立模型，并划分网格。

2）识别接触对。

3）定义刚性目标面。

4）定义柔性接触面。

5）设置单元关键点和实常数。

6）定义/控制刚性目标面的运动。

7）给定必需的边界条件。

8）定义求解选项和载荷步。

9）求解接触问题。

10）查看结果。

13.2.1 建立模型并划分网格

在这一步中需要建立代表接触体几何形状的实体模型。与其他分析过程一样，设置单元类型、实常数、材料特性。用恰当的单元类型给接触体划分网格。

命令：AMESH，VMESH。

GUI：Main Menu > Preprocessor > Mesh > Mapped > 3 or 4 Sided。

GUI：Main Menu > Preprocessor > Mesh > Mapped > 4 or 6 Sided。

13.2.2 识别接触对

必须认识到，模型在变形期间，任何地方可能发生接触，识别出潜在的接触面，通过目标单元和接触单元来定义它们。目标和接触单元跟踪变形阶段的运动，构成一个接触对的目标单元和接触单元通过共享的实常号联系起来。

可以任意定义接触区域，然而为了更有效地进行计算（主要指 CPU 时间），或者定义更小的局部化的接触环，但须保证它足以描述所需要的接触行为，不同的接触对必须通过不同的实常数号来定义（即使实常数号没有变化）。

由于几何模型和潜在变形的多样性，有时候一个接触面的同一区域可能和多个目标面产生接触关系，在这种情况下，应该定义多个接触对（使用多组覆盖层接触单元）。每个接触对有不同的实常数号。

13.2.3 定义刚性目标面

刚性目标面可以是 2D 的或 3D 的。在 2D 情况下，刚性目标面的形状可以通过一系列直线、圆弧和抛物线来描述，所有这些都可以用 TAPGE169 来表示。另外，可以使用它们的任意组合来描述复杂的目标面。在 3D 情况下，目标面的形状可以通过三角面、圆柱面、圆锥面和球面来描述，所有这些都可以用 TAPGE170 来表示，对于一个复杂的或任意形状的目标面，应该使用三角面来给它建模。

13.2.4 定义柔性体的接触面

为了定义柔性体的接触面，必须使用接触单元 CONTA171 或 CONTA172（对 2D）或 CONTA173 或 CONTA174（对 3D）来定义表面。

程序通过组成变形体表面的接触单元来定义接触表面，接触单元与下面覆盖的变形体单元有同样的几何特性。接触单元与覆盖的变形体单元必须处于同一阶次（低阶或高阶），下面的变形体单元可能是实体单元、壳单元、梁单元或超单元，接触面可能壳或梁单元任何一边。

与目标面单元一样，必须定义接触面的单元类型，然后选择正确的实常数号（实常数号必须与它对应目标的实常数号相同），最后生成接触单元。

13.2.5 设置实常数和单元关键点

程序使用 20 多个实常数和若干单元关键点来控制面-面接触单元的接触行为。

1. 常用的实常数

程序经常使用的实常数如表 13-1 所示。

表 13-1 实常数列表

实常数	用 途
R1 和 R2	定义目标单元几何形状
FKN	定义法向接触刚度因子
FTOLN	定义最大的渗透范围
ICONT	定义初始靠近因子
PINB	定义 "Pinball" 区域
PMIN 和 PMAX	定义初始渗透的容许范围
TAUMAR	指定最大的接触摩擦

命令：R。

GUI：Main menu > Preprocessor > Real Constants。

对实常数 FKN、FTOLN、ICONT、PINB、PMAX 和 PMIN，既可以定义一个正值也可以定义一个负值，程序将正值作为比例因子，将负值作为真实值，程序将下面覆盖原单元的厚度作为 ICON、FTOLN、PINB、PMAX 和 PMIN 的参考值，例如对 ICON，0.1 表明初始间隙因子是 "0.1×下面覆盖层单元的厚度"。然而，-0.1 表明真实缝隙是 0.1，如果下面覆盖层单元是超单元，则将接触单元的最小长度作为厚度。

2. 单元关键点

每种接触单元都有好几个关键点，对大多的接触问题默认的关键点是合适的，而在某些情况下，可能需要改变默认值，来控制接触行为。

- 自由度　　　　　　　　（KEYOPT(1)）
- 接触算法（罚函数+拉格郎日或罚函数）（KEYOPT（2））
- 出现超单元时的应力状态　（KEYOPT（3））
- 接触方位点的位置　　　　（KEYOPI（4））
- 刚度矩阵的选择　　　　　（KEYOPT（6））
- 时间步长控制　　　　　　（KEYOPT（7））
- 初始渗透影响　　　　　　（KEYOPT（9））
- 接触刚度修正　　　　　　（KEYOPT（10））
- 壳体厚度效应　　　　　　（KEYOPT（11））
- 接触表面情况　　　　　　（KEYOPT（12））

命令：KEYOPT，ET。

GUI：Main menu > Preprocessor > Elemant Type > Add/Edit/Delete。

📖 13.2.6 控制刚性目标的运动

按照物体的原始外形来建立的刚性目标面，面的运动是通过给定 pilot 节点来定义的。如果没有定义 pilot 节点，则通过刚性目标面上的不同节点来定义。

为了控制整个目标面的运动，在下面的任何情况下都必须使用 pilot 节点。

- 目标面上作用着给定的外力。
- 目标面发生旋转。
- 目标面和其他单元相连（例如结构质量单元）。

pilot 节点的厚度代表着整个刚性面的运动，可以在 pilot 节点上给定边界条件（位移、初速度、集中载荷、转动等），为了考虑刚体的质量，在 pilot 节点上定义一个质量单元。

当使用 pilot 节点时，记住下面的几点局限性。

- 每个目标面只能有一个 Pilot 的节点。
- 圆、圆锥、圆柱、球的第一个节点是 pilot 节点，不能另外定义或改变 pilot 节点。
- 程序忽略不是 pilot 节点的所有其他节点上的边界条件。
- 只有 pilot 节点能与其他单元相连。
- 当定义了 pilot 节点后，不能使用约束方程（CF）或节点来耦合（CP）来控制目标面的自由度，如果在刚性面上给定任意载荷或者约束，必须定义 pilot 节点，是在 pilot 节点上加载，如果没有使用 pilot 节点，只能有刚体运动。

在每个载荷步的开始，程序检查每个目标面的边界条件，如果下面的条件都满足，那么程序将目标面作为固定处理。

- 在目标面节点上没有明确定义边界条件或给定力。
- 目标面节点没有和其他单元相连。
- 目标面节点没有使用约束方程或节点耦合。

在每个载荷步的末尾，程序将会放松被内部设置的约束条件。

📖 13.2.7 给变形体单元施加必要的边界条件

现在可以按需要加上任意的边界条件。加载过程与其他的分析类型相同。

📖 13.2.8 定义求解和载荷步选项

接触问题的收敛性随着问题的不同而不同，下面列出了一些典型的在大多数面-面的接触分析中推荐使用的选项。

时间步长必须足够小，以描述适当的接触。如果时间步太大，则接触力的光滑传递会被破坏，设置精确时间步长的可信赖方法是打开自动时间步长。

命令：Autots，On。

GUI：Main Menu > Solution > Unabridged Menu > Load Step Opts > Time/Frequenc > Time-Time Step or Time and Substps。

如果在迭代期间接触状态变化，可能发生不连续，为了避免收敛太慢，使用修改的刚度阵，将牛顿-拉普森选项设置成 FULL。

命令：NROPT，FULL，，OFF。

GUI：Main Menu > Solution > Unabridged Menu > Analysis Type > Analysis Options。

不要使用自适应下降因子，对面-面的问题，自适应下降因子通常不会提供任何帮助，因此建议关掉它。

设置合理的平衡迭代次数，一个合理的平衡迭代次数通常为 25～50，Equilibrium Iterations 对话框如图 13-1 所示。

命令：NEQIT。

GUI：Main Menu > Solution > Unabridged Menu > Load Step Opts > Nonlinear > Equilibrium Iter。

因为大的时间增量会使迭代趋向于变得不稳定，使用线性搜索选项来使计算稳定化。Line Search 对话框如图 13-2 所示。

命令：LNSRCH

GUI：Main Menu > Solution > Unabridged Menu > Load Step Opts > Nonlinear > Line Search。

图 13-1　Equilibrium Iterations 对话框

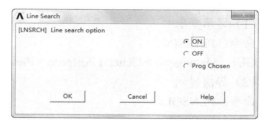

图 13-2　Line Search 对话框

除非在大转动和动态分析中，打开时间步长预测器选项，Predictor 对话框如图 13-3 所示。

命令：PRED。

GUI：Main Menu > Solution > Unabridged Menu > Load Step Opts > Nonlinear > Predictor。

在接触分析中许多不收敛问题是由于使用了太大的接触刚度引起的（实常数 FKN），检验是否使用了合适的接触刚度。

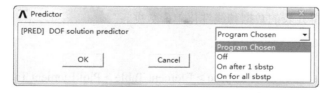

图 13-3　Predictor 对话框

13.2.9　求解

现在可以对接触问题进行求解，求解过程与一般的非线性问题求解过程相同。

📖 13.2.10　检查结果

接触分析的结果主要包括位移、应力、应变和接触信息（接触压力、滑动等），可以在通用后处理器（Post1）或时间历程后处理器（Post26）中查看结果。

注意 1）为了在 Post1 中查看结果，数据库文件所包含的模型必须与用于求解的模型相同。2）必须存在结果文件。

1．在 Post1 中查看结果

进入 Post1，如果用户的模型不在当前数据库中，使用恢复命令（resume）来恢复它。

命令：/Post1。

GUI：Main Menu > General Postproc。

读入所期望的载荷步和子步的结果，可以通过载荷步和子步数时间来实现。

命令：SET。

GUI：Main Menu > General Postproc > Read Results。

使用下面的任何一个选项来显示结果。

（1）显示变形

命令：PLDISP。

GUI：Main menu > General Postproc > Plot Result > Deformed Shape。

（2）等值显示

命令：PLNSOL。
　　　　PLESOL。

GUI：Main Menu > General Postproc > Plot Result > Contour Plot > Noded Solu。

　　　　Main Menu > General Postproc > Plot Result > Contour Plot > Element Solu。

使用这个选项来显示应力、应变或其他项的等值图，如果相邻的单元有不同的材料行为（例如塑性或多弹性材料特性、不同的材料类型或不同的死活属性），则在结果显示时应避免节点应力平均错误。

也可以将求解出来的接触信息用等值图显示出来，对 2D 接触分析，模型用灰色表示，所要求显示的项将沿着接触单元存在模型的边界以梯形面积表示出来；对 3D 接触分析，模型将用灰色表示，而要求的项在接触单元存在的 2D 表面上等值显示。

还可以等值显示单元表的数据和线性化单元数据。

命令：PLETAB。
　　　　PLLS。

GUI：Main Menu > General Postproc > Element Table > Plot Element Table。

　　　　Main Menu > General Postproc > Plot Results > Contour plot > line Elem Res。

（3）列表显示

命令：PRNSOL，PRESOL，PRRSOL，PRETAB，RITER，NSORT，ESORT。

GUI：Main menu > General Postproc > List Results > Noded Solution。

　　　　Main menu > General Postproc > List Results > Element Solution。

　　　　Main menu > General Postproc > List Results > Reaction Solution。

在列表显示之前，可以用命令 NSORT 和 ESORT 来进行排序。

（4）动画

可以动画显示接触结果随时间的变化。

命令：ANIME。

GUI：Uility menn > Plotctrls > Animate。

2．在 Post26 中查看结果

可以使用 Post26 来查看一个非线性结构对加载历程的响应，可以比较一个变量和另一个变量的变化关系。例如，可以画出某个节点位移随给定载荷的曲线变化关系，某个节点的塑性应变与时间的关系。

（1）进入 Post26

如果模型不在当前数据库中恢复它。

命令：/Post26。

GUI：Main menu > TimeHist Postpro。

（2）定义变量

命令：NSOL，ESOL，RFORCE。

GUI：Main Menu > Time List Postpro > Define Variable。

（3）画曲线或列表显示

命令：PLVAR，PRVAR，EXTREM。

GUI：Main menu > Time List Postproc > Graph Variable。

Main menu > Time List Postproc > List Variarle。

Main menu > Time List Postproc > List Extremes。

13.3 实例导航——陶瓷套筒的接触分析

13.3.1 问题描述

如图 13-4 所示，插销比插销孔稍稍大一点，这样它们之间由于接触就会产生应力应变。由于对称性，可以只取模型的四分之一来进行分析，并分成两个载荷步来求解。第一个载荷步是观察插销接触面的应力，第二个载荷步是观察插销拔出过程中的应力、接触压力和反力等。

材料性质：EX=30E6（杨氏弹性模量），NUXY=0.25（泊松比），f=0.2（摩擦因数）。

几何尺寸：陶瓷套管：R1=0.5，H1=3；套筒：R2=1.5，H2=2；套筒孔：R3=0.45，H3=2。

图 13-4　陶瓷套筒示意图

13.3.2 建立模型并划分网格

1．建立模型

1）设置分析标题：Utility Menu > File > Change Title，在输入栏中输入 Contact Analysis，

单击OK按钮。

2）定义单元类型：选择 Main Menu > Preprocessor > Element Type > Add/Edit/Delete 命令，出现 Element Types 对话框，如图 13-5 所示。单击 Add 按钮，弹出如图 13-6 所示的 Library of Element Types 对话框，选择 Structural Solid 和 Brick 8node 185，单击 OK 按钮，然后单击 Element Types 对话框的 Close 按钮。

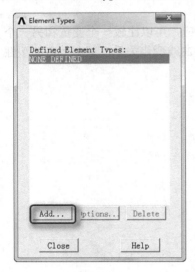

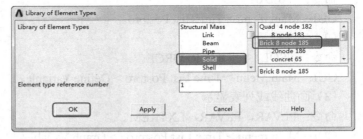

图 13-5　Element Types 对话框　　　　图 13-6　Library of Element Types 对话框

3）定义材料性质：选择 Main Menu > Preprocessor > Material Props > Material Models，弹出如图 13-7 所示的 Define Material Model Behavior 对话框，在 Material Models Available 栏目中选择 Structural > Linear > Elastic > Isotropic 命令，弹出如图 13-8 所示 Linear Isotropic Properties for Material Number 1 对话框，在 EX 文本框中输入 30E6，在 PRXY 文本框中输入 0.25，单击 OK 按钮。然后执行 Define Material Models Behavior 对话框中的 Material > Exit 命令退出。

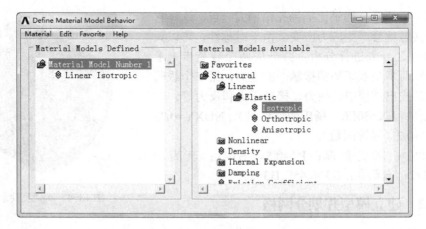

图 13-7　Define Material Model Behavior 对话框

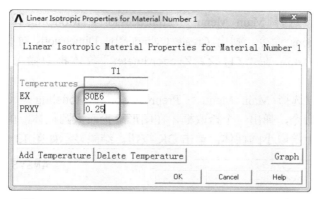

图 13-8　Linear Isotropic Propertites for Material 对话框

4）生成圆柱：选择 Main Menu > Preprocessor > Modeling > Create > Volumes > Cylinder > By Dimesions 命令，弹出如图 13-9 所示的 Create Cylinder by Dimensions 对话框，在 RAD1 Outer radius 文本框中输入 1.5，在 "Z1，Z2 Z-coordinates" 文本框中输入 2.5 和 4.5，单击 OK 按钮。

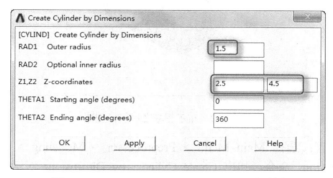

图 13-9　Create Cylinder by Dimensions 对话框

5）打开 Pan-Zoom-Rotate 工具条：选择 Utility Menu > PlotCtrls > Pan，Zoom，Rotate 命令，弹出 Pan-Zoom-Rotate 工具条，如图 13-10 所示，单击 Iso 按钮，单击 Close 按钮关闭。结果显示如图 13-11 所示。

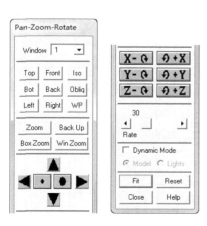

图 13-10　Pan-Zoom-Rotate 工具条

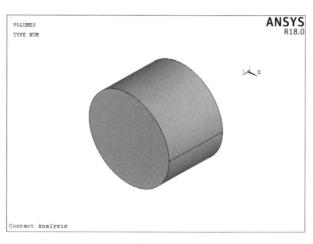

图 13-11　实体模块显示

6）生成圆柱孔：选择 Main Menu > Preprocessor > Modeling > Create > Volumes > Cylinder > By Dimesions 命令，弹出 Create Cylinder by Dimensions 对话框，在 RAD1 Outer radius 文本框中输入 0.45，在"Z1，Z2 Z-coordinates"文本框中输入 2.5 和 4.5，单击 OK 按钮。

7）体相减操作：选择 Main Menu > Preprocessor > Modeling > Operate > Booleans > Substract > Volumes 命令，弹出一个拾取框，在图形上拾取大圆柱体，单击 OK 按钮，又弹出一个拾取框，在图形上拾取小圆柱体，单击 OK 按钮，结果显示如图 13-12 所示。

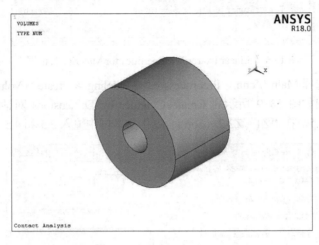

图 13-12　布尔相减之后的模型图

8）生成圆柱套管：选择 Main Menu > Preprocessor > Modeling > Create > Volumes > Cylinder > By Dimesions 命令，弹出 Create Cylinder by Dimensions 对话框，在 RAD1 Outer radius 文本框中输入 0.5，在"Z1，Z2 Z-coordinates"文本框中输入 2.0 和 5，单击 OK 按钮。

9）打开体编号显示：选择 Utility Memu > PlotCtrls > Numbering 命令，弹出 Plot Numbering Controls 对话框，选中 VOLU Volume numbers 后面的 On 复选框，如图 13-13 所示，单击 OK 按钮。

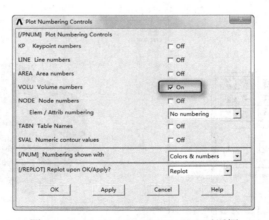

图 13-13　Plot Numbering Controls 对话框

10）重新显示：选择 Utility Menu > Plot > Replot 命令，结果显示如图 13-14 所示。

11）显示工作平面：选择 Utility Menu > WorkPlane > Display Working Plane 命令。

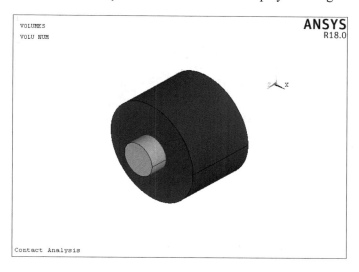

图 13-14　套筒和套管显示

12）设置工作平面：选择 Utility Menu > WorkPlane > WP Settings 命令，弹出 WP Settings 工具条，如图 13-15 所示，选中 Grid and Triad 选项，单击 OK 按钮。

13）移动工作平面：选择 Utility Menu > WorkPlane > Offset WP by Increments 命令，弹出 Offset WP 工具条，如图 13-16 所示，拖动小滑块到最右端，滑块上方显示为 90，然后单击 ⒐＋Y 按钮，单击 OK 按钮。

图 13-15　WP Settings 工具条　　　　图 13-16　Offset WP 工具条

14）体分解操作：选择 Main Menu > Preprocessor > Modeling > Operate > Booleans > Divide > Volu by Workplane 命令，弹出 Divide Vol by WP 拾取菜单，单击 Pick All 按钮。

15）重新显示：选择 Utility Menu > Plot > Replot 命令，结果如图 13-17 所示。

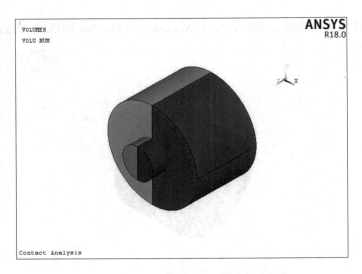

图 13-17　第一次用工作平面做布尔分操作

16）保存数据：单击 SAVE_DB 按钮，保存数据。

17）体删除操作：选择 Main Menu > Preprocessor > Modeling > Delete > Volumes and Below 命令，弹出一个拾取框，在图形上拾取右边的套筒和套管，单击 OK 按钮，屏幕显示如图 13-18 所示。

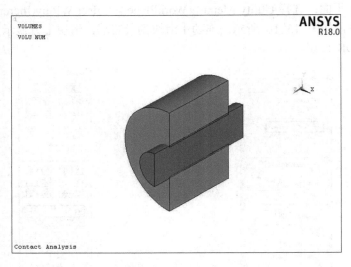

图 13-18　删除右边模型

18）移动工作平面：选择 Utility Menu > WorkPlane > Offset WP by Increments 命令，弹出 Offset WP 工具条，拖动小滑块到最右端，滑块上方显示为 90，然后单击 ⚙+X 按钮，单击 OK 按钮。

19）体分解操作：选择 Main Menu > Preprocessor > Modeling > Operate > Booleans > Divide > Volu by Workplane 命令，弹出 Divide Vol by WP 拾取菜单，单击 Pick All 按钮。

20）重新显示：选择 Utility Menu > Plot > Replot 命令，结果如图 13-19 所示。

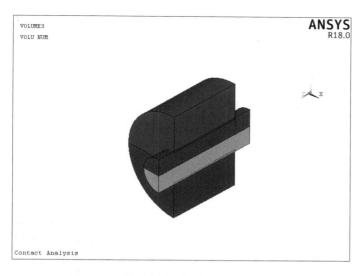

图 13-19　第二次用工作平面进行布尔分操作

21）体删除操作：选择 Main Menu > Preprocessor > Modeling > Delete > Volumes and Below 命令，弹出 Delete Volumes 拾取菜单，在图形上拾取上半部套筒和套管，单击 OK 按钮，显示如图 13-20 所示。

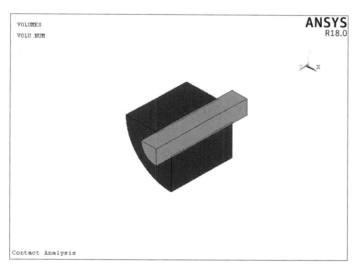

图 13-20　删除上半部模型

22）重新显示：选择 Utiltiy Menu > Plot > Replot 命令。

23）保存数据：单击 SAVE_DB 按钮，保存数据。

24）关闭工作平面：选择 Utility Menu > WorkPlane > Display Working Plane 命令。

25）打开线编号显示：选择 Utility Menu > PlotCtrls > Numbering 命令，弹出 Plot Numbering Controls 对话框，选中 LINE Line numbers 后的 On 复选框，单击 OK 按钮。

2．划分网格。

1）设置线单元尺寸：选择 Main Menu > Preprocessor > Meshing > Size Cntrls > Manual

Size > Lines > Picked Lines 命令，弹出一个拾取框，在图形上拾取编号为 7 的线，单击 OK 按钮；弹出如图 13-21 所示的 Element Sizes on Picked Lines 对话框，在 NDIV No. of element divisions 文本框中输入 10，单击 Apply 按钮；又弹出拾取框，在图形上拾取编号为 27 的线，单击 OK 按钮，弹出对话框，在 NDIV No. of element divisions 后面输入 5，单击 Apply 按钮；又弹出拾取框，在图形上拾取编号为 17 的线（套管所在套筒前面的弧线），如图 13-22 所示，单击 OK 按钮；弹出 Element Sizes on Picked Lines 对话框，在 NDIV No. of element divisions 文本框中输入 5，单击 OK 按钮。

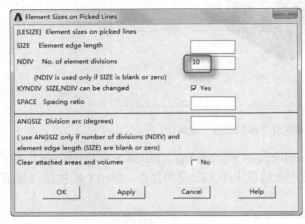

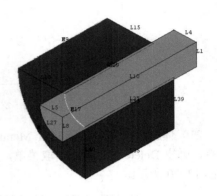

图 13-21　控制网格份数　　　　　　　　　　图 13-22　L17 线的显示

2）有限元网格的划分：选择 Main Menu > Preprocessor > Meshing > Mesh > Volume Sweep > Sweep 命令，弹出 Volume Sweeping 拾取菜单，单击 Pick All 按钮，结果显示如图 13-23 所示。

3）优化网格：选择 Utility Menu > PlotCtrls > Style > Size and Shape 命令，弹出如图 13-24 所示的 Size and Shape 对话框，在[EFACET] Facets/element edge 下拉列表选择 2 facets/edge，单击 OK 按钮。

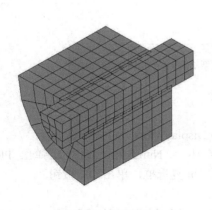

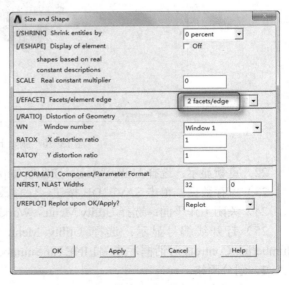

图 13-23　网格显示　　　　　　　　　　　图 13-24　Size and Shape 对话框

4）保存数据：单击 ANSYS Toolbar 上的 SAVE_DB 按钮。

13.3.3 定义边界条件并求解

1. 定义接触对。

1）创建目标面：选择 Main Menu > Prerprocessor > Modeling > Create > Contact Pair 命令，弹出如图 13-25 所示的 Contact Manager 对话框，单击 Contact Wizard 按钮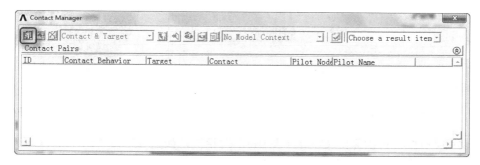。弹出如图 13-26 所示的 Contact Wizard 对话框，接受默认选项，单击 Pick Target 按钮，弹出一个拾取框，在图形上单击拾取套筒的接触面，如图 13-27 所示，单击 OK 按钮。

图 13-25　Contact Manager 对话框

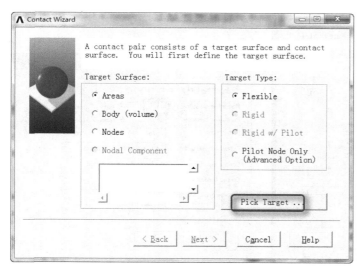

图 13-26　Contact Wizard 对话框 1

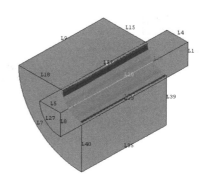

图 13-27　选择目标面的显示

2）创建接触面：屏幕再次弹出 Contact Wizard 对话框，单击 Next 按钮，弹出如图 13-28 所示的 Contact Wizard 对话框 2，选中 Surface-to-Surface 单选按钮，单击 Pick Contact 按钮，弹出一个拾取框，在图形上单击拾取圆柱套管的接触面，如图 13-29 所示，单击 OK 按钮，再次弹出 Contact Wizard 对话框，单击 Next 按钮。

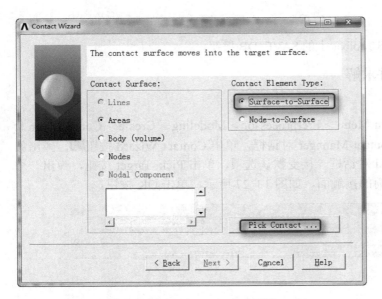

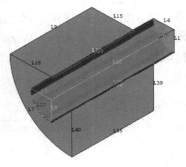

图 13-28　Contact Wizard 对话框　　　　　　　图 13-29　选择接触面的显示

3）设置接触面：再次弹出 Contact Wizard 对话框，如图 13-30 所示，在 Coefficient of Friction 文本框中输入 0.2，单击 Optional settings 按钮，弹出如图 13-31 所示的 Contact Properties 对话框，在 Normal Penalty Stiffness 文本框中输入 0.1，单击 OK 按钮。

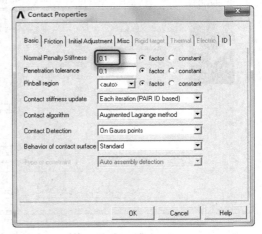

图 13-30　Contact Wizard 对话框　　　　　　　图 13-31　Contact Properties 对话框

4）接触面的生成：再次弹出 Contact Wizard 对话框，单击 Create 按钮，弹出 Contact Wizard 对话框，如图 13-32 所示，单击 Finish 按钮，结果如图 13-33 所示。然后关闭 Contact Manager 对话框。

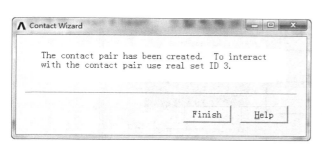

图 13-32 创建完成接触面提示框

图 13-33 接触面显示

2．施加载荷并求解

1）打开面编号显示：选择 Utility Menu > PlotCtrls > Numbering 命令，弹出 Plot Numbering Controls 对话框，选中 AREA Area numbers 后的 On 复选框，选中 LINE Line numbers 后的 Off 复选框，单击 OK 按钮。

2）施加对称位移约束：选择 Main Menu > Solution > Define Loads > Apply > Structural > Displacement > Symmetry B.C. > On Areas 命令，弹出一个拾取框，在图形上拾取编号为 10、3、4、24 的面，单击 OK 按钮。

3）施加面约束条件：选择 Main Menu > Solution > Define Loads > Apply > Structural > Displacement > On Areas 命令，弹出一个拾取框，在图形上拾取编号为 28 的面（即套筒左边的面），单击 OK 按钮，又弹出如图 13-34 所示的"Apply U, ROT on Areas"对话框，选择 All DOF，然后单击 OK 按钮。

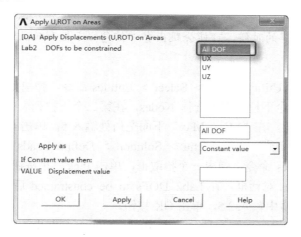

图 13-34 "Apply U, ROT on Areas" 对话框

4）对第一个载荷步设定求解选项：选择 Main Menu > Solution > Analysis Type > Sol'n Controls 对话框，弹出 Solution Controls 对话框，在 Analysis Options 下拉列表中选择 Large Displacement Static 选项，在 Time at end of loadstep 文本框中输入 100，在 Automatic time stepping 下拉列表中选择 Off，在 Number of substeps 文本框中输入 1，如图 13-35 所示，单击 OK 按钮。

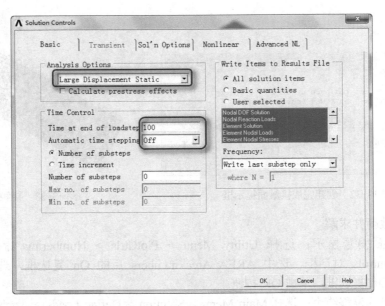

图 13-35　Solution Controls 对话框

5）第一个载荷步的求解：选择 Main Menu > Solution > Solve > Current LS 命令，弹出 /STATUS Command 状态窗口和 Solve Current Load Step 对话框，仔细浏览状态窗口中的信息然后关闭它，单击 Solve Current Load Step 对话框中的 OK 按钮开始求解。求解完成后会弹出 Solution is done 提示框，单击 Close 按钮。

6）重新显示：选择 Utility Menu > Plot > Replot 命令。

注意　在开始求解的时候，可能会跳出警告信息提示框和确认对话框，单击 OK 按钮即可。

7）选择节点：选择 Utility Menu > Select > Entities 命令，弹出如图 13-36 所示的 Select Entities 工具条，在第一个下拉列表中选择 Nodes，在第二个下拉列表中选择 By Location，选择 Z coordinates 单选按钮，在 "Min, Max" 下面空白处输入 5，单击 OK 按钮。

8）施加节点位移：选择 Main Menu > Solution > Define Loads > Apply > Structural > Displacement > On Nodes 命令，弹出一个拾取框，单击 Pick All 按钮，弹出如图 13-37 所示 Apply U, ROT on Nodes 对话框，在 Lab2 DOFs to be constrained 后面选中 UZ，在 VALUE Displacement value 文本框中输入 2.5，单击 OK 按钮。

9）对第二个载荷步设定求解选项：选择 Main Menu > Solution > Analysis Type > Sol'n Controls 命令，弹出 Solution Controls 对话框，在 Analysis Options 的下拉列表中选择 Large Displacement Static，在 Time at end of loadstep 文本框中输入 200，在 Automatic time stepping 下拉列表中选择 On，在 Number of substeps 文本框中输入 100，在 Max no. of substeps 文本框中输入 10000，在 Min no. of substeps 文本框中输入 10，在 Frequency 下拉列表中选择 Write every Nth substep，在 "where N=" 后面的空白处输入 "-10"，如图 13-38 所示，单击 OK 按钮。

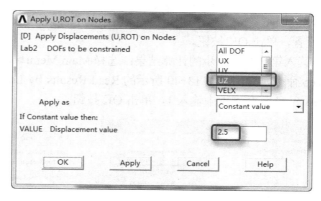

图 13-36　Select Entities 工具条　　　　　图 13-37　Apply U, ROT on Nodes 对话框

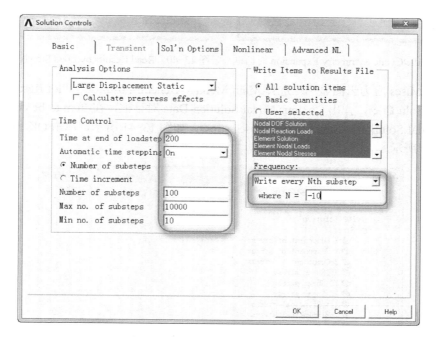

图 13-38　Solution Controls 对话框

10）选择所有实体：选择 Utility Menu > Select > Everythig 命令。

11）第二个载荷步的求解：选择 Main Menu > Solution > Solve > Current LS 命令，弹出 /STATUS Command 状态窗口和 Solve Current Load Step 对话框，仔细浏览状态窗口中的信息然后关闭它，单击 Solve Current Load Step 对话框中的 OK 按钮开始求解。求解完成后会弹出 Solution is done 提示框，单击 Close 按钮。

13.3.4 后处理

1. Post1 后处理

1）设置扩展模式：选择 Utility Menu > PlotCtrls > Style > Symmetry Expansion > Periodic/Cyclic Symmetry 命令，弹出如图 13-39 所示的 Periodic/Cyclic Symmetry Expansion 对话框，接受默认设置，单击 OK 按钮。

2）读入第一个载荷步的计算结果：选择 Main Menu > General Postproc > Read Results > By Load Step 命令，弹出如图 13-40 所示的 Read Results by Load Step Number 对话框，在 LSTEP Load step number 文本框中输入 1，单击 OK 按钮。

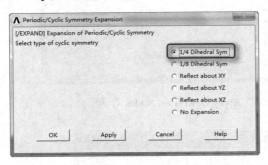
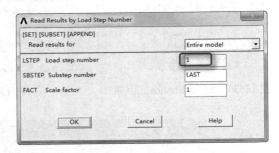

图 13-39 Periodic/Cyclic Symmetry Expansion 对话框　　图 13-40 Read Results by Load Step Number 对话框

3）Von-Mises 应力云图显示：选择 Main Menu > General Postproc > Plot Results > Contour Plot > Nodal Solu 命令，弹出 Contour Nodal Solution Data 对话框，在 Item to be contoured 下面依次选择 Nodal Solution > Stress > von Mises stress，如图 13-41 所示，单击 OK 按钮，结果显示如图 13-42 所示。

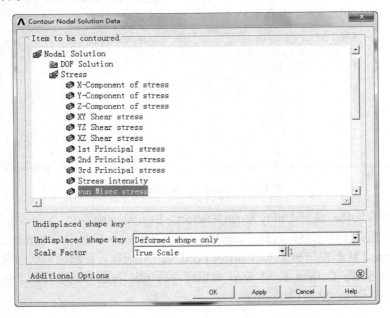

图 13-41 Contour Nodal Solution Data 对话框

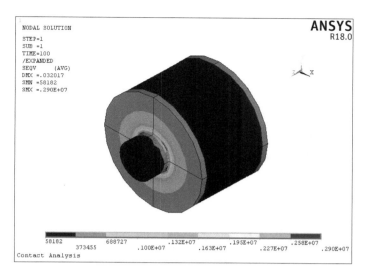

图 13-42　第一个载荷步的应力云图

4）读入某时刻计算结果：选择 Main Menu > General Postproc > Read Results > By Time/Freq 命令，弹出如图 13-43 所示的 Read Results by Time or Frequency 对话框，在 TIME Value of time or freq 输入 120，单击 OK 按钮。

5）选择单元：选择 Utility Menu > Select > Entities 命令，弹出 Select Entities 工具条，在第一个下拉列表中选择 Elements，在第二个下拉列表中选择 By Elem Name，在 Element name 文本框中输入 174，如图 13-44 所示，单击 OK 按钮。

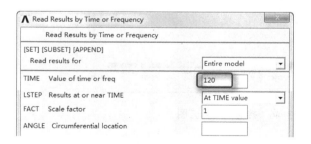

图 13-43　Read Results by Time or Frequency 对话框

图 13-44　Select Entities 工具条

6）接触面压力云图显示：选择 Main Menu > General Postproc > Plot Results > Contour Plot > Nodal Solu 命令，弹出如图 13-45 所示的 Contour Nodal Solution Data 对话框，在 Item to be contoured 下面依次选择 Nodal Solution > Contact > Contact pressure，单击 OK 按钮，结果显示如图 13-46 所示。

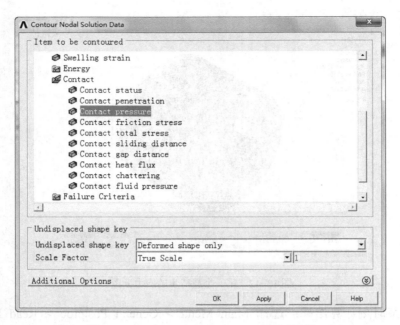

图 13-45　Contour Nodal Solution Data 对话框

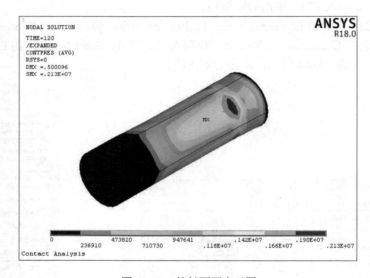

图 13-46　接触面压力云图

7）读取第二个载荷步的计算结果：选择 Main Menu > General Postproc > Read Results > By Load Step 命令，弹出 Read Results by Load Step Number 对话框，在 LSTEP Load step number 后面输入 2，单击 OK 按钮。

8）选择所有模型：选择 Utility Menu > Select > Everything 命令，选中所有模型。

9）Von-Mises 应力云图显示：选择 Main Menu > General Postproc > Plot Results > Contour Plot > Nodal Solu 命令，弹出 Contour Nodal Solution Data 对话框，在 Item to be contoured 下面依次选择 Nodal Solution > Stress > von Mises stress，单击 OK 按钮，结果显示如图 13-47 所示。

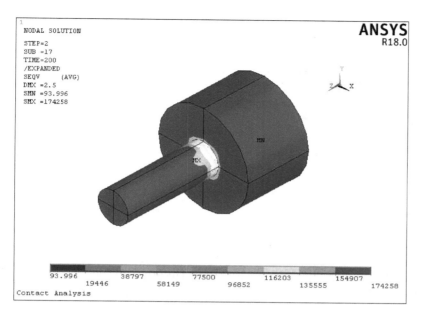

图 13-47　套管拔出时的应力云图

2．Post26 后处理

1）定义时域变量：选择 Main Menu > TimeHist Postpro 命令，弹出如图 13-48 所示的 Time History Variables 对话框，单击左上加的 ⊞ 按钮，弹出如图 13-49 所示的 Add Time-History Variables 对话框，选择 Reaction Forces > Structural Forces > Z-Component of force 命令，单击 OK 按钮，弹出 Node for Data 拾取框，在图形上拾取套管端部的任何一个节点（即 Z 坐标为 5 的任何一个节点），单击 OK 按钮。

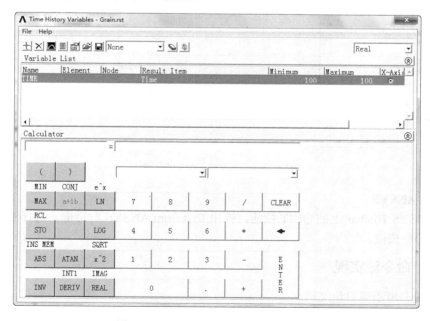

图 13-48　Time History Variables 对话框

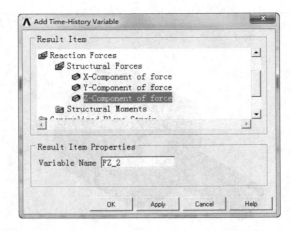

图 13-49　Add Time-History Variables 对话框

2）绘制节点反力随时间的变化图：在 Time History Variables 对话框中，单击"Graph Data"按钮▣（左上角第三个按钮），则在屏幕上绘制出以节点反力随时间的变化图，如图 13-50 所示。

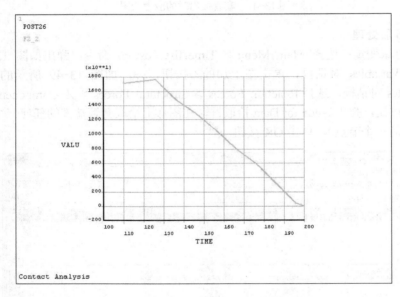

图 13-50　节点反力时间曲线图

3．退出 ANSYS

单击 ANSYS Toolbar 上的 QUIT 按钮，弹出 Exit from ANSYS 对话框。选择 Quit-No Save 选项，单击 OK 按钮。

13.3.5　命令流实现

略，见随书电子资料包文档。

第 14 章 非线性分析

本章导读

　　非线性变化是日常生活和科研工作中经常碰到的情形。本章介绍 ANSYS 非线性分析的全流程步骤，详细讲解其中各种参数的设置方法与功能，最后通过实例对 ANSYS 非线性分析功能进行具体演示。

　　通过本章的学习，可以完整深入地掌握 ANSYS 非线性分析的各种功能和应用方法。

14.1 非线性分析概论

　　在日常生活中，会经常遇到结构非线性。例如，无论何时用订书针装订书，金属订书针将永久地弯曲成一个不同的形状，如图 14-1a 所示；如果在一个木架上放置重物，随着时间的迁移它将越来越下垂，如图 14-1b 所示；当在汽车或卡车上装货时，它的轮胎和下面路面间接触将随货物重量而变化，如图 14-1c 所示。如果将上面例子的载荷-变形曲线画出来，将会发现它们都显示了非线性结构的基本特征：变化的结构刚性。

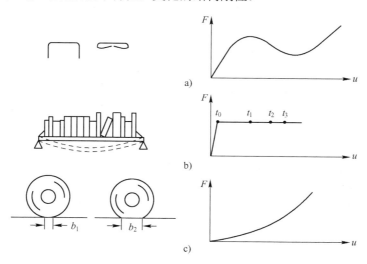

图 14-1　非线性结构行为的普通例子

a) 订书针　b) 木书架　c) 轮胎

14.1.1　非线性行为的原因

　　引起结构非线性的原因很多，它可以被分成 3 种主要类型。

　　1）状态变化（包括接触）。许多普通结构表现出一种与状态相关的非线性行为，例如，一根只能拉伸的电缆可能是松散的，也可能是绷紧的。轴承套可能是接触的，也可能是不接触的，冻土可能是冻结的，也可能是融化的。这些系统的刚度由于系统状态的改变在不同的值之间会突然变化。状态改变也许和载荷直接有关（如在电缆情况中），也可能由某种外部原因引起（如在冻土中的紊乱热力学条件）。ANSYS 程序中单元的激活与杀死选项用来给这种状态的变化建模。

接触是一种很普遍的非线性行为，接触是状态变化非线性类型中一个特殊而重要的子集。

2）几何非线性。如果结构经受大变形，它变化的几何形状可能会引起结构的非线性响应。如图 14-2 所示，随着垂向载荷的增加，杆不断弯曲以至于动力臂明显地减少，导致杆端显示出在较高载荷下不断增长的刚性。

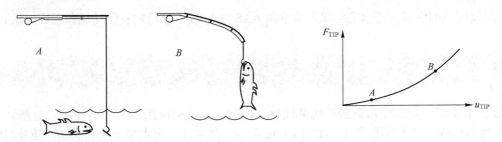

图 14-2　钓鱼竿示范几何非线性

3）材料非线性。非线性的应力-应变关系是造成结构非线性的常见原因。许多因素可以影响材料的应力-应变性质，包括加载历史（如在弹-塑性响应状况下），环境状况（如温度），加载的时间总量（如在蠕变响应状况下）。

📖 14.1.2　非线性分析的基本信息

ANSYS 程序的方程求解器计算一系列的联立线性方程来预测工程系统的响应。然而，非线性结构的行为不能直接用这样一系列的线性方程表示，而是需要一系列的带校正的线性近似来求解非线性问题。

1．非线性求解方法

一种近似的非线性求解是将载荷分成一系列的载荷增量。可以在几个载荷步内或者在一个载荷步的几个子步内施加载荷增量。在每一个增量的求解完成后，继续进行下一个载荷增量之前，程序调整刚度矩阵以反映结构刚度的非线性变化。遗憾的是，纯粹的增量近似不可避免地随着每一个载荷增量积累误差，导致结果最终失去平衡，如图 14-3a 所示。

ANSYS 程序通过使用牛顿-拉普森平衡迭代克服了这种困难，它迫使在每一个载荷增量的末端解达到平衡收敛（在某个容限范围内）。图 14-3b 描述了在单自由度非线性分析中牛顿-拉普森平衡迭代的使用。在每次求解前，NR 方法估算出残差矢量，这个矢量是回复力（对应于单元应力的载荷）和所加载荷的差值。程序然后使用非平衡载荷进行线性求解，且核查收敛性。如果不满足收敛准则，则重新估算非平衡载荷，修改刚度矩阵，获得新解。持续这种迭代过程直到问题收敛。

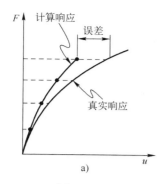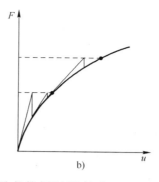

图 14-3　纯粹增量近似与牛顿-拉普森近似的关系

a) 普通增量式解　b) 全牛顿-拉普森迭代求解（2 个载荷增量）

ANSYS 程序提供了一系列命令来增强问题的收敛性，如自适应下降、线性搜索、自动载荷步及二分法等，可被激活来加强问题的收敛性，如果不能得到收敛，则程序要么继续计算下一个载荷步要么终止（依据用户的指示而定）。

对某些物理意义上不稳定系统的非线性静态分析，如果仅仅使用 NR 方法，正切刚度矩阵可能变为降秩矩阵，导致严重的收敛问题。这样的情况包括独立实体从固定表面分离的静态接触分析，结构或者完全崩溃或者"突然变成"另一个稳定形状的非线性弯曲问题。对这样的情况，可以激活另外一种迭代方法——弧长方法，来帮助稳定求解。弧长方法导致 NR 平衡迭代沿一段弧收敛，从而即使当正切刚度矩阵的倾斜为零或负值时，也往往阻止发散。这种迭代方法以图形表示，如图 14-4 所示。

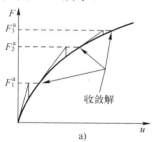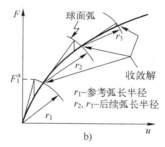

图 14-4　传统的 NR 方法与弧长方法的比较

a) 传统 NR 方法　b) 弧长方法

2. 非线性求解级别

非线性求解被分成 3 个操作级别。

1）"顶层"级别由在一定"时间"范围内明确定义的载荷步组成。假定载荷在载荷步内是线性变化的。

2）在每一个载荷子步内，为了逐步加载可以控制程序来执行多次求解（子步或时间步）。

3）在每一个子步内，程序将进行一系列的平衡迭代以获得收敛的解。

图 14-5 说明了一段用于非线性分析的典型载荷历史。

3. 载荷和位移的方向改变

当结构经历大变形时应该考虑到载荷将发生的变化。在许多情况中，无论结构如何变形，施加在系统中的载荷将保持恒定的方向。而在另一些情况中，力将改变方向，随着单元方向的改变而变化。

注意 在大变形分析中不修正节点坐标系方向。因此计算出的位移在最初的方向上输出。

ANSYS 程序对这两种情况都可以建模，依赖于所施加的载荷类型。加速度和集中力将不管单元方向的改变而保持它们最初的方向，表面载荷作用在变形单元表面的法向，可被用来模拟"跟随"力。图 14-6 说明了恒力和跟随力。

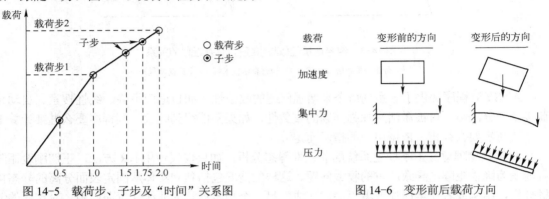

图 14-5　载荷步、子步及"时间"关系图　　　　图 14-6　变形前后载荷方向

4．非线性瞬态过程分析

非线性瞬态过程的分析与线性静态或准静态分析类似：以步进增量加载，程序在每一步中进行平衡迭代。静态和瞬态处理的主要不同是在瞬态过程分析中要激活时间积分效应。因此，在瞬态过程分析中"时间"总是表示实际的时序。自动时间分步和二等分特点同样也适用于瞬态过程分析。

📖 14.1.3　几何非线性

小转动（小挠度）和小应变通常假定变形足够小以至于可以不考虑由变形导致的刚度阵变化，但是大变形分析中，必须考虑由于单元形状或者方向导致的刚度阵变化。使用命令"NLGEOM,ON"（GUI：Main Menu > Solution > Analysis Type > Sol'n Control（：Basic Tab）或者 Main Menu > Solution > Unabridged Menu > Analysis Type > Analysis Options)，可以激活大变形效应（针对支持大变形的单元）。对于大多数实体单元（包括所有大变形单元和超弹单元）和大多数梁单元和壳单元都支持大变形。

大变形过程在理论上并没有限制单元的变形或者转动（实际的单元还是要受到经验变形的约束，即不能无限大），但求解过程必须保证应变增量满足精度要求，即总体载荷要被划分为很多小步来加载。

1．大应变大挠度（大转动）

所有梁单元和大多数壳单元以及其他的非线性单元都有大挠度（大转动）效应，可以通过命令"NLGEOM,ON"（GUI：Main Menu > Solution > Analysis Type > Sol'n Control（：Basic Tab) 或者 Main Menu > Solution > Unabridged Menu > Analysis Type > Analysis Options）来激活该选项。

2．应力刚化

结构的面外刚度有时候会受到面内应力的明显影响，这种面内应力与面外刚度的耦合，即所谓的应力刚化，在面内应力很大的薄结构（例如缆索、隔膜）中非常明显。

因为应力刚化理论通常假定单元的转动和变形都非常小，所以它是应用小转动或者线性理论。但在有些结构里面，应力刚化只有在大转动（大挠度）下才会体现，如图 14-7 所示结构。

图 14-7 应力刚化的梁

可以在第一个载荷步中利用命令 "PSTRES,ON"（GUI：Main Menu > Solution > Unabridged Menu > Analysis Type > Analysis Options）激活应力刚化选项。

大应变和大转动分析过程理论上包括初始应力的影响，多于大多数单元，在使用命令 "NLGEOM,ON"（GUI：Main Menu > Solution > Analysis Type > Sol'n Control（：Basic Tab）或者 Main Menu > Solution > Unabridged Menu > Analysis Type > Analysis Options）激活大变形效应时，会自动包括初始刚度的影响。

3. 旋转软化

旋转软化会调整（软化）旋转结构的刚度矩阵来考虑动态质量的影响，这种调整近似于在小挠度分析中考虑大挠度圆周运动引起的几何尺寸的变化，它通常与由旋转模型的离心力所产生的预应力[PSTRES]（GUI：Main Menu > Solution > Unabridged Menu > Analysis Type > Analysis Options）一起使用。

 旋转软化不能与其他的几何非线性、大转动或者大应变同时使用。

利用命令 OMEGA 和 CMOMEGA KSPIN（GUI：Main Menu > Preprocessor > Loads > Define Loads > Apply > Structural > Inertia > Angular Velocity）来激活旋转软化效应。

14.1.4 材料非线性

在求解过程中，与材料相关的因子会导致结构的刚度变化。塑性、多线性和超弹性的非线性应力-应变关系会导致结构刚度在不同载荷阶段（典型的，例如不同温度）发生变化。蠕变、黏弹性和黏塑性的非线性则与时间、速度、温度以及应力相关。

如果材料的应力-应变关系是非线性的或者跟速度相关，必须利用 TB 命令族（，TBTEMP，TBDATA,TBPT,TBCOPY,TBLIST,TBPLOT,TBDELE）（GUI：Main Menu > Preprocessor > Material Props > Material Models > Structural > Nonlinear）用数据表的形式来定义非线性材料特性。下面对不同的材料非线性行为选项做简单介绍。

1. 塑性

对于多数工程材料，在达到比例极限之前，应力-应变关系都采用线性形式。超过比例极限之后，应力-应变关系呈现非线性，不过通常还是弹性的。而塑性，则以无法恢复的变形为特征，在应力超过屈服极限之后就会出现。因为通常情况下比例极限和屈服极限只有微小的差别，在塑性分析中 ANSYS 程序假定这两点重合，如图 14-8 所示。

塑性是一种不可恢复、与路径相关的变形现象。换句话说，施加载荷的次序以及在何种塑性阶段施加将影响最终的结果。如果想在分析中预测塑性响应，则需要将载荷分解成一系列增量步（或者时间步），这样模型才可能正确地模拟载荷-响应路径。每个增量步（或者时间步）的最大塑性应变会储存在输出文件（Jobname.OUT）里面。

2．多线性

多线性弹性材料行为选项（MELAS）描述一种保守响应（与路径无关），其加载和卸载沿相同的应力/应变路径。所以，对于这种非线性行为，可以使用相对较大的步长。

3．超弹性

如果存在一种弹性能函数（或者应变能密度函数），它是应变或者变形张量的比例函数，对相应应变项求导就能得到相应应力项，这种材料通常称为超弹性材料。

超弹性可以用来解释类橡胶材料（例如人造橡胶）在经历大应变和大变形时（需要[NLGEOM,ON]）其体积变化非常微小（近似于不可压缩材料）。一种有代表性的超弹结构（气球封管）如图 14-9 所示。

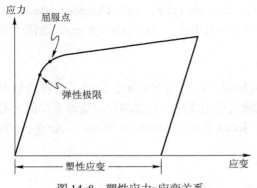

图 14-8　塑性应力-应变关系

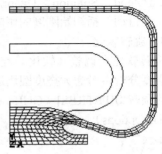

图 14-9　超弹结构

有两种类型的单元适合模拟超弹材料。

1）超弹单元（HYPER56, HYPER58, HYPER74, HYPER158）

2）除了梁杆单元以外，所有编号为 18x 的单元（, PLANE182, PLANE183, SOLID185, SOLID186, SOLID187）

4．蠕变

蠕变是一种与速度相关的材料非线性，它指当材料受到持续载荷作用的时候，其变形会持续增加。相反地，如果施加强制位移，反作用力（或者应力）会随着时间慢慢减小（应力松弛，如图 14-10a 所示）。蠕变的 3 个阶段如图 14-10b 所示。ANSYS 程序可以模拟前两个阶段，第三个阶段通常不分析，因为它已经接近破坏程度。

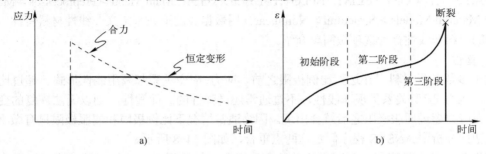

图 14-10　应力松弛和蠕变

a) 应力松弛　b) 蠕变

在高温应力分析中，例如原子反应器，蠕变是非常重要的。例如，如果在原子反应器施加预载荷以防止邻近部件移动，过了一段时间之后（高温），预载荷会自动降低（应力松弛），以致邻近部件开始移动。对于预应力混凝土结构，蠕变效应也非常显著，而且蠕变是持久的。

5. 形状记忆合金

形状记忆合金（SMA）材料行为选项指镍钛合金的过弹性行为。镍钛合金是一种柔韧性非常好的合金，无论在加载卸载时经历多大的变形都不会留下永久变形，材料行为包含 3 个阶段：奥氏体阶段（线弹性）、马氏体阶段（也是线弹性）和两者间的过渡阶段。

利用 MP 命令定义奥氏体阶段的线弹性材料行为，利用"TB,SMA"命令定义马氏体阶段和过渡阶段的线弹性材料行为。另外，可以用"TB,DATA"命令输入合金的指定材料参数组，总共可以输入 6 组参数。

形状记忆合金可以使用如下单元：PLANE182, PLANE183, SOLID185, SOLID186, SOLID187。

6. 黏弹性

黏弹性类似于蠕变，不过当去掉载荷时，部分变形会跟着消失。最普遍的黏弹性材料是玻璃，部分塑料也可认为是黏弹性材料。图 14-11 表示一种黏弹性行为。

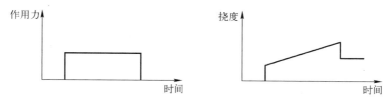

图 14-11　黏弹性行为（麦克斯韦模型）

可以利用单元 VISCO88 和 VISCO89 模拟小变形黏弹性，LINK180、SHELL181、PLANE182、PLANE183、SOLID185、SOLID186、SOLID187、BEAM188 和 BEAM189 模拟小变形或者大变形黏弹性。用户可以用 TB 命令族输入材料属性。对于单元 SHELL181、PLANE182、PLANE183、SOLID185、SOLID186 和 SOLID187，需用 MP 命令指定其黏弹性材料属性，用"TB,HYPER"指定其超弹性材料属性。弹性常数与快速载荷值有关。用"TB,PRONY"和"TB,SHIFT"命令输入松弛属性（可参考对 TB 命令的解释以获得更详细的信息）。

7. 粘塑性

粘塑性是一种与时间相关的塑性现象，塑性应变的扩展跟加载速率有关，其基本应用是高温金属成型过程，例如滚动锻压，会产生很大的塑性变形，而弹性变形却非常小，如图 14-12 所示。因为塑性应变所占比例非常大（通常超过 50%），所以要求打开大变形选项[NLGEOM,ON]。可利用 VISCO106, VISCO107 和 VISCO108 几种单元来模拟粘塑性。粘塑性是通过一套流动和强化准则将塑性和蠕变平均化，约束方程通常用于保证塑性区域的体积。

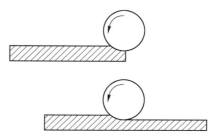

图 14-12　翻滚操作中的粘塑性行为

📖 14.1.5　其他非线性问题

1）屈曲：屈曲分析是一种用于确定结构的屈曲载荷（使结构开始变得不稳定的临界载荷）和屈曲模态（结构屈曲响应的特征形态）的技术。

2）接触：接触问题分为两种基本类型：刚体/柔体的接触，半柔体/柔体的接触，都是高度非线性行为。

这两种非线性问题将在下两章单独讲述。

14.2 非线性分析的基本步骤

非线性分析的基本步骤如下。

1）前处理（建模和分网）。

2）设置求解控制器。

3）设置其他求解选项。

4）加载。

5）求解。

6）后处理（观察模型）。

14.2.1 前处理（建模和分网）

虽然非线性分析可能包括特殊的单元或者非线性材料属性，但前处理这个步骤本质上跟线性分析的是一样的。如果分析中包含大应变效应，那么应力-应变数据必须用真实应力和真实应变（或者对数应变）表示。

在前处理完成之后，需要设置求解控制器（分析类型、求解选项、载荷步选项等）、加载和求解。非线性分析不同于线性分析之处在于，它通常要求执行多载荷步增量和平衡迭代。

14.2.2 设置求解控制器

对于非线性分析来说，设置求解控制器包括跟线性分析同样的选项和访问路径（求解控制器对话框）。

选择如下 GUI 路径进入求解控制器。

GUI：Main Menu > Solution > Analysis Type > Sol'n Control，弹出 Solution Controls 对话框，如图 14-13 所示。

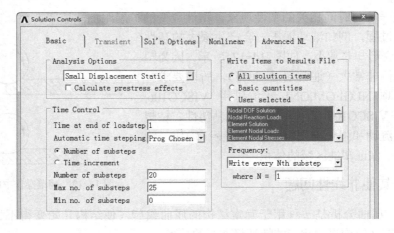

图 14-13　Solution Controls 对话框

从图中可以看到，该对话框主要包括 5 个选项卡：Basic、Transient、Sol'n Options、Nonlinear 和 Advanced NL。

14.2.3 加载

此步骤跟结构静力分析一样。需要注意的是，惯性载荷和几种载荷的方向是固定的，而表面载荷在大变形里面会随着结构的变形而改变方向。另外，可以利用一维数组（TABLE）给结构定义边界条件。

14.2.4 求解

该步骤跟线性静力分析一样。如果需要定义多载荷步，必须对每一个载荷步先指定时间设置、载荷步选项等，再保存，然后选择多载荷步求解。

14.2.5 后处理

非线性静力分析的结果包括：位移、应力、应变和反作用力，可以通过 POST1（通用后处理器）和 POST26（时间历程后处理器）来观察这些结果。

注意 POST1 在一个时刻只能读取一个子步的结果数据，并且这些数据必须已经写入 Jobname.RST 文件。

1．要点

1）数据库必须跟求解时使用的是同一个模型。

2）结果文件（Jobname.RST）须存在且有效。

2．利用 POST1 作后处理

1）进入后处理器。

命令：/POST1。

GUI：Main Menu > General Postproc。

2）读取子步结果数据。

命令：SET。

GUI：Main Menu > General Postproc > Read Results > load step。

注意 如果指定的时刻没有结果数据，ANSYS 程序会按线性插值计算该时刻的结果，在非线性分析里面，这种线性插值可能会丧失部分精度，如图 14-14 所示。所以，在非线性分析里面，建议对真实求解时间点进行后处理。

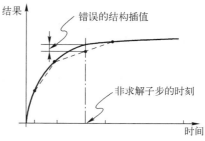

图 14-14 非线性结果的线性插值可能丧失部分精度

3）显示变形图。

命令：PLDISP。

GUI：Main Menu > General Postproc > Plot Results > Deformed Shape。

4）显示变形云图。

命令：PLNSOL or PLESOL。

GUI：Main Menu > General Postproc > Plot Results > Contour Plot > Nodal Solu or Element Solu。

5）利用单元表格：

命令：PLETAB, PLLS。

GUI：Main Menu > General Postproc > Element Table > Plot Element Table。

　　　Main Menu > General Postproc > Plot Results > Contour Plot > Line Elem Res。

6）列表显示结果：

命令：PRNSOL（节点结果）。

　　　PRESOL（单元结果）。

　　　PRRSOL（反作用力）。

　　　PRETAB。

　　　PRITER（子步迭代数据）。

　　　NSORT。

　　　ESORT。

GUI：Main Menu > General Postproc > List Results > Nodal Solution。

　　　Main Menu > General Postproc > List Results > Element Solution。

　　　Main Menu > General Postproc > List Results > Reaction Solution。

7）其他通用后处理。将结果映射到路径等，可参考 ANSYS 帮助。

3．利用 POST26 作后处理

通过 POST26 可以观察整个时间历程上的结果，典型的 POST26 后处理步骤如下。

1）进入时间历程后处理器：

命令：/POST26。

GUI：Main Menu > TimeHist Postpro。

2）定义变量：

命令：NSOL, ESOL, RFORCE。

GUI：Main Menu > TimeHist Postpro > Define Variables。

3）绘图或者列表显示变量：

命令：PLVAR (graph variables)。

　　　PRVAR。

　　　EXTREM (list variables)。

GUI：Main Menu > TimeHist Postpro > Graph Variables。

　　　Main Menu > TimeHist Postpro > List Variables。

　　　Main Menu > TimeHist Postpro > List Extremes。

4）其他功能。时间历程后处理还有很多其他的功能，在此不再赘述，可参阅前面章节或帮助文档。

14.3 铆钉非线性分析

塑性是一种在某种给定载荷下，材料产生永久变形的材料特性，对大多数的工程材料来说，当其应力低于比例极限时，应力-应变关系是线性的。另外，大多数材料在其应力低于屈服点时，表现为弹性行为，也就是说，当移走载荷时，其应变也完全消失。

由于材料的屈服点和比例极限相差很小，因此在 ANSYS 程序中，假定它们相同。在应力—应变的曲线中，低于屈服点的叫作弹性部分，超过屈服点的叫作塑性部分，也叫作应变强化部分。塑性分析中考虑了塑性区域的材料特性。

当材料中的应力超过屈服点时，塑性被激活（也就是说，有塑性应变发生）。而屈服应力本身可能是下列某个参数的函数。

- 温度。
- 应变率。
- 以前的应变历史。
- 侧限压力。
- 其他参数。

本节通过对铆钉的冲压进行应力分析，来介绍 ANSYS 塑性问题的分析过程。

📖 14.3.1　问题描述

为了考查铆钉在冲压时发生多大的变形，对铆钉进行分析。铆钉如图 14-15 所示。

铆钉圆柱高：10 mm。

铆钉圆柱外径：6 mm。

铆钉内孔孔径：3 mm。

铆钉下端球径：15 mm。

弹性模量：2.06E11。

泊松比：0.3。

图 14-15　铆钉

铆钉材料的应力-应变关系如表 14-1 所示。

表 14-1　应力-应变关系

应变	0.003	0.005	0.007	0.009	0.011	0.02	0.2
应力/MPa	618	1128	1317	1466	1510	1600	1610

📖 14.3.2　建立模型

建立模型包括设定分析作业名和标题；定义单元类型和实常数；定义材料属性；建立几何模型；划分有限元网格。其具体步骤如下。

（1）设定分析作业名和标题

在进行一个新的有限元分析时，通常需要修改数据库名，并在图形输出窗口中定义一个标题来说明当前进行的工作内容。另外，对于不同的分析范畴（结构分析、热分析、流体分析、电磁场分析等），ANSYS 所用的主菜单内容不尽相同，为此，需要在分析开始时选定分析内容的范畴，以便 ANSYS 显示出与其相对应的菜单选项。

1）从实用菜单中选择 Utility Menu > File > Change Jobname 命令，将打开 Change Jobname 对话框，如图 14-16 所示。

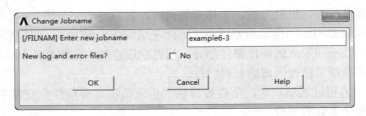

图 14-16 Change Jobname 对话框

2）在 Enter new jobname 文本框中输入 example6-3，为本分析实例的数据库文件名。

3）单击 OK 按钮，完成文件名的修改。

4）从实用菜单中选择 Utility Menu > File > Change Title 命令，将打开 Change Title 对话框，如图 14-17 所示。

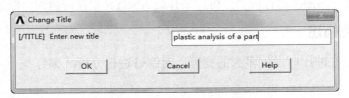

图 14-17 Change Title 对话框

5）在 Enter new title 文本框中输入 plastic analysis of a part，为本分析实例的标题名。

6）单击 OK 按钮，完成对标题名的指定。

7）从实用菜单中选择 Utility Menu > Plot > Replot 命令，指定的标题 plastic analysis of a part 将显示在图形窗口的左下角。

8）从主菜单中选择 Main Menu > Preference 命令，将打开 Preference of GUI Filtering（菜单过滤参数选择）对话框，选中 Structural 复选框，单击 OK 按钮确定。

（2）定义单元类型

在进行有限元分析时，首先应根据分析问题的几何结构、分析类型和所分析的问题精度要求等，选定适合具体分析的单元类型。本例中选用四节点四边形板单元 SOLID45。SOLID45 可用于计算三维应力问题。

在输入窗口，输入命令 ET,1,SOLID45。

（3）定义实常数

要实例中选用三维的 SOLID45 单元，不需要设置实常数。

（4）定义材料属性

考虑应力分析中必须定义材料的弹性模量和泊松比，塑性问题中必须定义材料的应力应变关系。具体步骤如下。

1）从主菜单中选择 Main Menu > Preprocessor > Material Props > Materia Model 命令，将打开 Define Material Model Behavior 窗口，如图 14-18 所示。

2）依次选择 Structural > Linear > Elastic > Isotropic 命令，展开材料属性的树形结构。将打开 Linear Isotropic Properties for Material Number 1 对话框，如图 14-19 所示。

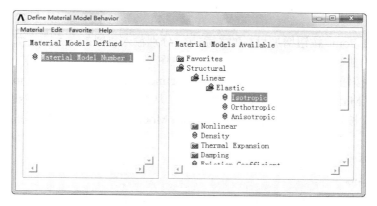

图 14-18　Define Material Model Behavior 窗口

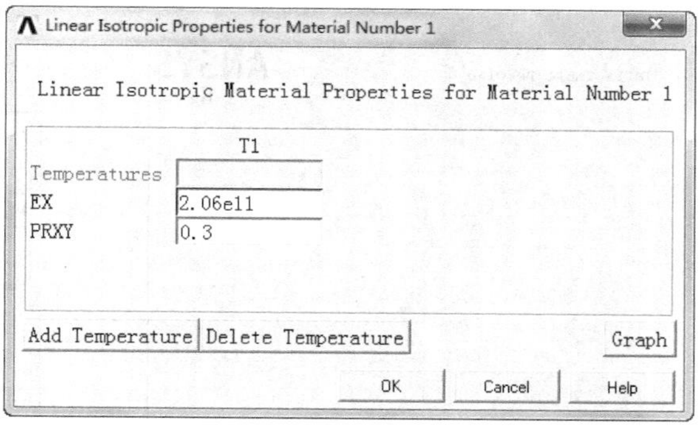

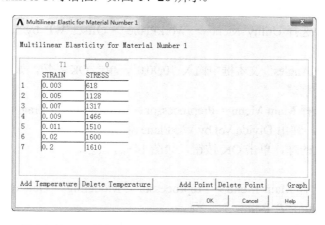

图 14-19　Linear Isotropic Properties for Material Number 1 对话框

3）在对话框的 EX 文本框中输入弹性模量 2.06e11，在 PRXY 文本框中输入泊松比 0.3。

4）单击 OK 按钮，关闭对话框，并返回到定义材料模型属性窗口，在此窗口的左边一栏出现刚刚定义的参考号为 1 的材料属性。

5）依次执行 Structural > Nonlinear > elastic > multilinear elastic 命令，打开 Multilinear Elastic for Material Number 1 对话框，如图 14-20 所示。

图 14-20　Multilinear Elastic for Material Number 1 对话框

6）单击 Add Point 按钮增加材料的关系点，分别输入材料的关系点，如图 14-21 所示。还可以显示材料的曲线关系，单击 Graph 按钮，在图形窗口中就会显示出来。

7）单击 OK 按钮，关闭对话框，并返回到 Define Material Model Behavior 窗口。

8）在 Define Material Model Behavior 窗口中，从菜单选择 Material > Exit 命令，或者单击右上角的"关闭"按钮 ▃▃，退出 Define Material Model Behavior 窗口，完成对材料模型属性的定义。

（5）建立实体模型

1）创建一个球。

① 从主菜单中选择 Main Menu > Preprocessor > Modeling > Create > Volumes > Sphere > Solid Sphere 命令，弹出 Solid Spere 对话框。

② 在文本框中输入"X=0, Y=3, Radius=7.5"，单击 OK 按钮，如图 14-22 所示。

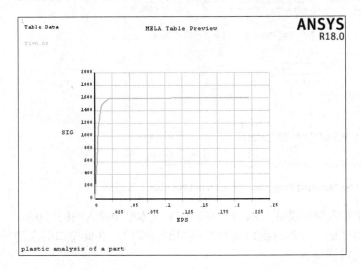

图 14-21　材料关系图　　　　　　　　　图 14-22　Solid Sphere 对话框

2）将工作平面旋转 90°。

① 从应用菜单中选择 Utility Menu > WorkPlane > Offset WP by Increments 命令，弹出 Offset WP 对话框。

② 在"XY,YZ,ZXAngles"文本框中输入"0,90,0"，单击 OK 按钮，如图 14-23 所示。

3）用工作平面分割球。

① 从主菜单中选择 Main Menu > Preprocessor > Modeling > Operate > Booleans > Divide > Vou by WrkPlane 命令，弹出 Divide Vol by WrkPlane 对话框。

② 选择刚刚建立的球，单击 OK 按钮，如图 14-24 所示。

4）删除上半球。

① 从主菜单中选择 Main Menu > Preprocessor > Modeling > Delete > Volume and Below 命令，弹出 Delete Volume & Below 对话框。

② 选择球的上半部分，单击 OK 按钮，如图 14-25 所示。

所得结果如图 14-26 所示。

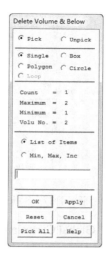

图 14-23　Offset WP 对话框　　图 14-24　Divide Vol by WrkPlane 对话框　　图 14-25　Delete Volume & Below 对话框

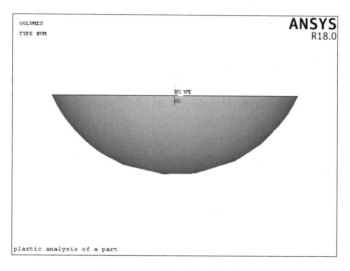

图 14-26　删除上半球的结果

5）创建一个圆柱体。

① 从主菜单中选择 Main Menu > Preprocessor > Modeling > Create > Volumes > Cylinder > Solid Cylinder 命令，弹出 Solid Cyknder 对话框，如图 14-27 所示。

② WP X 输入 0，WP Y 输入 0，Radius 输入 3，Depth 输入-10，单击 OK 按钮。生成一个圆柱体。

6）偏移工作平面到总坐标系的某一点。

① 从应用菜单中选择 Utility Menu > WorkPlane > Offset WP to > XYZ Locations +命令，弹出 Offset WP to XYZ Location 对话框，如图 14-28 所示。

图 14-27 Solid Cylinder 对话框

图 14-28 Offset WP to XYZ Location 对话框

② 在 Global Cartesian 文本框中输入 0,10,0，单击 OK 按钮。

7) 创建另一个圆柱体。

① 从主菜单中选择 Main Menu > Preprocessor > Modeling > Create > Volumes > Cylinder > Solid Cylinder 命令，弹出 Solid Cylinder 对话框。

② WP X 输入 0，WP Y 输入 0，Radius 输入 1.5， Depth 输入 4，单击 OK 按钮，生成另一个圆柱体。

8) 从大圆柱体中"减"去小圆柱体。

① 从主菜单中选择 Main Menu > Preprocessor > Modeling > Operate > Booleans > Subtract > Volumes 命令，弹出 Subtract Volumes 对话框，如图 14-29 所示。

② 拾取大圆柱体，作为布尔"减"操作的母体，单击 Apply 按钮。

③ 拾取刚刚建立的小圆柱体作为"减"去的对象，单击 OK 按钮。

④ 从大圆柱体中"减"去小圆柱体的结果如图 14-30 所示。

图 14-29 Subtract Volumes 对话框

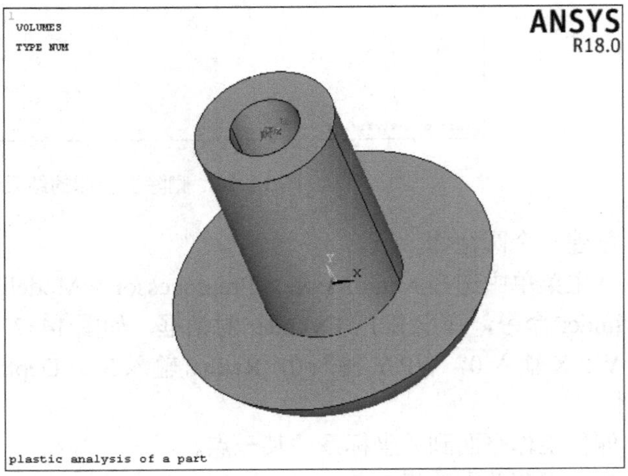

图 14-30 体相减的结果

9）大圆柱体中"减"去小圆柱体的结果与下半球相加。

① 从主菜单中选择 Main Menu > Preprocessor > Modeling > Operate > Booleans > Add > Volumes 命令，弹出 Add Volumes 对话框，如图 14-31 所示。

② 单击 Pick All 按钮。

10）存储数据库，单击 SAVE_DB 按钮，保存数据。

（6）对铆钉划分网格

本节选用 SOLID185 单元对盘面划分映射网格。

1）从主菜单中选择 Main Menu > Preprocessor > Meshing > MeshTool 命令，打开 Mesh Tool 对话框，如图 14-32 所示。

2）选择 Mesh 下拉列表中的 Volumes，单击 Mesh 按钮，打开 Mesh Volumes 对话框，要求选择要划分数的体。单击 Pick All 按钮，如图 14-33 所示。

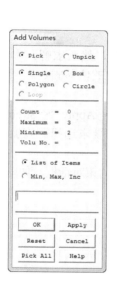

图 14-31　Add Volumes 对话框　　　图 14-32　MeshTool 对话框　　　图 14-33　Mesh Volumes 对话框

3）ANSYS 会根据进行的控制划分体，划分过程中 ANSYS 会产生提示，如图 14-34 所示，单击 Close 按钮。

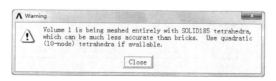

图 14-34　分网提示

划分后的体如图 14-35 所示。

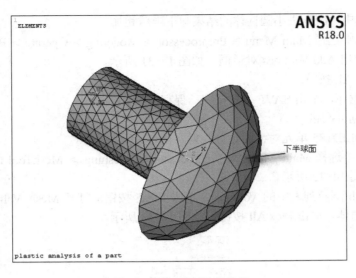

下半球面

图 14-35 对体划分的结果

📖 14.3.3 定义边界条件并求解

建立有限元模型后，就需要定义分析类型和施加边界条件及载荷，然后求解。本实例中载荷为上圆环形表面的位移载荷，位移边界条件是下半球面所有方向上的位移固定。

1. 施加位移边界

1）从主菜单中选择 Main Menu > Solution > Define Loads > Apply > Structural > Displacement > on Areas 命令，打开 "Apply U,ROT on Areas" 对话框，要求选择欲施加位移约束的面。

2）选择下半球面，单击 OK 按钮，打开 "Apply U,Rot on Nodes" 约束对话框，如图 14-36 所示。

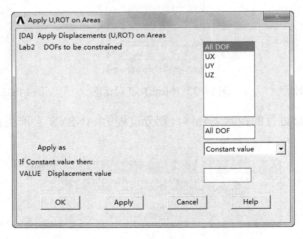

图 14-36 "Apply U,ROT on Areas" 对话框

3）选择 All DOF 选项（所有方向上的位移）。

4）单击 OK 按钮，ANSYS 在选定面上施加指定的位移约束。

2．施加位移载荷并求解

本实例中载荷为上圆环形表面的位移载荷。

1）从主菜单中选择 Main Menu > Solution > Define Loads > Apply > Structural > Displacement > on Areas 命令，打开 Apply U,ROT on Areas 对话框，要求选择欲施加位移载荷的面。

2）选择上面的圆环面，单击 OK 按钮，打开 Apply U,Rot on Nodes 对话框。

3）选择 UY（Y 方向上的位移），在 Displacement value 文本框中输入 3。

4）单击 OK 按钮，ANSYS 在选定面上施加指定的位移载荷。

5）单击 SAVE-DB 按钮，保存数据库。

6）从主菜单中选择 Main Menu > Solution > Analysis Type > Sol'n Controls 命令，打开 Solution Controls 对话框，如图 14-37 所示。

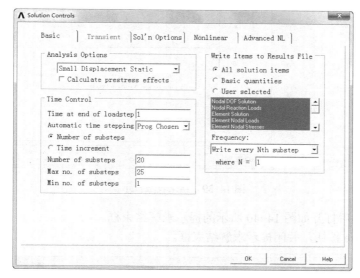

图 14-37　Solution Controls 1 对话框

7）在 Basic 选项卡中的 Write Items to Results File 选项组中选择 All solution items 单选按钮，Frequency 下拉列表中选择 Write every Nth substep 选项。

8）在 Time at end of loadstep 文本框中输入 1；在 Number of substeps 文本框中输入 20；单击 OK 按钮。

9）从主菜单中选择 Main Menu > Solution > Solve > Current LS 命令，打开一个确认对话框和状态列表，如图 14-38 所示，要求查看列出的求解选项。

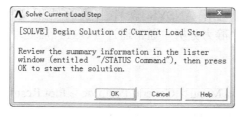

图 14-38　求解当前载荷步确认对话框

10）查看列表中的信息确认无误后，单击 OK 按钮，开始求解。

11）求解过程中会出现结果收敛与否的图形显示，如图 14-39 所示。

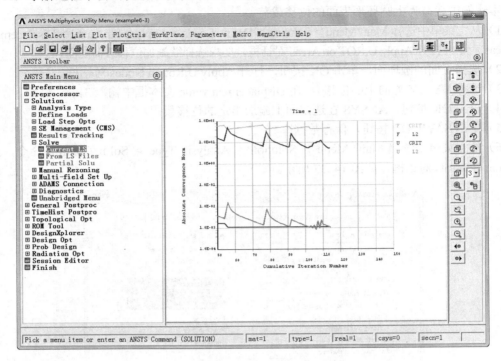

图 14-39　结果收敛批示

12）求解完成后打开如图 14-40 所示的提示求解结束框。

13）单击 Close 按钮，关闭提示求解结束框。

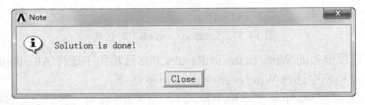

图 14-40　提示求解结束框

📖 14.3.4　查看结果

求解完成后，就可以利用 ANSYS 软件生成的结果文件（对于静力分析，就是 Jobname.RST）进行后处理。静力分析中通常通过 POST1 后处理器就可以处理和显示大多数感兴趣的结果数据。

1. 查看变形

1）从主菜单中选择 Main Menu > General Postproc > Plot Result > Contour Plot > Nodal Solu 命令，打开 Contour Nodal Solution Data 对话框，如图 14-41 所示。

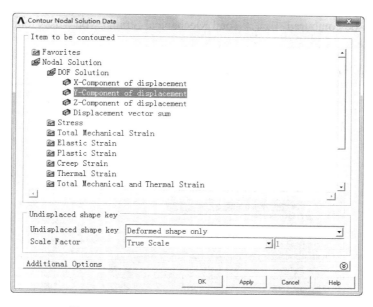

图 14-41 Contour Nodal Solution Data 对话框 1

2）在 Item to be contoured 中选择 DOF Solution→Y-Component of displacement 选项，Y 向位移即为铆钉高方向的位移。

3）选择 Deformed shape Only 选项。

4）单击 OK 按钮，在图形窗口中显示出变形图，包含变形前的轮廓线，如图 14-42 所示。图中下方的色谱表明不同的颜色对应的数值（带符号）。

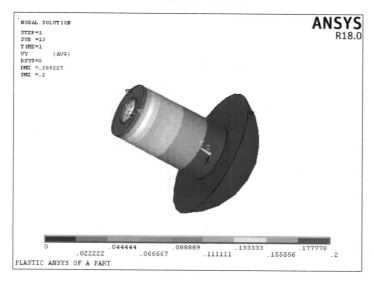

图 14-42 Y 向变形图

2. 查看应力

1）从主菜单中选择 Main Menu > General Postproc > Plot Results > Contour Plot > Nodal Solu 命令，打开 Contour Nodal Solution Data 对话框，如图 14-43 所示。

2）在 Item to be contoured 中选择 Total Mechanical Strain→von Mises total mechanical strain 选项。

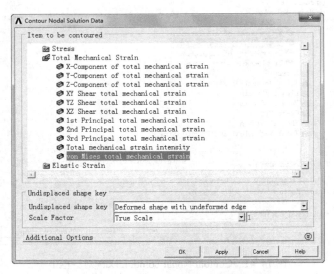

图 14-43　等值线显示节点解数据对话框

3）选择 Deformed shape With undeformed edge 选项。

4）单击 OK 按钮，图形窗口中显示出 von Mises 应变分布图，如图 14-44 所示。

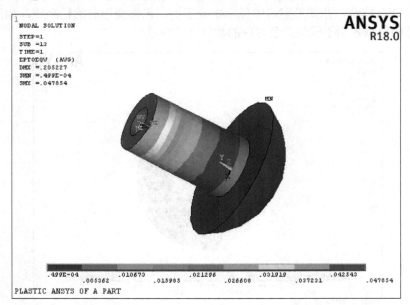

图 14-44　von Mises 应变分布图

3. 查看截面

1）从应用菜单中选择 Utility Menu > PlotCtrls > Style > Hidden Line Options 命令，打开 Hidden-Line Options 对话框，如图 14-45 所示。

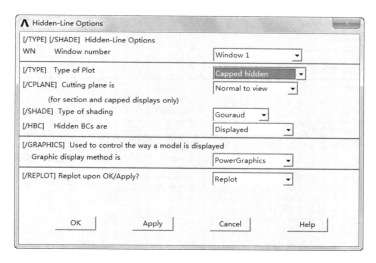

图 14-45　Hidden-Line Options 对话框

2）在 Type of Plot 下拉列表中选择 Capped hidden 选项。

3）单击 OK 按钮，图形窗口中显示出截面上的分布图，如图 14-46 所示。

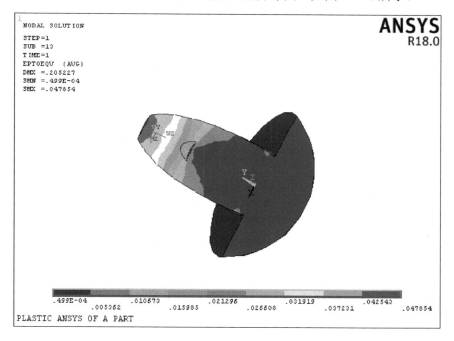

图 14-46　截面上的分布图

4. 动画显示模态形状

1）从应用菜单中选择 Utility Menu > PlotCtrls > Animate > Mode Shape 命令，弹出 Animate Mode Shape 对话框，如图 14-47 所示。

2）选择 DOF solution 选项与 Translation UY，单击 OK 按钮。

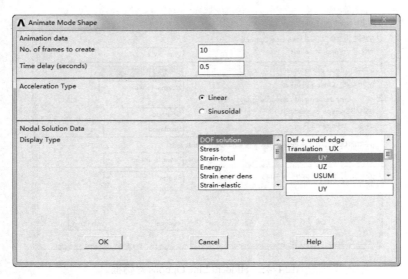

图 14-47　Animate Mode Shape 对话框

ANSYS 将在图形窗口中进行动画显示,如图 14-48 所示。

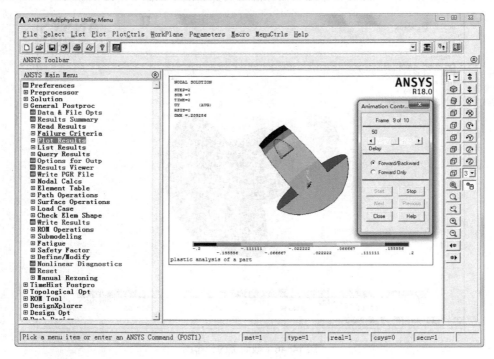

图 14-48　动画显示

📖 14.3.5　命令流方式

略,见随书电子资料包文档。

精品教材推荐目录

序号	书号	书名	作者	定价	配套资源
1	978-7-111-59089-7	AutoCAD 2018 实用教程（第 5 版）	邹玉堂	49.00	电子教案
2	978-7-111-56314-3	AutoCAD 2017 中文版机械设计实例教程	张永茂	49.90	电子教案
3	978-7-111-59129-0	AutoCAD 2016 中文版机械制图教程	刘瑞新	55.00	电子教案 素材文件
4	978-7-111-45511-5	AutoCAD 2014 中文版工程制图实用教程（第 2 版）	周勇光	49.00	电子教案 配光盘
5	978-7-111-48130-0	AutoCAD 2012 中文版应用教程	王靖	39.90	电子教案 素材文件
6	978-7-111-59422-2	SolidWorks 2018 三维设计及应用教程	曹茹	59.00	电子教案 素材文件
7	978-7-111-60519-5	SolidWorks 2017 基础与实例教程	段辉	49.00	电子教案 素材文件
8	978-7-111-52858-6	SolidWorks 2015 基础教程（第 5 版）	江洪	49.00	DVD 光盘 操作视频 电子教案 素材文件
9	978-7-111-60059-6	Creo 4.0 实用教程	徐文胜	45.00	电子教案 素材文件
10	978-7-111-32398-3	Pro/ENGINEER 5.0 基础教程	江洪	39.00	配光盘
11	978-7-111-58764-4	UG NX 11.0 基础教程 第 5 版	江洪	49.00	电子教案 素材文件
12	978-7-111-47745-7	UG NX 8.0 基础与实例教程	高玉新	45.00	电子教案 配光盘
13	978-7-111-53584-3	UG NX 10.0 模具设计教程	高玉新	49.00	电子教案 配光盘
14	978-7-111-56138-5	CATIA V5 基础教程（第 2 版）	江洪	49.00	素材文件
15	978-7-111-57252-7	CAXA 实体设计 2016 基础与实例教程	汤爱君	45.00	电子教案 素材文件
16	978-7-111- 53210-1	MATLAB 8.5 基础教程	杨德平	45.00	电子教案 素材文件
17	978-7-111-59869-5	MATLAB 数值计算基础与实例教程	王健	55.00	电子教案 习题解答
18	978-7-111-59850-3	MATLAB 建模与仿真实用教程	王健	55.00	电子教案 习题解答
19	978-7-111-54393-0	有限元分析与 ANSYS 实践教程	刘超	39.90	电子教案 习题解答
20	978-7-111-60854-7	ANSYS 18.0 有限元分析基础与实例教程	王正军	55.00	电子教案 素材文件

本科精品教材推荐

AutoCAD 2018 实用教程 第 5 版

书号：978-7-111-59089-7　　　　定价：49.00 元

作者：邹玉堂　　　　配套资源：电子教案

推荐简言：

★ 在每一个命令、术语或提示第一次出现时，都给出了对应的英文翻译，以便于使用英文版的读者参考。

★ 结合 GB/T 18229-2000《CAD 工程制图规则》的要求，介绍使用 AutoCAD 2018 绘制符合我国国家标准要求的工程图样的方法和绘图技巧。

★ 结构严谨，文笔流畅，内容由浅入深、讲解循序渐进，绘图方法简捷实用。

AutoCAD 2016 中文版 机械绘图实例教程

书号：978-7-111-52375-8　　　　定价：46.00 元

作者：张永茂　　　　配套资源：电子教案

推荐简言：

★ 本书通过大量实例详细介绍了 AutoCAD 2016 中文版各种命令的操作方法以及利用 AutoCAD 2016 进行机械绘图，即绘制零件图、装配图、轴测图和三维造型的方法和技巧。

★ 本书中每个实例均附有二维平面图和相应的三维实体图，为读者看图提供了方便。复杂的实例中还附有操作流程，便于读者对照操作。

SolidWorks 2018 三维设计及应用教程

书号：978-7-111-59422-2　　　　定价：59.00 元

作者：曹茹　　　　配套资源：电子教案、素材文件

推荐简言：

★ 内容系统全面——更注重"知识系统"，力求做到"融会贯通"。

★ 原理精炼通用——更注重"能力培养"，力求做到"删繁就简"。

★ 范例仿真实用——更注重"因用而学"，力求做到"工程背景"。

SolidWorks 2015 基础教程 第 5 版

书号：978-7-111-52858-6　　　　定价：55.00 元

作者：江洪　　　　配套资源：素材光盘

推荐简言：

★ 本书用图表和实例生动地讲述了 SolidWorks 的常用功能。结合具体的实例，将重要的知识点嵌入，使读者可以循序渐进、随学随用，边看边操作，动眼、动脑、动手，符合教育心理学和学习规律。

★ 本书许多实例来源于工程实际，具有一定的代表性和技巧性。符合时代精神，体现了创新教育常用的扩散思维方法：一题多解及精讲多练。

UG NX 11.0 基础教程 第 5 版

书号：978-7-111-58764-4　　　　定价：49.00 元

作者：江洪　　　　配套资源：素材光盘

推荐简言：

★ 内容简单易学，结合具体实例讲述知识点，使读者可以循序渐进、随学随用、边看边操作，加深记忆和理解。

★ 实例典型实用，结合软件的基本功能讲解了大量例题，引导读者动手练习。实例的选择遵循由浅入深的原则，逐渐展开知识点，避免读者在学习中无从下手。

MATLAB 8.5 基础教程

书号：978-7-111-53210-1　　　　定价：48.00 元

作者：杨德平　　　　配套资源：电子课件

推荐简言：

★ 本书内容全面，详细介绍 MATLAB 平台具有的数学计算、算法研究、科学和工程绘图、数据分析及可视化、系统建模及仿真、应用软件开发等功能。

★ 本文叙述简明扼要，深入浅出，利用精心设计选取的例题及日常生活相关的案例，讲解 MATLAB 的具体操作方法。